全国高职高专过程装备与控制专业教材编审委员会

主 任
王绍良

副主任
颜惠庚　金长义　霍献育　于宗保
赵玉奇　栾学刚　梁　正　任耀生

委 员
（按姓氏汉语拼音排序）

邓　允	丁丕洽	董振珂	傅　伟	高琪妹	胡坤芳	贾云甫	姜敏夫
李明顺	路大勇	马秉骞	莫解华	钮德明	潘传九	秦建华	孙成通
孙丽亚	谭放鸣	唐述林	王纬武	王原梅	王志斌	魏　龙	吴玉亮
邢锋芝	邢晓林	熊军权	叶明生	叶青玉	尹洪福	曾宗福	张　涵
张红光	张黎明	张麦秋	张星明	张云新	张志宇	朱方鸣	

教育部高职高专规划教材

化 工 机 器

张　涵　主　编
姚辉波　副主编
颜惠庚　主　审

化学工业出版社
教材出版中心
·北京·

（京）新登字 039 号

图书在版编目（CIP）数据

化工机器/张涵主编，姚辉波副主编，颜惠庚主审．
北京：化学工业出版社，2005.5（2023.2重印）
教育部高职高专规划教材
ISBN 978-7-5025-7051-4

Ⅰ．化⋯　Ⅱ．张⋯　Ⅲ．化工机械-高等学校：技术
学院-教材　Ⅳ．TQ05

中国版本图书馆 CIP 数据核字（2005）第 046390 号

责任编辑：高　钰　　　　　　　　文字编辑：贾　婷
责任校对：洪雅姝　　　　　　　　装帧设计：郑小红

出版发行　化学工业出版社教材出版中心（北京市东城区青年湖南街13号　邮政编码100011）
印　　装　北京科印技术咨询服务有限公司数码印刷分部
787mm×1092mm　1/16　印张15　字数363千字　2023年2月北京第1版第14次印刷

购书咨询：010-64518888　　　　　　售后服务：010-64518899
网　　址：http://www.cip.com.cn
凡购买本书，如有缺损质量问题，本社销售中心负责调换。

定　　价：46.00元　　　　　　　　　　　　　　　　　　　　　版权所有　违者必究

出版说明

高职高专教材建设工作是整个高职高专教学工作中的重要组成部分。改革开放以来，在各级教育行政部门、有关学校和出版社的共同努力下，各地先后出版了一些高职高专教育教材。但从整体上看，具有高职高专教育特色的教材极其匮乏，不少院校尚在借用本科或中专教材，教材建设落后于高职高专教育的发展需要。为此，1999年教育部组织制定了《高职高专教育专门课课程基本要求》（以下简称《基本要求》）和《高职高专教育专业人才培养目标及规格》（以下简称《培养规格》），通过推荐、招标及遴选，组织了一批学术水平高、教学经验丰富、实践能力强的教师，成立了"教育部高职高专规划教材"编写队伍，并在有关出版社的积极配合下，推出一批"教育部高职高专规划教材"。

"教育部高职高专规划教材"计划出版500种，用5年左右时间完成。这500种教材中，专门课（专业基础课、专业理论与专业能力课）教材将占很高的比例。专门课教材建设在很大程度上影响着高职高专教学质量。专门课教材是按照《培养规格》的要求，在对有关专业的人才培养模式和教学内容体系改革进行充分调查研究和论证的基础上，充分吸取高职、高专和成人高等学校在探索培养技术应用型专门人才方面取得的成功经验和教学成果编写而成的。这套教材充分体现了高等职业教育的应用特色和能力本位，调整了新世纪人才必须具备的文化基础和技术基础，突出了人才的创新素质和创新能力的培养。在有关课程开发委员会组织下，专门课教材建设得到了举办高职高专教育的广大院校的积极支持。我们计划先用2～3年的时间，在继承原有高职高专和成人高等学校教材建设成果的基础上，充分汲取近几年来各类学校在探索培养技术应用型专门人才方面取得的成功经验，解决新形势下高职高专教育教材的有无问题；然后再用2～3年的时间，在《新世纪高职高专教育人才培养模式和教学内容体系改革与建设项目计划》立项研究的基础上，通过研究、改革和建设，推出一大批教育部高职高专规划教材，从而形成优化配套的高职高专教育教材体系。

本套教材适用于各级各类举办高职高专教育的院校使用。希望各用书学校积极选用这批经过系统论证、严格审查、正式出版的规划教材，并组织本校教师以对事业的责任感对教材教学开展研究工作，不断推动规划教材建设工作的发展与提高。

教育部高等教育司

前　言

  本书是根据 2003 年 10 月全国化工高职高专教学指导委员会审订通过的过程装备及控制专业《化工机器》课程最新的教学大纲编写而成。

  在编写过程中，遵循职业技术教育的特点，以能力培养为目标，以应用为目的，贴近生产实际，突出和加强应用、操作等实践环节。理论上以需要和够用为度，较大幅度地缩减了理论推导和理论阐述。

  全书分为离心泵、离心机、活塞式压缩机、离心式压缩机四部分。重点介绍了机器的工作原理、结构、主要零部件、运转特性、选型和应用，具有很强的实用性。

  本书可供高等职业技术院校过程装备及控制专业（原化工机械专业）师生使用，也可供石油化工行业中职、职工大学、技能鉴定站师生和工程技术人员使用和参考。

  本书第一章由张涵编写，第二章由郭洪强编写，第三章由耿玉香编写，第四章由许春树编写。本书由张涵主编，姚辉波副主编，颜惠庚教授主审。参加审稿的还有王绍良、朱方鸣、傅伟、张黎明等同志，他们对本书提出了许多宝贵意见，在此表示衷心的感谢。

  由于编写时间仓促，编者水平所限，书中疏漏甚至错误之处在所难免，诚恳地希望广大读者批评指正。

编　者

2005 年 1 月

目 录

第一章 离心泵 ... 1
第一节 概述 ... 1
一、泵在石油化学工业中的作用及地位 ... 1
二、泵的分类及应用范围 ... 1
三、泵的特点及应用范围 ... 2
第二节 离心泵的分类及特点 ... 3
一、离心泵的分类 ... 3
二、离心泵的应用特点 ... 4
第三节 离心泵的基本原理 ... 4
一、离心泵的基本性能参数 ... 4
二、离心泵的工作原理 ... 6
三、离心泵的理论扬程 ... 7
四、离心泵实际扬程的计算 ... 10
五、离心泵的性能曲线 ... 11
第四节 离心泵的汽蚀 ... 13
一、离心泵产生汽蚀的原因及其危害 ... 13
二、离心泵的允许汽蚀余量和允许吸上真空高度 ... 14
三、提高离心泵抗汽蚀能力的措施 ... 17
第五节 离心泵性能曲线的换算 ... 18
一、转速改变时性能曲线的换算 ... 19
二、叶轮切割时性能曲线的换算 ... 19
三、黏度改变时性能曲线的换算 ... 21
第六节 离心泵的运转 ... 25
一、离心泵在管路上的工作及流量调节 ... 25
二、离心泵的串联与并联 ... 28
三、离心泵的操作 ... 29
四、离心泵常见故障及排除方法 ... 30
第七节 离心泵的选择 ... 32
一、离心泵的型号表示法 ... 32
二、离心泵的结构 ... 33
三、石油化工生产常用泵介绍 ... 37
四、离心泵的选择 ... 40
第八节 离心泵的主要零部件 ... 45
一、叶轮 ... 45
二、蜗壳与导轮 ... 46

三、密封环 ··· 47
　　　四、轴向力及其平衡装置 ··· 47
　　　五、轴封装置 ··· 49
　第九节　其他类型泵 ··· 51
　　　一、往复泵 ·· 51
　　　二、计量泵 ·· 53
　　　三、转子泵 ·· 56
　　　四、旋涡泵 ·· 59
　思考题 ·· 61
　习题 ··· 61

第二章　离心机

　第一节　概述 ··· 63
　　　一、离心分离过程的特点及应用 ·· 63
　　　二、分离因数 ··· 64
　　　三、离心机的分类及型号表示方法 ······································ 64
　第二节　转子的临界转速与振动 ·· 67
　　　一、振动和临界转速的概念 ·· 67
　　　二、单转子轴的临界转速 ··· 68
　　　三、刚性轴与挠性轴 ··· 69
　　　四、离心机的减振和隔振 ··· 71
　第三节　离心机的结构 ·· 72
　　　一、间歇运转离心机 ··· 73
　　　二、连续运转离心机 ··· 77
　　　三、高速离心机 ··· 87
　第四节　离心机的选型 ·· 93
　　　一、澄清过程的离心机选型 ·· 93
　　　二、脱水过程中的离心机选型 ··· 95
　　　三、浓缩过程的机型选择 ··· 95
　　　四、液-液、液-液-固分离过程的机型选择 ····························· 95
　思考题 ·· 96

第三章　活塞式压缩机

　第一节　概述 ··· 97
　　　一、压缩机在石油化工生产中的用途及分类 ························· 97
　　　二、活塞式压缩机的基本构造及工作过程 ··························· 100
　　　三、活塞式压缩机的特点 ·· 100
　　　四、活塞式压缩机的分类及型号表示法 ······························ 101
　第二节　活塞式压缩机的热力学基础 ··· 103
　　　一、气体的状态和过程方程式 ··· 103
　　　二、活塞式压缩机的工作循环 ··· 105
　　　三、排气量及影响因素 ·· 108

  四、压缩机的功率和效率 ·· 113
  五、多级压缩 ·· 115
 第三节 活塞式压缩机的动力基础 ·· 118
  一、曲柄连杆机构的运动 ·· 118
  二、惯性力分析 ··· 119
  三、压缩机中的作用力 ·· 121
  四、惯性力的平衡 ··· 124
  五、转矩的平衡 ··· 127
 第四节 活塞式压缩机的主要零件 ·· 128
  一、汽缸组件 ·· 128
  二、活塞组件 ·· 135
  三、气阀 ·· 140
  四、传动机构 ·· 142
  五、密封元件 ·· 147
 第五节 活塞式压缩机的辅助装置 ·· 150
  一、缓冲器 ·· 150
  二、冷却器 ·· 151
  三、油水分离器 ··· 152
  四、安全阀 ·· 153
 第六节 活塞式压缩机的运转 ·· 154
  一、活塞式压缩机排气量的调节 ·· 154
  二、活塞式压缩机的润滑 ··· 156
  三、气流脉动及管路振动 ··· 159
  四、活塞式压缩机故障及排除 ·· 160
 第七节 活塞式压缩机的选择 ·· 162
  一、活塞式压缩机的选择 ··· 162
  二、石油化工常用压缩机结构示例 ·· 164
  三、应用实例 ·· 169
 思考题 ··· 170
第四章 离心式压缩机 ·· 171
 第一节 概述 ·· 171
  一、离心式压缩机在化工生产中的应用 ·· 171
  二、离心式压缩机的特点 ··· 171
  三、离心式压缩机的分类与型号 ·· 172
 第二节 离心式压缩机的总体结构及工作特性 ·· 173
  一、离心式压缩机的总体结构 ·· 173
  二、离心式压缩机的基本原理 ·· 175
  三、功率和效率 ··· 176
  四、离心式压缩机的性能曲线 ·· 179
  五、离心式压缩机的"喘振"和不稳定工况 ······································ 182

第三节　离心式压缩机的运转 ………………………………………………………… 185
　　　　一、离心式压缩机的串联与并联 …………………………………………………… 185
　　　　二、离心式压缩机的性能调节 ……………………………………………………… 187
　　　　三、离心式压缩机的开停车 ………………………………………………………… 191
　　第四节　离心式压缩机的主要零部件 ………………………………………………… 196
　　　　一、转动元件 ………………………………………………………………………… 196
　　　　二、固定元件 ………………………………………………………………………… 201
　　　　三、轴承 ……………………………………………………………………………… 204
　　　　四、密封装置 ………………………………………………………………………… 211
　　第五节　离心式压缩机的常见故障及排除 …………………………………………… 213
　　第六节　石油化工生产中常用离心式压缩机 ………………………………………… 215
　　　　一、丙烯压缩机 ……………………………………………………………………… 216
　　　　二、氮氢气压缩机 …………………………………………………………………… 216
　　　　三、氧气压缩机 ……………………………………………………………………… 217
　　思考题 …………………………………………………………………………………… 218
附录 ……………………………………………………………………………………… 219
　　附录一　法定单位及换算 ……………………………………………………………… 219
　　附录二　泵的型号和性能表 …………………………………………………………… 221
　　附录三　各种海拔高度的大气压 ……………………………………………………… 223
　　附录四　水的饱和蒸汽压 ……………………………………………………………… 223
　　附录五　离心机型号 …………………………………………………………………… 224
　　附录六　活塞式压缩机型号 …………………………………………………………… 226
参考文献 ………………………………………………………………………………… 227

第一章

离 心 泵

第一节 概 述

一、泵在石油化学工业中的作用及地位

泵是用来输送液体并增加液体能量的一种机器。

泵在国民经济的各个部门中得到了广泛的应用。如农业的灌溉和排涝;城市的给排水;机械工业中机器的润滑和冷却;热电厂的供水和灰渣的排除;原子能发电站中输送具有放射性的液体等都需要使用泵。

在石油化工生产中,泵的使用更加广泛。如炼油厂的各类油泵;化工厂的各类酸泵、碱泵;氮肥厂的熔融尿素泵及各种给排水用的清水泵、污水泵等。如果将管路比作人体的血管,那么泵就好比是人体的心脏,可见,泵在石油化工生产过程中占有极为重要的地位。

二、泵的分类及应用范围

泵的用途极广,所以泵的种类繁多,对它们的分类方法也各不相同。

(一)按泵的工作原理分类

(1) 容积泵 是依靠泵内工作容积的大小做周期性的变化来输送液体的机器。此类泵又可分为往复泵和转子泵。属于往复泵的有活塞式往复泵、柱塞式往复泵和隔膜式往复泵等;

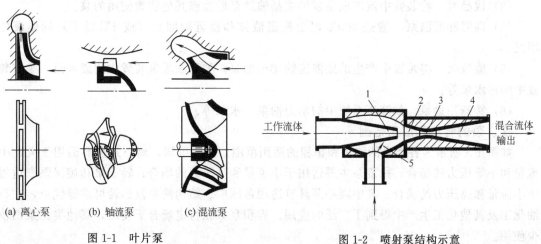

(a) 离心泵　(b) 轴流泵　(c) 混流泵

图1-1 叶片泵

图1-2 喷射泵结构示意

1—喷嘴;2—混合室;3—喉管;4—扩散室;5—真空室

属于转子泵的有齿轮泵、螺杆泵和滑板泵等。

(2) 叶片泵　是依靠泵内做高速旋转的叶轮将能量传递给液体，从而实现液体输送的机器。此种类型的泵可按叶轮结构的不同分为离心泵、轴流泵、混流泵及旋涡泵等，如图 1-1 所示。

(3) 其他类型泵　除容积泵和叶片泵以外的特殊泵。属于这一类型的泵主要有流体动力作用泵、电磁泵等。流体动力作用泵是依靠一种流体（液、气或汽）的静压能或动能来输送液体的泵，如喷射泵（见图 1-2）、酸蛋、水锤泵等。

各类型泵的分类关系如下。

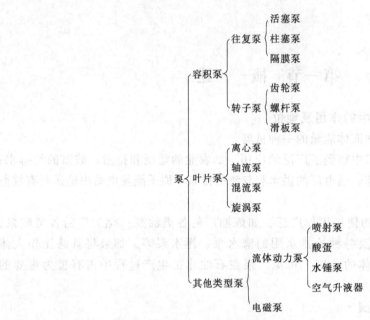

（二）按泵的用途分类

(1) 供料泵　将液态原料从贮池或其他装置中吸进，加压后送至工艺流程装置中去的泵，又称增压泵。

(2) 循环泵　在工艺流程中用于循环液增压的泵。

(3) 成品泵　将装置中液态成品或半成品输送至贮池或其他装置使用的泵。

(4) 高温和低温泵　输送 300℃ 以上高温液体和接近凝固点（或 5℃ 以下）低温液体用泵。

(5) 废液泵　将装置中产生的废液连续排出的泵，如原油脱氢装置中的废水泵、脱硫装置中的污水泵等。

(6) 特殊用途泵　如液压系统中的动力油泵、水泵等。

三、泵的特点及应用范围

如图 1-3 所示为各类泵的流量和扬程的适用范围。由图可知，离心泵主要适用于大、中流量和中等压力的场合；往复泵主要适用于小流量和高压力的场合；转子泵和旋涡泵则适用于小流量和高压力的场合。其中离心泵具有适用范围广、结构简单及运转可靠等优点，在石油化工及其他化工生产中得到了广泛的应用。容积泵只在特定场合下使用，其他类型泵则较少使用。

本章主要介绍离心泵的结构、性能及应用。

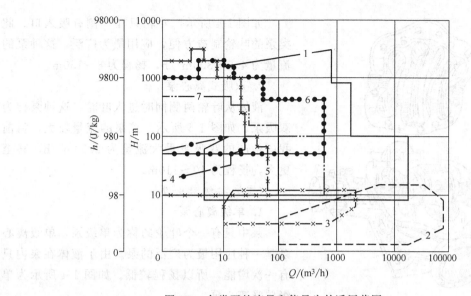

图 1-3 各类泵的流量和能量头的适用范围

1—离心泵；2—轴流泵；3—混流泵；4—旋涡泵；5—动力往复泵；6—螺杆泵；7—蒸汽往复泵

第二节 离心泵的分类及特点

一、离心泵的分类

离心泵的分类方法很多，通常可按下述几种方法进行分类。

（一）按叶轮吸入方式分类

1. 单吸式离心泵

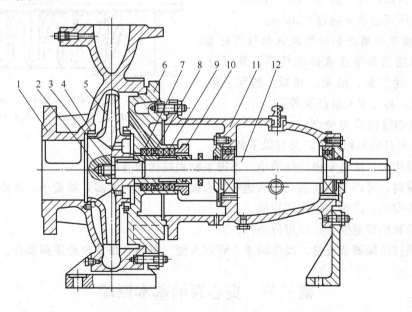

图 1-4 IS型单级单吸离心泵结构

1—泵体；2—叶轮螺母；3—制动垫片；4—密封环；5—叶轮；6—泵盖；7—轴套；
8—填料环；9—填料；10—填料压盖；11—轴承悬架；12—轴

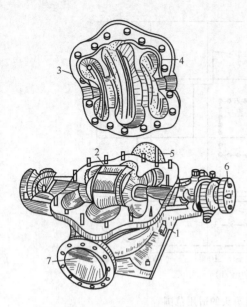

如图1-4所示,叶轮只在一侧有吸入口。此类泵的叶轮制造方便,应用最为广泛,这种泵的流量为 4.5~300m³/h,扬程为 8~150m。

2. 双吸式离心泵

液体从叶轮两侧同时进入叶轮,这种泵称为双吸泵,如图1-5所示。该泵的流量较大,目前我国生产的双吸泵最大流量为 2000m³/h,甚至更大,扬程为 10~110m。

(二) 按级数分类

1. 单级离心泵

泵中只有一个叶轮的称为单级泵,单级离心泵是一种应用最为广泛的泵。由于液体在泵内只有一次增能,所以扬程较低。如图1-4所示为单级单吸离心泵。

2. 多级离心泵

同一根轴上串联两个以上叶轮的称为多级离心泵。级数越多压力越高,如图1-6所示为一台分段式多级离心水泵。这种泵的叶轮一般为单吸式,也有将第一级设计为双吸式的。其扬程可达 100~650m,甚至更高,流量为 5~720m³/h。

图1-5 单级双吸离心泵

1—泵体;2—叶轮;3—泵盖;4—水封槽;
5—出口;6—联轴器;7—进口

(三) 按扬程分类

按泵的扬程,离心泵分为以下三种。

(1) 低压离心泵 扬程<20m。

(2) 中压离心泵 扬程=20~100m。

(3) 高压离心泵 扬程>100m。

(四) 按泵的用途和输送液体的性质分类

按泵的用途和输送液体的性质,泵可分为清水泵、泥浆泵、酸泵、碱泵、油泵、砂泵、低温泵、高温泵及屏蔽泵等。

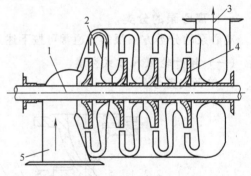

图1-6 分段式多级离心水泵

1—泵轴;2—导轮;3—排出口;
4—叶轮;5—吸入口

二、离心泵的应用特点

离心泵和其他泵相比较,具有以下特点。

① 流量均匀、运转平稳、振动小,不需要特别减振的基础。

② 转速高,可以与电动机或蒸汽透平机直接连接,结构紧凑,质量小,占地面积小。

③ 设备安装、维护检修费用较低。

④ 流量和扬程范围宽,应用范围广。

⑤ 应用排出阀调节流量,操作简单、管理方便,泵站容易实现远距离操作。

第三节 离心泵的基本原理

一、离心泵的基本性能参数

离心泵的基本性能参数就是描述离心泵在一定条件下工作特性的数值,包括流量、扬程、转速、功率、效率和允许吸上真空高度及允许汽蚀余量等。

(一) 流量

单位时间内泵所排出的液体量称为泵的流量。流量又分为体积流量和质量流量。体积流量用 Q 表示,单位为 m^3/s、m^3/h 或 L/s。质量流量用 G 表示,单位为 kg/s 或 t/h。

质量流量与体积流量的关系为:

$$G = \rho Q \tag{1-1}$$

式中 ρ——输送温度下液体的密度,kg/m^3。

单位时间内流入叶轮内的液体体积量称为理论流量,用 Q_{th} 表示,单位与 Q 相同。

(二) 扬程

单位质量的液体,从泵进口到泵出口的能量增值称为泵的扬程,即单位质量的液体通过泵所获得的有效能量。扬程常用符号 h 表示,单位为 J/kg。

在实际生产中,习惯将单位重量的液体,通过泵后所获得的能量称为扬程,用符号 H 表示,其单位为 m,即用高度来表示。应当注意,不要把泵的扬程与液体的升扬高度等同起来,因为泵的扬程不仅要用来提高液体的位高,而且还要用来克服液体在输送过程中的流动阻力,以及提高输送液体的静压能和保证液体具有一定的流速。

泵的扬程是指全扬程或总扬程,包括吸上扬程和压出扬程。吸上扬程包括实际吸上扬程和吸上扬程损失;压出扬程包括实际压出扬程和压出扬程损失。

(三) 转速

离心泵的转速是指泵轴每分钟的转数,用符号 n 表示,单位为 r/min。在 SI 制中转速为泵轴每秒钟的转数,用符号 n_f 表示,单位为 $1/s$,即 Hz。

(四) 功率和效率

1. 功率

功率是指单位时间内所做的功,有以下几种表示法。

(1) 有效功率　单位时间内泵对输出液体所做的功称为有效功率,用 N_e 表示,计算公式为:

$$N_e = \frac{QH\rho g}{1000} \quad kW \tag{1-2}$$

(2) 轴功率　单位时间内由原动机传递到泵主轴上的功率,用 N 来表示,单位为 W,即 J/s。

2. 效率

效率是衡量离心泵工作经济性的指标,用符号 η 来表示。由于离心泵在工作时,泵内存在各种损失,所以泵不可能将驱动机输入的功率全部转变为液体的有效功率。其定义式为:

$$\eta = \frac{N_e}{N} \tag{1-3}$$

η 值越大,则泵的经济性越好。

(五) 允许吸上真空高度及允许汽蚀余量

允许吸上真空高度 $[H_s]$ 及允许汽蚀余量 $[\Delta h]$ 也是离心泵很重要的性能参数,表示离心泵抗汽蚀性能的指标,单位与扬程相同,详见本章第四节。

例 1-1 某离心水泵输送清水,流量为 25m³/h,扬程为 32m,试计算有效功率为多少? 若已知泵的效率为 71%,则泵的轴功率是多少?

解 按式(1-2)计算

$$N_e = \frac{QH\rho g}{1000}$$

常温清水的密度可近似取 $\rho = 1000 \text{kg/m}^3$,$Q = 25\text{m}^3/\text{h} = \frac{25}{3600}\text{m}^3/\text{s}$,$H = 32\text{m}$。代入式(1-2)得

$$N_e = \frac{1000 \times 25 \times 32 \times 9.81}{3600 \times 1000} = 2.18 \text{kW}$$

$$N = \frac{N_e}{\eta} = \frac{2.18}{0.71} = 3.07 \text{kW}$$

应用上述公式时,所有参数都应转化为 SI 制进行计算。

二、离心泵的工作原理

离心泵的工作原理可以通过日常生活中的现象加以说明。

在日常生活中,雨天打伞外出时,如果将伞柄急速旋转,伞上的雨点由于离心力的作用便沿着伞的周围飞溅出去,如图 1-7 所示。伞越大或旋转得越快,雨点飞溅得越远。

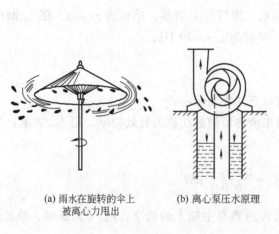
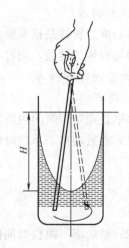

(a) 雨水在旋转的伞上被离心力甩出　　(b) 离心泵压水原理

图 1-7 离心泵的工作原理　　　　　图 1-8 动能转变为压力能的演示

离心泵的工作原理与该现象相似,如图 1-8 所示,取一圆形水桶。里面盛一半水,取一长木棍用力回转搅动,水便以较高的转速在桶内旋转,结果发生水面中间凹下、边缘上升的现象,即四周水面与中间水面相差 H 的高度。这是因为水在旋转时产生离心力,这种力将旋转中心的水抛向四周,由于四周有桶壁阻拦,水只能沿壁上升,在这里动能转变为压力能。如果搅动的速度越快,则液面上升越高,H 值越大。采用同样的原理,若把桶密闭,内装几个叶片(见图 1-9),当转动叶片后,同样出现中间压力下降、四周压力上升,若在中央及周围各装一水管,则水由中央水管吸入,由周围的水管压出。离心泵就是按该工作原理制成的。

如图 1-10 所示为离心泵装置示意,它主要由叶轮、叶片、泵轴、填料函、排出管、压

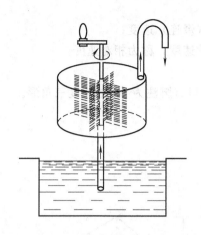

图 1-9 离心泵作用原理

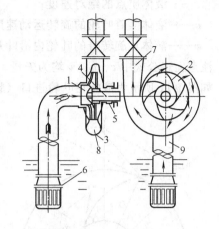

图 1-10 离心泵装置示意
1—叶轮；2—叶片；3—泵壳；4—泵轴；5—填料函；
6—底阀；7—排出管；8—压出室；9—吸入管

出室及吸入管等组成。泵壳相当于水桶，叶轮相当于木棍，人力为电力所代替。当用电动机带动叶轮旋转时，叶轮中的叶片驱使液体一起旋转，因而产生离心力。在该离心力的作用下，叶轮中的液体沿叶片流道被甩向叶轮外缘，流经泵壳，送入排出管，在叶轮中间的吸液口处形成低压区。因此，吸液槽中的液体表面和叶轮中心处即产生压力差。在此压力差作用下，吸液槽中的液体便不断地经吸入管进入泵的叶轮，而叶轮中的液体又不断经排出管排出。离心泵靠内、外压力差不断吸入液体，依靠高速旋转获得能量，经压出室将部分动能转换为压力能，由排出管排出，这就是离心泵的工作原理。

离心泵的进出管路和管路附件，对泵的正常操作作用很大，底阀是一个止逆阀，启动前此阀关闭，保证泵体及吸入管路内能灌满液体，泵停止运转时此阀自动关闭，防止液体倒灌造成事故，底阀装有滤网，防止杂物进入泵内堵塞流道。

离心泵在运转过程中，常发生"气缚"现象，即泵内进入空气，使泵不能正常工作。这是因为空气密度较液体密度小得多，在叶轮旋转时产生的离心作用很小，不能将空气压出，使吸液室不能形成足够的真空，离心泵便没有抽吸液体的能力，所以离心泵在启动之前，泵及吸入管路内应灌满液体，在工作过程中吸入管路和泵体的密封性要好。

对于大功率泵，为减小阻力可采用真空泵抽气，然后启动而不采用装底阀的办法。

三、离心泵的理论扬程

前面介绍了离心泵的工作原理，离心泵能够连续不断地输送液体，关键是叶轮中的旋转运动。那么液体在旋转的叶轮中如何运动，旋转的叶轮能使液体得到多大的扬程，这些问题可以借助对离心泵基本方程式的分析得到解决。

（一）液体在叶轮内的流动状态

离心泵在工作时，液体一方面随着叶轮一起旋转做圆周运动，另一方面液体又沿叶道向外缘流动，因此液体在叶轮中的流动是一个复杂运动。假设叶轮的叶片数为无限多（理想叶轮），液体没有任何能量损失（理想叶轮），则液体在叶轮内的这种复杂运动可以用速度三角形来描述，即液体质点在叶轮内任何一个位置的运动关系为：

$$c = u + w \tag{1-4}$$

式中　c——液体质点的绝对速度；
　　　u——液体随着叶轮的旋转运动速度，称为圆周（牵连）速度；
　　　w——液体从旋转着的叶轮内沿叶片向外缘流动的速度，称为相对速度。

注意上述公式中 c、u、w 均为矢量。

如图1-11所示为液体在叶轮进口（脚注为1）和出口（脚注为2）的速度三角形。

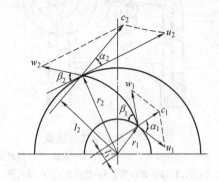
图1-11　叶轮进、出口处速度三角形

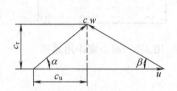
图1-12　任意半径处的速度三角形

图中，α 为液体质点绝对速度 c 与圆周速度 u 之间的夹角，称为绝对速度方向角；β 为液体质点相对速度 w 与圆周速度 u 反方向之间的夹角，称为相对速度方向角。

将绝对速度分解成两个相互垂直的分量，如图1-12所示，与圆周方向一致的分速度称为周向分速度，用 c_u 表示；与圆周速度垂直的分速度称为径向分速度，用 c_r 表示。它们与绝对速度的关系为：

$$c_r = c\sin\alpha \tag{1-5}$$

$$c_u = c\cos\alpha = u - c_r\cot\beta \tag{1-6}$$

（二）离心泵基本方程

离心泵叶轮通过叶片传给液体的能量与液体流动状态有关，即与速度三角形有关。对于理想液体通过理想叶轮时，按照基本能量方程中动量矩定理可知，单位时间内质点系对某轴的动量矩变化，等于在同一时间内作用于该质点系的所有外力对同轴的力矩。从而可导出如下方程：

$$H_{th\infty} = \frac{u_2 c_{2u\infty} - u_1 c_{1u\infty}}{g} \tag{1-7}$$

式中　$H_{th\infty}$——叶轮片数无限多时的理论扬程，m；
　　　$c_{1u\infty}$，$c_{2u\infty}$——分别表示叶轮叶片数无限多时叶轮进、出口周向分速度，m/s。

该方程式即为离心泵的基本方程，也称欧拉方程。它不仅适用于离心泵，而且适用于离心式风机及离心式压缩机，是离心机械通用的基本方程。

液体进入叶轮流道时无预旋，即 $c_{1u\infty}=0$，则式（1-7）可写为：

$$H_{th\infty} = \frac{u_2 c_{2u\infty}}{g} \tag{1-8}$$

如图1-11所示的叶轮进、出口处速度三角形，根据余弦定理，可推导出欧拉方程的另一种表达形式：

$$H_{th\infty} = \frac{u_2^2 - u_1^2}{2g} + \frac{w_1^2 - w_{2\infty}^2}{2g} + \frac{c_{2\infty}^2 - c_{1\infty}^2}{2g} \tag{1-9}$$

此式即为欧拉第二方程。

(三) 有限叶片叶轮的理论扬程

在无限多叶片的叶轮中，由于叶片对液体的约束，使液体完全沿着叶片流动。而实际叶轮的叶片数是有限的，液体在两叶片间流动时，除沿叶片由内向外流动以外，还有轴向涡流，如图 1-13 (a) 所示。叶片间的流道越宽，轴向涡流越严重。由于轴向涡流的影响，液体在叶轮出口处相对速度 $w_{2\infty}$ 的方向朝叶轮旋转的反方向偏转一个角度，其离心角为 β_2，由于 $\beta_2 < \beta_{2A}$，故 $c_{2u} > c_{2u\infty}$，如图 1-13 (b) 所示。因此，液体经实际叶轮所获得的理论扬程 H_{th} 小于无限叶片的理论扬程 $H_{th\infty}$，为此引入一个环流系数，用 K 来表示，即

$$H_{th} = K h_{th\infty} \tag{1-10}$$

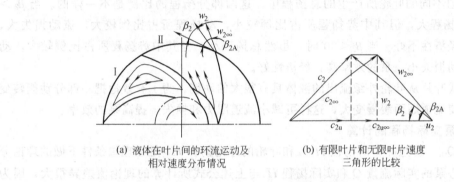

(a) 液体在叶片间的环流运动及相对速度分布情况　　(b) 有限叶片和无限叶片速度三角形的比较

图 1-13　有限叶片对扬程的影响

理论与试验表明，环流系数 K 与叶片数目、叶轮内外径之比、叶片进出口安装角 β_{1A} 和 β_{2A}、叶片长度及宽度、液体黏度等因素有关。K 值一般在 0.6~0.9 范围内，叶片数越多，K 值越大。

例 1-2　有一台丢失铭牌的单级离心泵，从配套电机铭牌上得知电机的转速为 1450r/min；测得叶轮外径 $D_2 = 224$mm，试估算这台离心泵可以产生的实际扬程值。

解　先求出叶轮的圆周速度 u_2：

$$u_2 = \frac{\pi D_2 n}{60} = \frac{3.14 \times 0.224 \times 1450}{60} = 16.998 \text{m/s}$$

根据经验可知，对水或与水性质相近的液体，绝对速度在圆周方向的分速度近似等于圆周速度的一半，即 $c_{2u} = u_2/2$。

$$H = \frac{u_2^2}{2g} = \frac{16.998^2}{2 \times 9.8} = 14.7 \text{m}$$

该泵的扬程约为 14.7m。

(四) 叶片离角对理论扬程的影响

离心泵叶片进口安装角 β_{1A} 一般变化不大，而出口安装角 β_{2A}（又称叶片离角）随叶片形式不同而有很大的差别，如图 1-14 所示。按叶片出口安装角 β_{2A} 的不同，叶片可以分成三种类型。当 $\beta_{2A} > 90°$ 时称为前弯式叶片，当 $\beta_{2A} = 90°$ 时称为径向叶片，当 $\beta_{2A} < 90°$ 称为后弯

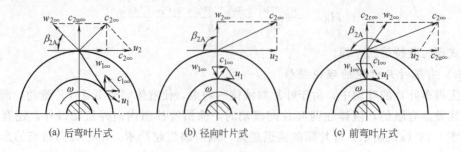

(a) 后弯叶片式　　　(b) 径向叶片式　　　(c) 前弯叶片式

图 1-14　叶片形式及其速度三角形

式叶片。

前弯叶片产生的理想扬程最高，后弯式最低，径向居中。尽管前弯叶轮的理论扬程为最大，但在实际应用中，离心泵仍广泛采用后弯式叶轮，因为液体总扬程由动扬程和势扬程两部分组成。β_2 值不同的叶轮所产生的总扬程中，这两部分扬程的比例是不一样的。当 $\beta_2 > 90°$ 时，虽然总扬程大，但其中势扬程所占比例较小，动扬程所占比例较大，流动损失大，泵的效率低，经济性不好。当 $\beta_2 < 90°$ 时，虽然总扬程小，但其中势扬程所占比例较大，动扬程较小，流动损失小，泵的效率高，经济性好。

采用后弯式叶片从叶轮外缘流出的液体具有很大的动能，为了有效地把一部分动能转变为静压能，可使流道断面缓慢变大，这样可减小流道阻力和损失，提高泵的效率。

四、离心泵实际扬程的计算

理论流量 Q_{th}、理想叶轮的扬程 $H_{th\infty}$ 和叶轮的理论扬程 H_{th} 是在理想条件下做的理论分析和讨论。离心泵的实际流量 Q 和实际扬程 H 与上述公式所计算的理论值差异很大，因为离心泵的流量和扬程的影响因素较多，并不能用公式进行精确的计算。

在工程实践中确定离心泵的扬程有以下两种情况。

1. 管路系统所需实际扬程的计算

在已知管路中输送一定量的流体时，计算管路系统所需泵供给的扬程。设装置情况如图 1-15 所示，这时泵供给单位质量液体的能量 H 与输送液体所消耗的能量相等，H 值可由吸液池面 A—A 到压液池 B—B 之间列伯努利方程计算

$$H = \frac{p_B - p_A}{\rho g} + (H_B + H_A) + \frac{c_B^2 - c_A^2}{2g} + \sum h_f \tag{1-11}$$

式中　p_A, p_B——分别为吸液池（或容器）液面上和排液池（或容器）液面上的压力，Pa；

　　　ρ——所输送液体的密度，kg/m³；

　　　H_A, H_B——分别为吸液池和排液池液面到泵中心轴线的垂直距离，m；

　　　c_A, c_B——分别为吸液池和排液池液面的液体平均流速，m/s；

　　　$\sum h_f$——吸液和排液管路总流动损失能量，m。

2. 实验装置对离心泵实际扬程的计算

计算某一运转中泵的扬程（见图 1-15），可列出泵进口和出口处流体的伯努利方程，即

$$H = \frac{p_D - p_S}{\rho g} + Z_{DS} + \frac{c_D^2 - c_S^2}{2g} \tag{1-12}$$

式中　p_S, p_D——分别为泵进口和出口处压力（由压力表测定），Pa；

Z_{DS}——泵进口中心到出口处的垂直距离（或是两表面垂直距离），m；
c_S，c_D——分别为泵进口和出口处流体的平均流速，m/s。

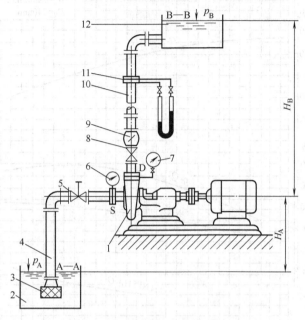

图 1-15　离心泵的一般装置示意
1—泵；2—吸液罐；3—底阀；4—吸入管路；5—吸入管调节阀；
6—真空表；7—压力表；8—排出管调节阀；9—单向阀；
10—排出管路；11—流量计；12—排液罐

当泵的进口和出口直径相差很小时，$c_S \approx c_D$，则泵的扬程可用下式计算：

$$H = \frac{p_D - p_S}{\rho g} + Z_{DS} \tag{1-13}$$

五、离心泵的性能曲线

离心泵的性能曲线是指在一定的工作转速下，扬程 H、功率 N 和效率 η 随泵流量 Q 的变化规律，分别用 $H\text{-}Q$、$N\text{-}Q$ 和 $\eta\text{-}Q$ 来表示，称为泵的性能曲线。离心泵的性能曲线不仅与泵的形式、转速、几何尺寸有关，同时与液体在泵内流动时的各种能量损失和泄漏损失有关。

熟悉和掌握离心泵的性能曲线就能正确地选用离心泵，使泵在最有利的工况下工作，并能解决操作中所遇到的许多实际问题。离心泵性能曲线可以用理论分析和实验测定两种方法绘制。

理论分析方法是依据离心泵基本方程将扬程、流量、功率和效率之间的关系绘制出来并研究讨论性能参数之间变化规律的方法。这样得出的曲线称为理论性能曲线，它能够定性地得出流量和扬程、功率、效率之间的变化规律。但是由于离心泵内部各种损失的影响，使得理论性能曲线和实际情况存在着明显差别。因此，在实际应用时均是利用实验的方法绘制离心泵的性能曲线，其实验装置如图 1-15 所示，性能曲线如图 1-16 所示。

1. 实际性能曲线分析

泵在一定转速下工作时，对于每一个可能的流量，总有一组与其相对应的 Q、H 和 η

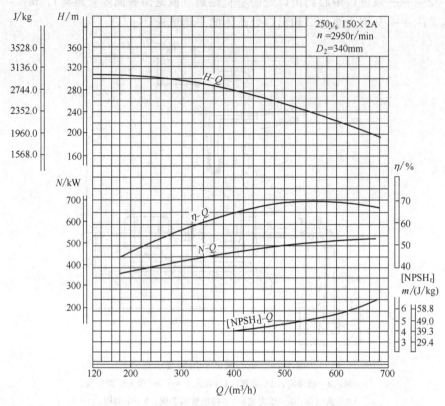

图 1-16 离心泵的性能曲线

值，它们表示离心泵某一特定的工作状况，简称工况。该工况在性能曲线上的位置称为离心泵的工况点。对应于最高效率的工况称为最佳工况点，设计工况点一般应与最佳工况点重合。离心泵应在最佳工况点附近运行，以获得较好的经济性。离心泵性能曲线一般都标出这一范围，称为高效工作区。当流量为零时，泵的扬程不等于零，其值称为关死扬程；轴功率也不等于零，该值称为空载轴功率，这时的功率为最小。由于这时无液体排出，所以泵的效率为零。

离心泵 H-Q 曲线有"平坦"、"陡降"和"驼峰"三种形状，如图 1-17 所示。

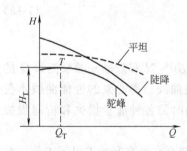

图 1-17 三种形状的 H-Q 曲线

平坦形 H-Q 曲线的离心泵，在流量变化较大时，扬程 H 变化不大。它适用于生产中流量变化较大，而管路系统中压力降变化不大的场合，较适于用排液管路上的阀门来调节流量，因为改变阀门开度调节流量时，随着管路特性曲线变化而泵的工作点的扬程变化不大，即调节的节流损失较少，故调节经济性好。

陡降形 H-Q 曲线的离心泵，当流量稍有变化时，其扬程有较大的变化，因此，它适用于系统中流量变化较小而压力降变化较大或当压力降变化较大时而要求流量较稳定的场合。如在输送纤维浆液的系统中，为了避免当流速减慢时纤维液在管路中堵塞，需要泵供给较大的能头。

驼峰形 H-Q 曲线的离心泵，在一定流量范围（小于最高点 H 下的流量 Q）内，容易产生不稳定工况。离心泵应避免在不稳定情况下运行，一般应在下降曲线部分操作。

2. 实际性能曲线的应用

如图 1-16 所示为测得的离心泵性能曲线。H-Q 曲线是选择和操作泵的主要依据。泵在一定转速下工作时，在每一个流量 Q 上，只能给出一个对应的扬程 H。随着流量 Q 的增加，扬程 H 逐渐下降，当流量 Q 为零时，扬程 H 为一固定值。

N-Q 曲线是合理选择原动机功率和正常启动离心泵的依据。通常应按所需流量变化范围中的最大值，再加上适当的安全裕量来确定原动机的功率。应确保泵在功耗最小的条件下启动，以降低启动电流，保护电机。一般当 $Q=0$ 时，离心泵的功率最小，因此启动泵时，应关闭出口调节阀门，待泵正常运转后，再调节到所需流量。

η-Q 曲线是检查泵工作经济性的依据，泵应尽可能在高效区工作。在实际工程中将泵的最高效率点称为最佳效率点，与该点相对应的工况称为最佳工况点，一般是离心泵的设计工况点。为了扩大泵的使用范围，通常规定对应于最高效率点以下 7% 的工况范围为高效工作区。因此，离心泵样本上所给出的是高效工作区内的各性能曲线。

$[\Delta h]$-Q 曲线是检查泵是否发生汽蚀的依据，应全面考虑泵的安装高度、入口阻力损失等，防止泵发生汽蚀。

由于离心泵的性能曲线是以清水为介质，在常温下测定出来的，所以当离心泵输送介质的性质、温度与水、常温相差较大时，必须进行离心泵的性能曲线换算，详见第五节。

第四节　离心泵的汽蚀

一、离心泵产生汽蚀的原因及其危害

（一）汽蚀原因

根据离心泵的工作原理可知，液体是在吸液池压力 p_a 和叶轮入口附近最低压力 p_k 间形成的差压（p_a-p_k）作用下流入叶轮的，当 p_a 一定时，p_k 愈低，则泵的吸入能力就愈大。但当 p_k 低于液体相应温度下的饱和蒸气压力 p_t 时，液体便剧烈气化而生成大量气泡，如图 1-18 所示。这些气泡随之被带入叶轮内的高压区，在高压作用下，气泡被压缩重新凝结成液体，气泡溃灭，形成空穴。瞬间内，周围的液体会以极高的速度向空穴冲击，造成液体相互撞击，使局部压力骤然剧增（有时可达 10MPa）。这不仅阻挠液体正常流动，更严重的是，如果这些气泡在叶片壁面附近溃灭，则周围的液体就像无数小弹头一样，以极高的频率连

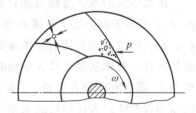

图 1-18　汽蚀现象

续撞击金属表面，金属表面因冲击、疲劳而剥落。若气泡内含有一些活性气体（如氧气等），它们借助气泡凝结时放出的热量，对金属起电化学腐蚀作用，这就加快了金属剥落的速度。这种液体气化、凝结形成高频冲击负荷，造成金属材料的机械剥落和电化学腐蚀的综合现象统称为"汽蚀现象"。

（二）汽蚀的危害

1. 使泵产生振动和噪声

气泡溃灭时，液体相互撞击，同时也冲击金属表面，产生各种频率的噪声，严重时可听见泵内有"劈啪"的爆炸声。同时引起机组振动，若机组振动频率与撞击频率相等，则产生

更强烈的汽蚀共振,致使机组被迫停车。

2. 汽蚀使过流部件点蚀

通常受汽蚀破坏的部位大多在叶片入口附近。汽蚀初期,表现为金属表面出现麻点,继而表面呈现沟槽状、蜂窝状等痕迹,严重时可造成叶片或前后盖板穿孔,甚至叶轮破裂,造成严重事故,因此汽蚀严重影响泵的使用寿命。

3. 使泵的性能下降

汽蚀使叶轮和液体之间的能量传递受到严重干扰。大量气泡的存在,堵塞了流道,破坏了泵内液体的连续流动,使泵的流量、扬程和效率明显下降,表现在泵的性能曲线陡降,如图 1-19 中虚线所示,这时泵已无法继续工作。应当指出的是,在汽蚀初始阶段,泵的性能曲线尚无明显变化,当性能曲线陡降时,汽蚀已相当严重了。

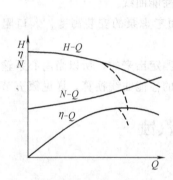

图 1-19 泵发生汽蚀时性能曲线的变化

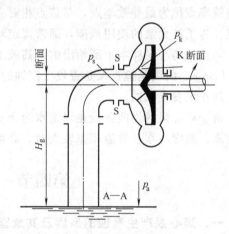

图 1-20 泵的吸入装置

二、离心泵的允许汽蚀余量和允许吸上真空高度

(一) 允许汽蚀余量

由离心泵的汽蚀过程可知,发生汽蚀的基本条件是,叶片入口处附近的最低液体压力 p_k 小于或等于该温度下液体的饱和蒸气压 p_t。图 1-20 所示的吸入装置中,吸入池面压力为 p_a,泵入口法兰断面处的液体压力为 p_s。若 $(p_a - \rho g H_g - \sum h) > p_s$,液体便不断地流进泵的入口。液体从泵入口 S 处到叶轮入口断面的过程中,并没有能量加入,所以液体压力还会由 p_s 降低到叶轮入口处 p,但此处并不是压力最低的位置。根据测试研究,叶轮内的最低压力点在叶片入口稍后的 K 处。为防止汽蚀的产生,应满足 $p_k > p_t$,即泵入口处液体具有的能头除了要高出液体气化压力 p_t 外,还应当有一定的富余能头,该富余能头称为汽蚀余量,用符号 Δh 表示,国外一般称作净正吸上水头,用 NPSH 表示 (Net Positive Suction Head)。汽蚀余量又分为最小汽蚀余量和允许汽蚀余量。最小汽蚀余量用 Δh_{min} 表示,单位为 m,它是指当泵内即将产生汽蚀时,S 处的压力头大于液体饱和蒸气压力头的值,它反映吸入装置对泵汽蚀的影响。

$$\Delta h_{min} = \frac{p_s}{\rho g} + \frac{c_s^2}{2g} - \frac{p_t}{\rho g} \tag{1-14}$$

式中　p_s——液体在泵入口处 (截面 S) 的压力,Pa;

　　　c_s——液体在泵入口处 (截面 S) 的速度,m/s;

p_t——输送温度下液体的饱和蒸气压,Pa;
ρ——输送温度下液体的密度,kg/m³。

1. 允许汽蚀余量[Δh]的计算

由于最小汽蚀余量 Δh_{min} 是泵发生汽蚀的临界值,使用时必须加上 0.3m 安全量作为允许汽蚀余量:

$$[\Delta h] = \Delta h_{min} + 0.3 \tag{1-15}$$

2. 允许汽蚀余量的应用

由图 1-20 可知,若泵轴中心至吸液池距离愈大,那么泵入口 S 处的压力降愈大,则泵易发生汽蚀。泵轴中心至吸液池的距离在工程上称为泵的安装高度,用 H_g 表示,单位为 m。为了避免泵在运行时产生汽蚀,所以在设计泵及管路系统时,需要确定泵的安装高度。通常泵的样本上给出了允许汽蚀余量[Δh],从而用[Δh]按下式可计算泵允许安装高度[H_g]。

$$[H_g] = \frac{p_a}{\rho g} - \frac{p_t}{\rho g} - [\Delta h] - \sum h_s \tag{1-16}$$

式中 [H_g]——泵允许安装高度,m;
p_a——吸液池面上液体的压力,Pa;
$\sum h_s$——吸入管路的阻力损失,m。

若从密封容器中抽吸沸腾液体,这时液面上的压力 p_a 与液体的饱和蒸气压 p_t 相等,则由式(1-16)可知[H_g]为负值,这表明离心泵吸入口必须在液面以下,泵应在灌注压头下工作。该情况在化工厂、石油化工厂及炼油厂中最为常见。

为了安全起见,一般情况下计算出允许安装高度后,再取 0.5~1m 的安全值作为泵几何安装高度 H_g,即

$$H_g = [H_g] - (0.5 \sim 1) \tag{1-17}$$

由于泵样本上给出的[Δh]是以 293K 的清水为介质测定的,如果所输送的液体为石油或类似石油产品,操作温度较高时,则必须校正[Δh]。

$$[\Delta h]' = \varphi[\Delta h] \tag{1-18}$$

式中,校正系数 φ,可根据被输送液体的相对密度 $d(d = \frac{\rho}{\rho_水})$ 及输送温度下该液体的饱和蒸气压,由图 1-21 查取,该图适用于液体碳氢化合物。

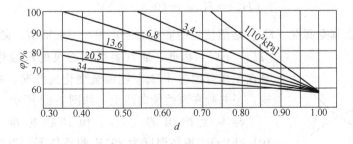

图 1-21 离心泵的[Δh]校正图

例 1-3 利用离心泵输送某石油产品,该石油产品在输送温度下的饱和蒸气压为

26.7kPa，密度 $\rho=900\text{kg/m}^3$，泵的允许汽蚀余量为 2.6m，吸入管路的压头损失约为 1m。试计算泵的允许安装高度 $[H_g]$。

解 应用式 (1-16) 计算 $[H_g]$，p_a 可按 9.81×10^4 Pa 计算。

$$[H_g]=\frac{p_a}{\rho g}-\frac{p_t}{\rho g}-[\Delta h]-\sum h_s=\frac{9.81\times10^4}{900\times9.81}-\frac{26.7\times10^3}{900\times9.81}-2.6-1=4.5\text{m}$$

为安全起见，泵的实际安装高度应比计算值低，可取 3.5～4m。

（二）允许吸上真空高度

1. 吸上真空高度的概念

在分析泵内不产生汽蚀时，p_s 应比 p_k 高多少，并导出泵的汽蚀性能参数 $[\Delta h]$ 后，再分析泵内不产生汽蚀时，p_s 应比大气压力 p_a 低多少，从而引出另一个汽蚀余量参数，即允许吸上真空高度 $[H_s]$。

如图 1-20 所示，列出吸液池面 A—A 至泵吸入口处 S—S 两截面间的伯努利方程：

$$\frac{p_a}{\rho g}=\frac{p_s}{\rho g}+H_g+\sum h_s+\frac{c_s^2}{2g} \tag{1-19}$$

式中，各参数的意义如前。假设吸液池面受到的是大气压力（$p_a=p_{at}$），则 $\frac{p_{at}-p_s}{\rho g}$ 表示泵进口处以液柱表示的真空高度，称为吸上真空高度，以 H_s 表示，即

$$H_s=\frac{p_{at}-p_s}{\rho g}=\frac{c_s^2}{2g}+H_g+\sum h_s \tag{1-20}$$

由上式可知，泵进口处的吸上真空高度 H_s 与泵几何安装高度 H_g、入口处的流速以及吸入管路的阻力损失等因素有关。

2. 允许吸上真空高度的计算

如果泵在某一流量下运行，则 $\frac{c_s^2}{2g}$ 项是一定值，而吸入管路的阻力损失也几乎为一定值，则吸上真空高度 H_s 主要取决于泵的几何安装高度 H_g，并随 H_g 的增加而逐渐增大。当 H_g 增加至某一数值后，泵就因汽蚀而不能继续工作，对应这一工况的吸上真空高度称为最大吸上真空高度，以 H_{smax} 表示。目前，最大吸上真空高度 H_{smax} 只能通过实验得到。为了保证离心泵运行时不发生汽蚀，同时应有尽可能大的吸上真空高度，一般保留 0.3～0.5 的安全量，即

$$[H_s]=H_{smax}-(0.3\sim0.5) \tag{1-21}$$

泵的允许吸上真空高度 $[H_s]$ 是随流量的变化而变化的，一般而言，随着流量的增加，$[H_s]$ 下降，因此，通常要做离心泵的汽蚀性能测定，测定泵在工作范围内 $[H_s]$ 随流量变化的情况，并将结果绘成曲线，一并画在泵性能曲线上，如图 1-22 所示。

样本上给出的 $[H_s]$ 值是在标准大气压（$p=101.3\text{kPa}$），液体温度为 293K 的条件下，以清水做实验测得的。如果泵使用地点的大气压和液体温度与测定条件相差很大时，则应对样本上的 $[H_s]$ 进行修正。

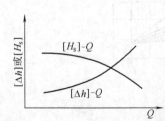

图 1-22 离心泵的 $[H_s]$-Q 曲线

$$[H_s]' = [H_s] - 10 + \frac{p - p_t}{\rho g} \tag{1-22}$$

式中 $[H_s]'$——修正后的允许吸上真空高度,m;

　　　p——泵使用地点的大气压,m;

　　　p_t——在使用地点温度下液体的饱和蒸气压,kPa。

3. 允许吸上真空高度的应用

允许吸上真空高度 $[H_s]$ 也是很重要的性能参数,用来说明离心泵吸入性能的好坏。泵吸入口处的真空度不应超过样本上规定的 $[H_s]$,它关系到使用泵时安装位置的高低。安装水泵时,也可根据 $[H_s]$ 值来计算泵的几何安装高度,即

$$[H_g] = [H_s] - \left(\frac{c_s^2}{2g} + \Sigma h_s\right) \tag{1-23}$$

例 1-4 安装一台离心泵,输送循环氨水。从泵的样本中查得该泵在 $Q = 468\,\text{m}^3/\text{h}$、$H = 38.5\,\text{m}$ 时,允许吸上真空高度 $[H_s] = 6\,\text{m}$。吸入管路的阻力损失为 2m,试计算:

(1) 输送 293K 的水时,泵的允许几何安装高度;

(2) 氨水温度为 323K 时($p_t = 12.335\,\text{kPa}$),泵的允许几何安装高度。由于氨水浓度很稀,可近似认为氨水密度、饱和蒸气压均与水相同。

解 (1) 输送 293K 的水,允许几何安装高度可应用式(1-23)进行计算,其中可忽略 $\frac{c_s^2}{2g}$。

$$[H_g] = [H_s] - \left(\frac{c_s^2}{2g} + \Sigma h_s\right)$$
$$= 6 - 2 = 4\,\text{m}$$

(2) 输送 323K 稀氨水,其允许吸上真空高度应用式(1-22)进行校正。

$$[H_s]' = [H_s] - 10 + \frac{p - p_t}{\rho g}$$

323K 稀氨水的饱和蒸气压,按水计算,即

$$H' = 6 - 10 + \frac{9.81 \times 10^4 - 12.335 \times 10^3}{1000 \times 9.81} = 4.7$$

$$[H_g] = [H_s]' - \Sigma h_s = 4.7 - 2 = 2.7\,\text{m}$$

为安全起见,泵的实际安装高度应低于计算值,可取 1.7~2.2m。

三、提高离心泵抗汽蚀能力的措施

提高离心泵抗汽蚀性能可以从两方面进行考虑:一方面是合理地设计泵的吸入装置及其安装高度,使泵入口处具有足够大的汽蚀余量;另一方面是改进泵本身的结构参数或结构形式,使泵具有尽可能小的允许汽蚀余量。

1. 降低吸入管阻力

在泵的吸入管路系统中,增大吸入管直径,采用尽可能短的吸入管长度,减少不必要的

弯头、阀门等。

2. 采用双吸式叶轮

双吸式叶轮相当于两个单吸叶轮背靠背地并合在一起工作，使每侧通过的流量为总流量的一半，从而使叶轮入口处的流速减小。

3. 采用诱导轮

在离心泵叶轮前加诱导轮能提高泵的抗汽蚀性能，而且效果显著，如图1-23所示。诱导轮是一个轴流式的螺旋形叶轮，与轴流泵叶轮有明显差别。当液体流过诱导轮时，诱导轮对液体做功而增加能头，即对进入后面离心叶轮的液体起到增压作用，从而提高了泵的吸入性能。

4. 采用超汽蚀叶形诱导轮

近年来，发展了一种超汽蚀泵，在离心泵叶轮前加一轴流式的超汽蚀叶形诱导轮，如图1-24所示。

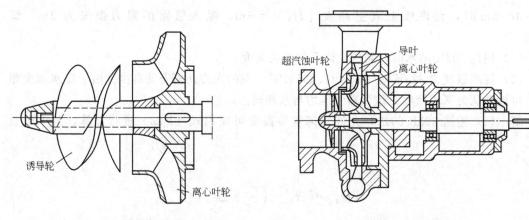

图1-23　前置诱导轮　　　　　　　　图1-24　超汽蚀泵

超汽蚀叶形诱导轮具有薄而尖的前缘，以诱发一种固定型的气泡，并完全覆盖叶片。气泡在叶形诱导轮后的液流中溃灭，即在超汽蚀叶形诱导轮出口和离心叶轮进口之间溃灭，故超汽蚀叶轮叶片的材料不会受汽蚀破坏。这种在汽蚀显著发展时，将整个叶形都包含在汽蚀空气之内的汽蚀阶段称为超汽蚀。

5. 采用抗汽蚀材料

当使用条件受到限制，不可能完全避免发生汽蚀时，应采用抗汽蚀材料制造叶轮，以延长叶轮的使用寿命。常用材料有铝铁青铜9-4、不锈钢2Cr13、稀土合金铸铁和高镍铬合金等。实践证明，材料强度和韧性越高，硬度和化学稳定性越高，叶道表面越光滑，则材料的抗汽蚀性能也越好。

第五节　离心泵性能曲线的换算

泵样本或说明书给出的离心泵性能曲线都是利用输送温度为20℃的清水进行实验得到的。生产过程中离心泵输送的液体，其性质（如黏度）往往与水相差很大；生产中还可能根据工艺条件的变化需将泵的某些工艺参数加以改动；泵制造厂为了扩大泵的使用范围，有时给离心泵备用不同直径的叶轮，这些情况均会引起泵的实际性能曲线发生变化。因此，必须找出不同使用情况下泵的性能曲线的换算关系。

一、转速改变时性能曲线的换算

（一）比例定律

离心泵的比例定律就是对于同一台泵（$D=D'$），当工作转速由 n 变为 n' 时（输送介质不变），有如下关系。

$$\frac{Q'}{Q}=\frac{n'}{n} \tag{1-24}$$

$$\frac{H'}{H}=\left(\frac{n'}{n}\right)^2 \tag{1-25}$$

$$\frac{N'}{N}=\left(\frac{n'}{n}\right)^3 \tag{1-26}$$

注意，上述比例定律对于水和油类可以成立，但当转速和黏度相差过大时，计算值是不准确的，因此其应用具有一定的局限性。

例 1-5 有一台离心泵，当流量 $Q=35\text{m}^3/\text{h}$ 时其扬程为 62m，转速为 1450r/min 的电动机，功率 $N=7.6\text{kW}$。当流量增加到 $Q'=70\text{m}^3/\text{h}$ 时，问电动机的转速为多少时才能满足要求，此时扬程和轴功率各为多少？

解 由比例定律得

$$n'=n\frac{Q'}{Q}=1450\times\frac{70}{50}2900\text{r/min}$$

$$H'=H\left(\frac{n'}{n}\right)^2=62\times\left(\frac{2900}{1450}\right)^2=248\text{m}$$

$$N=N\left(\frac{n'}{n}\right)^3=7.6\times\left(\frac{2900}{1450}\right)^3=60.81\text{kW}$$

（二）通用性能曲线

应用比例定律时假设效率 η 是不变的，实际上，当转速改变较大时，效率 η 也将发生变化。其变化需要用实验测出不同转速下泵的性能，绘出不同转速下的性能曲线。若将一台泵在各种转速下的性能曲线绘在同一张图上，并将 Q-H 曲线上效率相同的各点连接成曲线，可得到泵的通用性能曲线，如图 1-25 所示。在通用性能曲线图中，泵的流量与效率的关系不用 Q-η 曲线表示，而用等效率曲线表示。

离心泵的通用性能曲线可以说明泵的运转性能，并可根据工作条件选择泵的转速。选择方法是将该工作条件下的 Q 及 H 值标在通用性能曲线上得出工况点，由工况点的位置即可估计出应采用的转速。如果已知泵的转速和流量，可以在通用性能曲线上查出扬程。从横坐标上的已知 Q 值引垂线，与已知转速的 H-Q 曲线交点的纵坐标值即为所求扬程。

二、叶轮切割时性能曲线的换算

泵的制造厂或用户为了扩大离心泵的使用范围，除配有原型号的叶轮外，常备有外直径小的叶轮，称为离心泵叶轮的切割。叶轮外径切割后，泵的流量、扬程和轴功率都将减小。所以叶轮直径切割后，应对原型号泵的 H-Q、N-Q、η-Q 性能曲线进行换算。

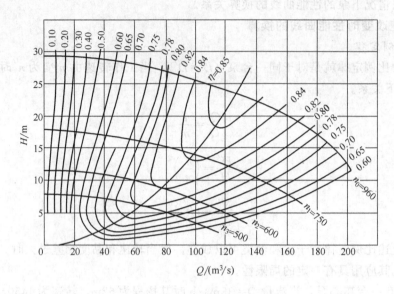

图 1-25 离心泵的通用性能曲线

（一）切割定律

离心泵叶轮外径减小后，在转速和效率不变的情况下，其性能可按下式换算：

$$\frac{Q'}{Q}=\frac{D'_2}{D_2} \tag{1-27}$$

$$\frac{H'}{H}=\left(\frac{D'_2}{D_2}\right)^2 \tag{1-28}$$

$$\frac{N'}{N}=\left(\frac{D'_2}{D_2}\right)^3 \tag{1-29}$$

式中　　　D_2，D'_2——切割前、后叶轮的外径；

Q，H，N 和 Q'，H'，N'——叶轮切割前、后泵的流量、扬程和功率。

上式即为切割定律。

离心泵叶轮外径 D_2 的切割量不宜过大，否则泵的最高效率将降低过多。通常规定叶轮的极限切割量 $\dfrac{D_2-D'_2}{D_2}$ 不超过 0.1～0.2，大值适用于小流量、高扬程的泵；小值适用于大流量、低扬程的泵。叶轮直径的允许切割量与比转数有关，见表 1-1。

表 1-1　叶轮直径最大的允许切割量

n_s	80	120	200	300	350
$\dfrac{D_2-D'_2}{D_2}$	0.2	0.15	0.15	0.09	0.07
效率下降值	每切割 10%，效率下降 1%			每切割 4%，效率下降 1%	

（二）切割定律的应用

为了标明离心泵的最佳使用范围，有些样本除了给出泵的 H-Q 曲线外，还标出泵的高效工作区。如图 1-26 所示的扇形面积 $ABB'A'$，其中 AA' 和 BB' 为较最高效率约低 7% 的两段等效率线；AB 为原型号叶轮时 H-Q 曲线上的高效段；$A'B'$ 为叶轮做极限切割后 H-Q 曲线上的高效段。用户选泵时应使运行工作点处于扇形区域之内。

利用切割定律可以解决两类问题：一是已知某离心泵原型号叶轮下的性能曲线和叶轮切割前、后的直径 D_2 与 $D_2{'}$，求叶轮切割后的性能曲线（或已知管路特性曲线，求切割后的流量与扬程等）；二是已知离心泵的原型号叶轮直径 D_2 和性能曲线，求泵流量或扬程减少某一数值时，叶轮的切割量。

三、黏度改变时性能曲线的换算

（一）换算的必要性

石油化学工业中的介质与清水不同，大部分具有黏度，要用离心泵进行输送。而黏度的变化，直接影响泵的性能，

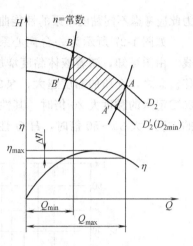

图 1-26　高效工作区

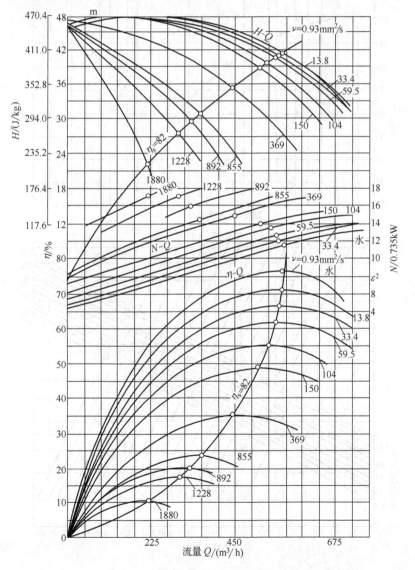

图 1-27　离心泵输送不同黏度的液体时性能曲线的变化

为此应考虑不同黏度下泵的性能曲线的换算方法。

如图 1-27 所示为一台离心泵在转速 $n=2875\mathrm{r/min}$ 下，输送不同黏度液体时的性能曲线。由图可知，随着液体黏度增加，泵的 $H\text{-}Q$ 和 $\eta\text{-}Q$ 性能曲线均下移，而 $N\text{-}Q$ 性能曲线上移。总之，介质的黏度越大，泵的特性就与输送清水时差别越大。当介质的运动黏度 ν 较 20℃ 清水的黏度大 20 倍时，其性能曲线变化不大，可忽略；当介质的运动黏度较 20℃ 清水的黏度 ν 大 30~50 倍时，$H\text{-}Q$ 性能曲线仍变化不大，但 $N\text{-}Q$ 曲线已上移；当介质的运动黏

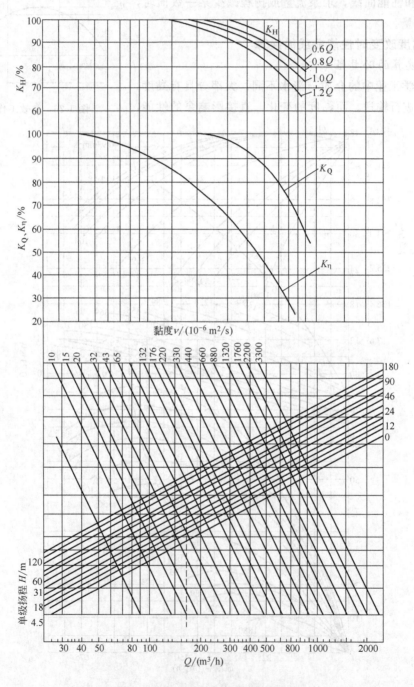

图 1-28 大流量离心泵黏度换算系数

度较 20℃清水的黏度大 50 倍以上时，H-Q 和 N-Q 曲线变化都较大。因此，当所输送介质的运动黏度 $\nu > 20\text{mm}^2/\text{s}$ 时，泵的性能曲线就需要进行换算。

（二）换算方法

若已知离心泵输送清水时的性能，可按以下公式进行换算

$$Q' = K_Q Q \tag{1-30}$$

$$H' = K_H H \tag{1-31}$$

$$\eta' = K_\eta \eta \tag{1-32}$$

式中　Q，H，η——泵输送水时的流量、扬程、效率；

　　　Q'，H'，η'——泵输送其他黏性液体时的流量、扬程、效率；

　　　K_Q，K_H，H_η——流量、扬程、效率换算系数，%。

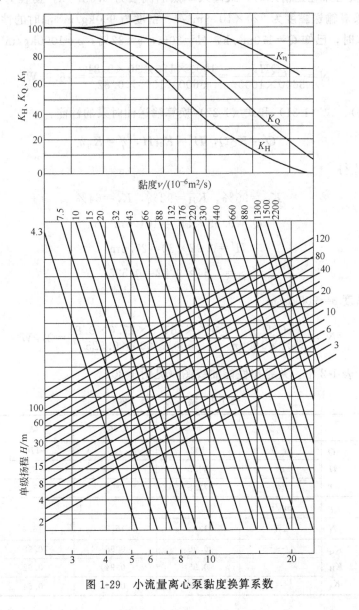

图 1-29　小流量离心泵黏度换算系数

换算系数，可由图 1-28、图 1-29 查取。

查取方法为：根据泵的流量在横坐标上查取相应值，过该点作垂线与泵的单级扬程斜线交于一点，过此点作水平线与液体黏度斜线相交得一点。从此点作一垂线分别与流量修正曲线、扬程修正曲线、效率修正曲线相交，所得交点的纵坐标值便是要查取的 K_Q、K_H 和 H_η。图 1-28 中的 K_H 有四条线，分别表示最高效率点流量的 0.6、0.8、1.0 及 1.2 倍时的扬程换算系数。若为双吸泵，则流量应按 $\frac{Q}{2}$ 查取。图 1-29 所示为小流量离心泵黏度换算系数图，用同样方法查取换算系数。

应当注意，该图只适用于一般结构的离心泵，且在不发生汽蚀的工况下进行换算。它不适用于混流泵、轴流泵，也不适用于含有杂质的非均相液体，此图中的各曲线不能用外推法延伸使用。

例 1-6 用离心泵输送清水时，最高效率点的流量为 170m³/h，扬程为 30m，其最高效率为 82%。试换算输送黏度为 $220\times10^{-6} m^2/s$、密度为 990kg/m³ 油时的性能。

解 输送水时，已知 $Q=170 m^3/h$，$H=30m$，$\eta=82\%$，$\rho=1000 kg/m^3$。

$$N=\frac{\rho QHg}{3600\times 1000\eta}=\frac{1000\times 170\times 30\times 9.81}{3600\times 1000\times 0.82}=16.9 kW$$

按式（1-30）、式（1-31）和式（1-32）换算输送油时泵的性能：

$$Q'=K_Q Q,\ H'=K_H H,\ \eta'=K_\eta \eta$$

由图 1-28 查得

$$K_Q=95\%,\ K_H=92\%,\ K_\eta=64\%$$

$$Q'=0.95\times 170=161.5 m^3/h$$

$$H'=0.92\times 30=27.6 m$$

$$\eta'=0.64\times 0.82=0.525$$

已知油的密度 $\rho=900 kg/m^3$

$$N'=\frac{\rho Q'H'g}{3600\times 1000\eta'}=\frac{900\times 161.5\times 27.6\times 9.81}{3600\times 1000\times 0.525}=21 kW$$

将计算结果列于表 1-2 中，并绘出性能曲线图（见图 1-30）。

表 1-2 换 算 示 例

项目		单位	$0.6Q_0$	$0.8Q_0$	Q_0	$1.2Q_0$
输水时流量	Q	m³/h	102	136	170	204
扬程	H	m	34.3	33	30	26.2
效率	η	%	72.5	80	82	79.5
水密度	ρ	m³/h	1000			
输水时的功率	N	kW	13.1	15.3	16.9	18.3
换算系数：流量	K_Q	—	0.95	0.95	0.95	0.95
扬程	K_H	—	0.95	0.94	0.92	0.89
效率	K_η	—	0.64	0.64	0.64	0.64

续表

项 目		单 位	$0.6Q_0$	$0.8Q_0$	Q_0	$1.2Q_0$
输油时的流量	Q'	m³/h	96.9	129.2	161.5	193.8
扬程	H'	m	32.6	31	27.6	23.3
效率	η'	%	46	50.8	52.5	50.5
油密度	ρ	kg/m³	900			
油黏度		10^{-6} m²/s	220			
输油时的轴功率	N'	kW	16.7	19.3	21.0	21.9

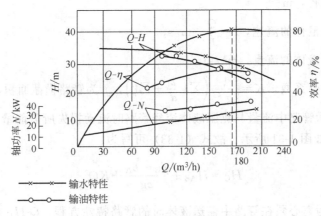

图 1-30 例 1-6 中的性能曲线

第六节 离心泵的运转

在石油化工生产中，泵和管路一起组成一个输送系统，在这个输送系统中，要遵循质量守恒和能量守恒这两个基本定律，即泵排出的流量等于管路中的流量。单位质量流体所获得的能头等于流体沿管路输送所消耗的能头，这样才能稳定地工作。若泵或管路的工况发生变化，都会引起整个系统的工作参数变化，因此离心泵的运转和管路系统具有密切的联系。

一、离心泵在管路上的工作及流量调节

（一）管路系统特性曲线

当离心泵沿一条管路输送一定流量的液体时，就要求泵提供一定的能量用于提高液体的位高，克服管路两端的压力差和克服液体沿管路流动时的各种流动损失。

由图 1-15 可知，当液体沿一条吸入管路和一条串联的排出管路输送液体时，管路所需能头 H_C 的大小可由伯努利方程来表示，即

$$H_C = \frac{p_B - p_A}{\rho g} + (z_B - z_A) + \frac{c_B^2 - c_A^2}{2g} + \sum h_{AB} \tag{1-33}$$

式中，各符号表示的意义同式（1-11）。此式说明，外加能头应为各项能头增量和阻力损失能头之和。在式（1-33）中，输液高度（$z_B - z_A$）和吸液池与排液池上的静压能差 $\dfrac{p_B - p_A}{\rho g}$ 不变（并忽略动能头增量），这两项之和为一常数，且与管路中的流量 Q 无关，故

称为管路静能头,表示为 $h_p = \dfrac{p_B - p_A}{\rho g} + (z_A - z_B)$,$h_p$ 与输液高度及进、出管路的压力有关,而总流动损失 $\sum h_{AB}$ 与管路中流速的平方成正比。由流体力学可知

$$\sum h_{AB} = \left(\sum \lambda \dfrac{l}{d} + \sum \zeta \right) \dfrac{c^2}{2g} = KQ^2 \tag{1-34}$$

式中　λ——沿程阻力系数;
　　　ζ——局部阻力系数;
　　　l——管路长度,m;
　　　d——管路直径,m;
　　　c——管路内液体的流速,$c = \dfrac{Q}{f}$,m/s;
　　　Q——管路内液体的流量,m³/s;
　　　K——管路特性系数,$K = \dfrac{1}{2gf^2}\left(\sum \lambda \dfrac{l}{d} + \sum \zeta \right)$,$f$ 为管路横截面积,m²。

式(1-33)表示管路中流量与克服液体流经管路时流动损失所需能量之间的关系,可用一条抛物线表示,如图 1-31 所示。故式(1-33)可写为:

$$H_C = H_{AB} + \dfrac{p_B - p_A}{\rho g} + KQ^2 \tag{1-35}$$

式(1-35)即为离心泵在管路中输送液体时的管路特性方程,Q-H_C 曲线称为管路特性曲线(见图 1-31)。在 $Q = 0$ 时

$$H_C = H_{AB} + \dfrac{p_B - p_A}{\rho g}$$

式中　H_{AB}——输液高度,$H_{AB} = z_B - z_A$。

(二)离心泵的工作点

离心泵在管路中工作时,泵是串联在管路中的,泵所提供的能量 H 与管路装置上所需的能量 H_C 应相等,泵所排出的流量和管路中输送的流量应相等。离心泵在一定转速下运转时,某一流量对应一定扬程,即泵的工作点应在该泵的 H-Q 曲线上。从管路来看,当管路一定时,输送一定流量的液体,所需外加扬程应在 H_C-Q 曲线上对应数值,即泵在管路上工作时其工作点必在 H_C-Q 曲线上。离心泵的工作点既在 H-Q 曲线上,又在 H_C-Q 曲线上,因此,工作点一定在 H-Q 曲线与 H_C-Q 曲线相交的点 M 上(见图 1-32)。两曲线的交点 M 所对应的 Q 和 H 值就是泵运转的流量和扬程,故点 M 即为泵的工作点。

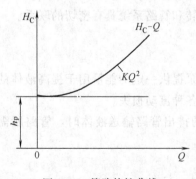

图 1-31　管路特性曲线

在点 M 的流量下,泵所产生的扬程 H 与管路上所必需的外加能头 H_C 恰好相等。如果设想泵不是在点 M 工作,而是在点 B 工作,那么在点 B 的流量下,泵所产生的扬程 H 就将大于管路所需的扬程 H_{CB},然而多余的扬程必会使管路中的流量加大,泵的工作点将沿 Q-H 曲线向右移动至点 M;若泵在点 A 工作,则在点 A 的流量下,泵所提供的扬程 H_A 小于

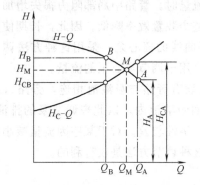

图 1-32 泵在管路上的工作点

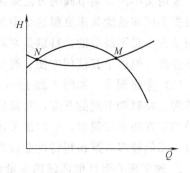

图 1-33 泵的不稳定工况

管路在此点所需的扬程 H_{CA}，管路中流量减少，导致泵的工作点沿 Q-H 曲线向左移向点 M。由此可见，当泵的尺寸及转速一定时，则它在一定管路中工作时，只有一个稳定的工作点 M，该点由泵的 H-Q 曲线与该管路系统的 H_C-Q 曲线的交点决定。

离心泵的性能曲线为驼峰形时，如图 1-33 所示。这种泵性能曲线有可能与管路特能曲线相交于点 N 和点 M，点 M 是稳定工况点，而点 N 则为不稳定工况点。若泵向大流量方向偏离，则泵扬程大于管路扬程，管路中流速加大，流量增加，工况点沿泵性能曲线继续向大流量方向偏离，直到点 M。当工况点向小流量方向移动，直至流量等于零为止，若管路上无底阀或止回阀，液体将倒流。由此可见，工况点在点 N 是暂时平衡，一旦离开点 N 便不能再回到点 N，故称点 N 为不稳定工况点。

（三）离心泵的工况调节

在石油、化工生产过程中，常需根据操作条件的变化来调节泵的流量，而离心泵的流量是由泵的工作点来确定的，所以只能改变离心泵的工作点。泵性能曲线和管路特性曲线中的任何一条曲线发生变化，工作点便随之改变，因此调节流量可从以下两方面入手。

1. 改变管路特性曲线的流量调节

（1）出口管路节流调节　这是使管路特性变化的最简单、最常用的方法，即在排出管路上安装调节阀，当开大或关小调节阀的开度时，就改变了管路的局部阻力，使管路特性曲线的斜率发生变化，在泵性能曲线不变的情况下，工况点发生变化从而达到调节流量的目的，如图 1-34 所示。

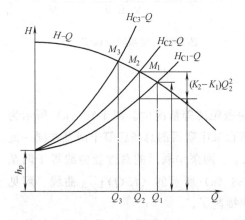

图 1-34 出口节流调节

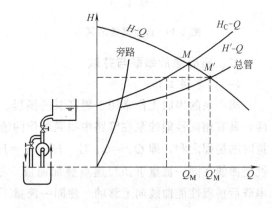

图 1-35 旁路调节

采用关小出口调节阀的方法来改变管路特性调节流量时，管路中局部阻力损失增加，需要泵提供更多的能头来克服这个附加的阻力损失，使整个装置效率降低。因此，长期使用这种调节方法是不经济的，特别是对具有陡降 $H\text{-}Q$ 性能曲线的离心泵，采用这种方法调节更加不经济。但由于其使用方便、简单，故此法仍被广泛用于调节离心泵的流量。

(2) 旁路调节　如图 1-35 所示，在泵出口管路上设有旁路与吸液池相连，旁路口装有调节阀，控制调节阀的开度，将排出液体的一部分引回吸液池内，以此来调节泵的排液量。这种调节方法也较简单，但回流液体仍需消耗泵功，经济性较差。对于某些因流量减小而造成效率降低较多或泵扬程特性曲线较陡的情况，采用这种调节方法是较有利的。

2. 改变离心泵性能曲线的流量调节

(1) 改变泵的工作转速　可改变泵的 $H\text{-}Q$ 性能曲线位置，因此可以用改变泵转速的方法来调节流量。当 n 增大时，$H\text{-}Q$ 性能曲线向右上方移动；反之，n 减小时，$H\text{-}Q$ 性能曲线向左下方移动，如图 1-36 所示。

改变转速以调节流量是比较经济的，它没有节流引起的能量损失，但它要求原动机能改变转速，如直流电动机、汽轮机等。对于广泛使用的交流电动机，近年来开始采用变频调速器，可任意调节转速，且节能、可靠。

(2) 切割叶轮外径　当泵的叶轮外径在允许范围内切割时，泵的 $H\text{-}Q$ 性能曲线向左下方移动，如图 1-37 所示。若管路特性不变，即可利用切割叶轮外径的方法来调节工作点，减小流量。用这种方法调节时只能减小流量，而不能增大流量。这种方法虽然没有附加能量损失，但叶轮经切割后不能恢复，故该方法只能用于要求流量长期不改变的场合。此外，由于叶轮的切割量有限，所以当要求流量调节很小时，就不能采用此法。

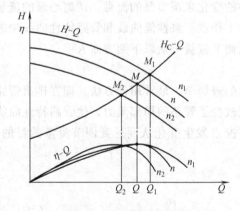

图 1-36　改变转速的调节

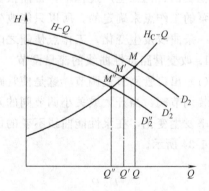

图 1-37　切割叶轮调节

二、离心泵的串联与并联

(一) 串联工作

离心泵的串联工作常用于提高泵的扬程、增加输送距离等情况中。图 1-38（a）所示为两台具有相同性能的泵在管路中串联工作的情况。两台泵串联后的总扬程等于两泵在同一流量时的扬程之和，即 $Q_{\rm I}=Q_{\rm II}$ 时，$H_{\rm I+II}=H_{\rm I}+H_{\rm II}$。两泵串联后的总性能曲线等于两泵性能曲线在同一流量下扬程逐点叠加而成，如图 1-38（a）所示的 $(H\text{-}Q)_{\rm I+II}$ 曲线。可见串联后扬程性能曲线向上移动，使同一流量下的扬程提高了。

离心泵串联使用时，因后面一台泵承受的压力较高，故应注意泵体的强度和密封等问题。启动和停泵时也要按顺序操作，启动前将各串联泵的出口调节阀都关闭，第一台泵启动后再打开第一台泵的出口调节阀，然后启动第二台泵，再打开第二台泵的出口调节阀。

（二）并联工作

当使用一台泵流量不能满足要求，或要求输送流量变化范围大，又要求在高效范围内工作时，常采用两台或数台泵并联工作，以满足流量的变化要求，如图 1-38（b）所示。两台具有同样性能 $(H\text{-}Q)_{\text{I}、\text{II}}$ 的泵并联后的总流量等于两台泵在同一扬程下的流量相加，即 $Q_{\text{I}+\text{II}}=Q_{\text{I}}+Q_{\text{II}}$，$H_{\text{I}}=H_{\text{II}}=H_{\text{I}+\text{II}}$。两泵并联后总性能曲线等于两泵性能曲线在同一扬程下的对应流量叠加而成，如图 1-38（b）所示的 $(H\text{-}Q)_{\text{I}+\text{II}}$ 曲线。

若两台泵没有并联，而是其中之一单独在此管路系统中工作，单泵的工作点为 M_2，流量为 Q_{M2}，扬程为 H_{M2}。并联后 $H_{\text{I}+\text{II}}>H_{M2}$，$Q_{\text{I}+\text{II}}<2Q_{M2}$。这是因为并联后流量增大而使管路阻力损失增加，这就要求每台泵都提高它的扬程来克服这个增加的阻力损失，相应的流量就减小。

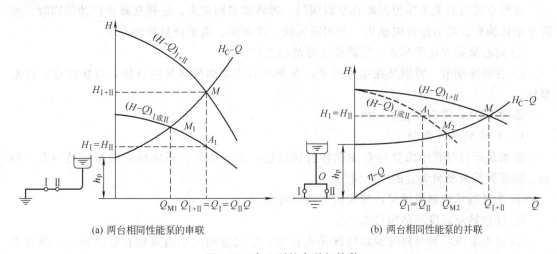

(a) 两台相同性能泵的串联　　　　　　　　　　(b) 两台相同性能泵的并联

图 1-38　离心泵的串联与并联

三、离心泵的操作

（一）启动及停车

1. 启动前的检查

为保证泵的安全运行，在泵启动前，应对整个机组做全面的检查，发现问题，及时处理。检查内容如下。

① 电动机和水泵固定是否良好，螺钉及螺母有无松动脱落。
② 检查各轴承的润滑是否充足，润滑油是否变质。
③ 如果是第一次使用或重新安装的水泵，应检查水泵的转动方向是否正确。
④ 检查吸液池及水滤网上是否有杂物。
⑤ 检查填料函内的填料是否发硬。
⑥ 检查排液管上的阀门启闭是否灵活。
⑦ 检查电动机的电气线路是否正确。
⑧ 检查机组附近有无妨碍运转的物体。

2. 启动前的准备

经过全面检查，确认一切正常后，才可做启动的准备工作，应有以下几项工作。

① 关闭排水管路上的阀门,以降低启动电流。

② 打开放气旋塞,向水泵内灌水,同时用手转动联轴器,使叶轮内残存的空气尽可能排出,直至放气旋塞有水冒出时,再将其关闭。

③ 大型水泵采用真空泵抽气灌水时,应关闭放气旋塞及真空表和压力表的旋塞,以保护仪表的准确性。

3. 启动

完成以上准备工作后,即可启动泵。启动后待水泵转速稳定,电流表指针指示到指定位置,这时再把真空表及压力表的旋塞打开,并慢慢开启出口阀门,水泵进入正常运行。与此同时还应将水封管的阀门打开。

离心泵启动后空转时间不能太长,通常以 2~4min 为限,如果时间过长,水的温度就会升高,可能导致汽蚀现象或其他不良后果。

4. 停车

在停车前应先关闭压力表和真空表阀门,再将排水阀关闭,这样在减少振动的同时,可防止液体倒灌。然后停转电动机,关闭吸入阀、冷却水、机械密封冲洗水等。

① 离心泵装置在停车后,仍然要做好清洁工作。

② 在寒冷季节,特别是在室外的泵,在停车后应立即放尽泵内液体,以防结冰,冻裂泵体。

③ 备用泵,应定期启动一次。

(二) 运转时的维护

在水泵运行过程中除要经常注视各仪表读数是否正常外,还应注意机组运转声音、振动、轴承润滑及密封装置的工作情况。

① 注意轴承的润滑情况,应定时更换润滑油。

② 注意轴承温度不能超过 75℃。

③ 检查水泵填料密封处滴水情况是否正常,泄漏量的大小由泵轴直径而定,一般要求不能流成线,以每分钟 10~60 滴为合适。

④ 运转一定时间后(一般 2000h),应更换磨损件,例如环的间隙超过规定值时应更换密封环。

四、离心泵常见故障及排除方法

表 1-3 离心泵的常见故障及其排除方法

故障现象	产生故障的原因	排除方法
泵灌不满	1. 底阀未关或吸入系统泄漏 2. 底阀已损坏	1. 关闭底阀或排除泄漏 2. 修理或更换底阀
抽不上液体	1. 正吸入压头过低 2. 吸入或排出管路调节阀关闭 3. 吸入管路存在气体或蒸气 4. 吸液系统管子或仪表漏气 5. 排液管阻力太大 6. 输入容器压力过高	1. 在入口处提高液位,提高吸入压头或在吸入容器中能通过外部装置加压 2. 打开阀门,检查是否所有阀门均打开 3. 排除吸入管路中的气体 4. 检查吸液管和仪表并排除 5. 清洗排液管或减少管件数 6. 调整塔内压力

续表

故障现象	产生故障的原因	排除方法
流量过小	1. 泵中仍存在空气 2. 入口管路调节阀未充分打开 3. 管路、叶轮、装置堵塞结垢、变脏 4. 叶轮转向错误 5. 密封环径向间隙增大,内泄漏增加 6. 吸液部分不严密 7. 出口压力高出额定值 8. 输送液体的温度过高,产生汽蚀现象	1. 充分排净空气 2. 充分打开阀门 3. 充分清洗 4. 改变电机接线方式 5. 检修 6. 检查吸液部分各连接密封情况,拧紧螺母或更换填料 7. 更换泵 8. 降低液体输送温度
泵工作不稳定	1. 吸入压头过低 2. 泵和电机组装中的外部问题 3. 轴承磨损(通常伴随着消耗功率的增大而产生) 4. 泵不能充分灌注和排出 5. 汽蚀,压力波动	1. 提高吸入压头,或使用外部装置给容器加压或提高液位,如果可能,降低泵的安装位置 2. 拆卸、组装清洗 3. 检查轴承间隙、更换轴承 4. 重复灌泵和排出的过程 5. 消除汽蚀的危险
填料函漏液过多	1. 填料磨损 2. 填料安装错误 3. 平衡盘失效 4. 泵轴弯曲或磨损	1. 更换填料 2. 拧紧填料压盖或补加填料,重新安装填料 3. 修理平衡盘 4. 修理或更换泵轴
填料过热	1. 填料压得过紧 2. 填料内冷却水进不去 3. 轴或轴套表面有损坏	1. 适当放松填料压盖 2. 松弛填料或检查填料环孔有否堵塞 3. 修理轴表面或更换轴套
轴承过热	1. 轴承内润滑油不良或油量不足 2. 轴已弯曲或轴承滚珠变形 3. 轴承安装不正确或间隙不适当 4. 泵轴与电动机同心度不符合要求 5. 轴承已磨损或松动	1. 更换合格的新油并加足油量 2. 检修可更换零件 3. 检查并加以修理 4. 重新找正 5. 检修或更换轴承
振动	1. 叶轮磨损不均匀或部分流道堵塞,使叶轮失去平衡 2. 轴承磨损 3. 泵轴弯曲 4. 转动部件有磨损 5. 转动部分零件松弛或破裂 6. 泵内发生汽蚀现象 7. 两联轴器结合不良 8. 地脚螺栓松动	1. 对叶轮做平衡校正或清洗叶轮 2. 修理或更换轴承 3. 校直或更换泵轴 4. 检修 5. 检修或更换磨损零件 6. 排除产生汽蚀原因 7. 重新调整 8. 拧紧地脚螺母

为了便于分析比较,将离心泵在运行中常见故障产生的原因和排除方法,列成表1-3。由于故障的原因很多,因此在实际操作中,必须结合具体情况来分析和处理。

第七节 离心泵的选择

一、离心泵的型号表示法

型号是表征性能特点的代号,我国的离心泵型号尚未完全统一。现在大部分采用以汉语拼音与阿拉伯数字组合的编制方式,通常由三个单元组成:

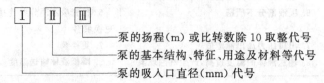

有时在Ⅲ后面还附有字母 A、B、C,表示泵是经切割过的叶轮,A 表示第一次切割;B 表示第二次切割;C 表示第三次切割(极限切割)。对于多级离心泵,Ⅲ由两部分组成,中间以乘号隔开,乘号前的数字表示泵的单级扬程,乘号后表示泵的级数。其他特殊表示方法,泵样本或标准都会有较详细的介绍。表1-4 列出了离心泵基本型号代号。

表 1-4 离心泵基本型号代号

型号	泵的名称	型号	泵的名称
IS	ISO 国际标准型单级单吸离心水泵	S 或 sh	单级双吸式离心泵
B 或 BA	单级单吸悬臂式离心清水泵	DS	多级分段式首级为双吸叶轮
D 或 DA	多级分段式离心泵	KD	多级中开式单级叶轮
DL	多级立式筒形离心泵	KDS	多级中开式首级为双吸叶轮
Y	离心式油泵	Z	自吸式离心泵
YG	离心式管道油泵	FY	耐腐蚀液下式离心泵
F	耐腐蚀泵	W	一般旋涡泵
P	屏蔽式离心泵	WX	旋涡离心泵

比转数是一个综合性参数,它表示泵的扬程和流量的关系。若两台泵转速相同,则 n_s 大的泵流量大,扬程低;n_s 小的泵流量小,扬程高。工业上使用的高扬程泵比转数 n_s 都较小。根据比转数的不同,可将泵分为表 1-5 所列的不同类型。

表 1-5 比转数与叶轮形状和性能曲线的关系

泵的类型	离心泵			混流泵	轴流泵
	低比转数	中比转数	高比转数		
比转数 n_s	$30 < n_s < 80$	$80 < n_s < 150$	$150 < n_s < 300$	$300 < n_s < 500$	$500 < n_s < 1000$
叶轮形状					
尺寸比 $\dfrac{D_2}{D_1}$	≈3	≈2.3	1.4~1.8	1.1~1.2	1.0
叶片形状	圆柱形叶片	入口处扭曲形 出口处圆柱形	扭曲形叶片	扭曲形叶片	扭曲形叶片

续表

泵的类型	离心泵			混流泵	轴流泵
	低比转数	中比转数	高比转数		
特性曲线形状	Q-H, Q-N, Q-η	Q-H, Q-N, Q-η	Q-H, Q-N, Q-η	Q-H, Q-N, Q-η	Q-H, Q-N, Q-η
流量-扬程曲线特点	关死扬程为设计工况的1.1~1.3倍,扬程随流量减少而增加,变化比较缓慢			关死扬程为设计工况的1.5~1.8倍,扬程随流量减少而增加,变化较急	关死扬程为设计工况的2倍左右,扬程随流量减少而急速上升,又急速下降
流量-功率曲线特点	关死点功率较小,功率随流量增加而上升			流量变化时轴功率变化较小	关死点功率最大,设计点工况附近变化比较少,以后轴功率随流量增大而下降
流量-效率曲线特点	比较平坦			比轴流泵平坦	急速上升后又急速下降

近年来,我国泵行业采用国际标准 ISO 2858—75（E）的有关标记及额定性能参数和系列尺寸,设计制造了新型号的泵,其型号组成如下。

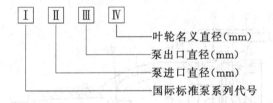

Ⅰ Ⅱ Ⅲ Ⅳ
　　　　　叶轮名义直径(mm)
　　　　泵出口直径(mm)
　　　泵进口直径(mm)
　　国际标准泵系列代号

离心泵型号示例：

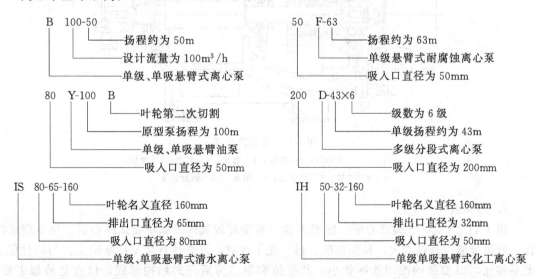

二、离心泵的结构

离心泵的品种很多,各种类型泵的结构虽然不同,但主要部件基本相同。主要零部件有

33

泵盖、泵体（又称泵壳）、叶轮、填料函、泵轴、联轴器、轴承及托架等，如图1-39所示。下面介绍清水泵的结构。

(一) 单级单吸离心式清水泵

1. B型泵

如图1-39所示，泵的一端在托架内用轴承支承，装有叶轮的一端悬臂伸出托架之外。按泵体与泵盖的剖分位置不同，又分为前开式和后开式。后开式的优点在于检修时，只要将托架止口螺母松开即可将托架连同叶轮一起取出，不必拆卸泵的进、排液管路。图1-40所示为前开式B型离心泵。

B型离心泵叶轮产生的轴向力大部分由平衡孔平衡，剩余轴向力由轴承承受。泵体内部有逐渐扩大的蜗形流道，其最高点处开有供灌

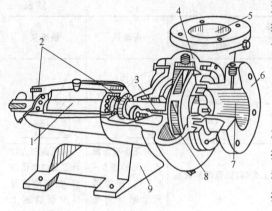

图1-39 单级单吸离心泵
1—泵轴；2—轴承；3—填料函；4—泵体；
5—排出口；6—泵盖；7—吸入口；
8—叶轮；9—托架

泵用排气螺孔。在泵盖内壁与叶轮接触易磨损处装有密封环，以防止高压水漏回到进水段，影响泵的效率。轴封装置采用填料密封，泵内的压力水可直接由开在后盖上的孔送到水封环，起水封作用。这种泵一般可与电动机通过联轴器直连。其优点是结构简单，工作可靠，易加工制造和维修保养，适应性强，因而得到广泛应用。

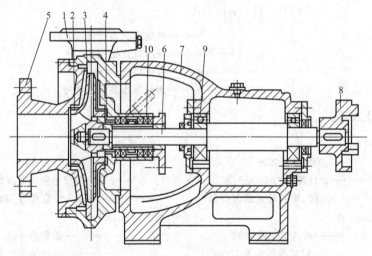

图1-40 B型离心泵
1—泵体；2—密封环；3—叶轮；4—轴承；5—泵盖；6—泵轴；
7—托架；8—联轴器；9—轴承；10—轴封装置

2. IS型泵

图1-41所示为IS型离心泵。IS型泵是一种能耗较低的单级单吸式离心泵。与B型泵相比，叶轮吸液口直径较大，泵壳体吸、排口做了改进，泵壳体直接支在基架上。与同性能B型泵相比，IS型泵的配用功率较小，其泵体和泵盖为后开式结构形式，优点是检修方便，不用拆卸泵体、管路和电机，只需拆下加长联轴器的中间连接，即可退出转动部件进行检修。

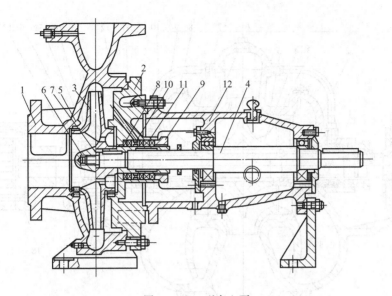

图 1-41 IS 型离心泵

1—泵体；2—泵盖；3—叶轮；4—轴；5—密封环；6—叶轮螺母；7—制动垫圈；
8—轴套；9—填料压盖；10—填料环；11—填料；12—悬架轴承部件

它适用于工业和城市给水、排水，也可用于农业，供输送清水或物理及化学性质类似清水的其他液体，温度不高于 80℃。

（二）单级双吸式离心水泵

如图 1-42 所示为 S 型单级双吸式离心水泵。这种泵实际上相当于两个 B 型泵叶轮组合而成，水从叶轮左、右两侧进入叶轮，流量大。转子为两端支承，泵壳为水平剖分的蜗壳形。两个呈半螺旋形的吸液室与泵壳一起为中开式结构，共用一根吸液管，吸、排液管均布在下半个泵壳的两侧，检查泵时，不必拆动与泵相连接的管路。由于泵壳和吸液室均为蜗壳形，为在灌泵时能将泵内气体排出，在泵壳和吸液室的最高点处分别开有螺孔，灌泵完毕用螺栓封住。泵的轴封装置多采用填料密封，填料函中设置水封圈用细管将压液室内的液体引入其中以冷却并润滑填料。轴向力自身平衡，不必设置轴向力平衡装置。在相同流量下，双吸泵比单吸泵的抗汽蚀性能要好。

（三）多级离心泵

单级泵一个叶轮所产生的静能头是有限的，要获得更高的静能头，就要使用几个叶轮串联起来工作，即多级离心泵。一般多级离心水泵主要用于输送常温清水或与水类似的液体。它可分为分段式和中开式两种。

1. 分段式多级离心泵

如图 1-43 所示为分段式三级离心泵，自左到右为一级、二级、三级叶轮依次安装在同一根泵轴上串联工作。每个叶轮的外缘都装有与其相对应的导轮，各级泵壳都是垂直剖分。由于叶轮朝一个方向排列于轴上，每级叶轮均有一个轴向力，因此逐级相加后总的轴向力很大，必须用自动平衡盘装置来平衡轴向力。各级泵壳依靠四根长螺栓紧固成一个整体。

在泵的每段上、下方均有排气和放水螺塞，在吸入口和排出口法兰上设置有安装真空表和压力表的螺孔。

分段式多级离心泵各段泵壳可分别加工，制造比较方便，但结构较复杂，装拆较困难。

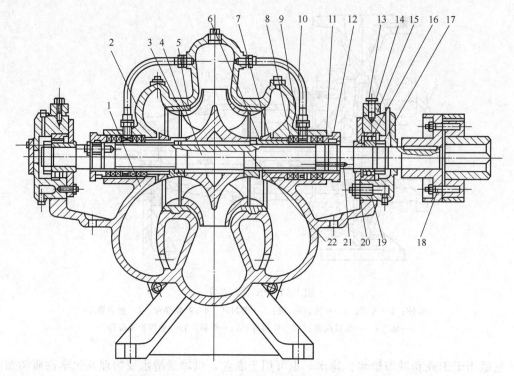

图 1-42　S型单级双吸式离心水泵

1—泵体；2—泵盖；3—叶轮；4—泵轴；5—密封环；6—轴套；7—填料挡套；8—填料；
9—填料环；10—水封管；11—填料压盖；12—轴套螺母；13—固定螺栓；14—轴承架；
15—轴承体；16—单列向心球轴承；17—圆螺母；18—联轴器；
19—轴承挡套；20—轴承盖；21—双头螺栓；22—键

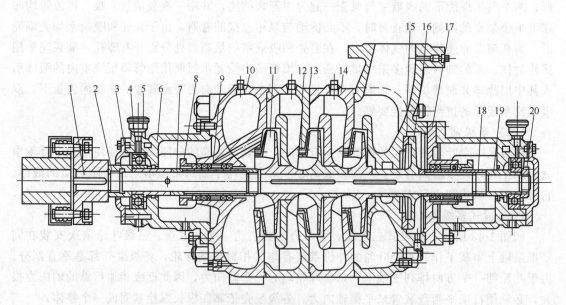

图 1-43　分段式三级离心泵

1—泵轴；2—轴套螺母；3—轴承盖；4—轴承衬套甲；5—单列向心球轴承；6—轴承体；7—轴套甲；
8—填料压盖；9—填料环；10—进水段；11—叶轮；12—密封环；13—中段；14—出水段；
15—平衡环；16—平衡盘；17—尾盖；18—轴套乙；19—轴承衬套乙；20—圆螺母

由于这种泵工作性能好,流量和扬程范围较大,在石油化工生产及其他行业得到了广泛应用。

2. 中开式多级离心泵

中开式多级离心泵的泵壳一般都是螺旋线形的蜗壳,泵壳在通过主轴中心线的平面上分开,如图1-44所示。每个叶轮都有相应的蜗壳,相当于将几个单级蜗壳泵装在同一根轴上串联工作,所以又称为蜗壳式多级泵。由于泵体是水平中开式,吸入口和排出口都直接铸在泵体上,检修时很方便,只要把泵盖取下即可取出整个转子,不需拆卸连接管路。叶轮通常为偶数对称布置,能平衡轴向力,所以不需设置平衡盘。缺点是体积大、铸造加工技术要求较高。

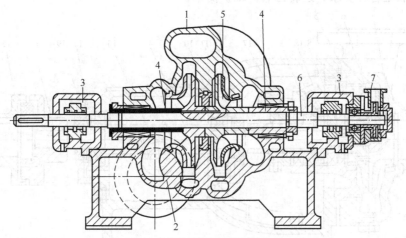

图1-44 水平中开式多级离心泵
1—泵盖;2—泵体;3—轴承体;4—轴套;5—叶轮;6—泵轴;7—轴头油泵

三、石油化工生产常用泵介绍

石油化工生产所处理的物料,在性质、压力、数量等方面差别很大,种类也繁多,为了满足各种要求,就应选用符合不同条件的各种类型特殊用泵。而各种泵又按照其不同结构特点各自成为一个系列,每个系列又有不同的大小和规格,但其工作原理是相同的。由于石油化工特殊用泵的结构比较特殊,因此在此做简单的介绍。

1. 耐腐蚀泵

石油化工生产中经常遇到酸、碱及其他对金属材料具有腐蚀性的液体物料,用来输送这类物料的离心泵称为耐腐蚀离心泵,这种泵的型号均以F表示。其工作原理与离心水泵类似,结构上表现出来的特点,往往是由制造这类泵的材料性质而决定。表1-6列出了制造耐腐蚀离心泵的常用材料。

表1-6 耐腐蚀离心泵的常用材料

代 号	材 料	代 号	材 料
B	1Cr18Ni9Ti	Q	硬铝
M	Cr18Ni12Mo2Ti	H	灰铸铁 HT20-40
U	铝铁青铜 9-4	J	耐碱铝铸铁
E	高铬铸铁	L	1Cr13
G15	高硅铸铁	S	塑料(聚三氯乙烯、酚醛塑料等)

根据输送介质的不同，选用泵过流部件的材质，表中的每一种材料只适用于某些特定腐蚀介质。1Cr18Ni9Ti 可用于常温的低浓度硝酸和其他氧化性酸液、碱液及弱腐蚀介质；Cr18Ni12Mo2Ti 最适用输送常温的高浓度硝酸，也可输送硫酸、有机酸等还原性介质；灰铸铁 HT20-40 适用于浓硫酸；聚三氯乙烯应用范围较广，可适用于 90℃ 以下的"三酸二碱"。

我国 F 型耐腐蚀泵主要有不锈钢泵和高硅铸铁泵等。如图 1-45 所示为不锈钢耐腐蚀泵的结构，它与输送介质接触的过流部分，分别用不锈钢 1Cr18Ni9Ti 和 Cr18Ni12Mo2Ti 制造，两者除耐腐蚀性能有差异外，其结构完全相同。主要特点是：密封环比清水泵大；填料压盖下方托架上设置有托酸盘用来盛接自填料处泄漏的少量酸液；体积小，效率高，泵性能规格多，可满足各种要求；运转可靠，维护简单。

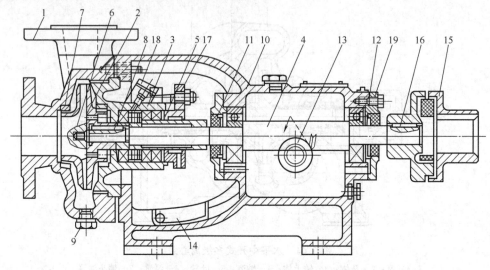

图 1-45 不锈钢耐腐蚀泵的结构
1—泵体；2—叶轮；3—泵盖；4—轴；5—轴套；6—叶轮螺母；7—密封环；8，16—键；
9—丝堵；10—托架；11—密封圈；12—轴承；13—视油孔；14—托酸盘；
15—联轴器；17—填料压盖；18—封液管；19—压盖

2. 离心式油泵

在石油化工生产，特别是石油炼制工业中，目前普遍采用一种 Y 型离心油泵，如图 1-46 所示。用其来输送原油、轻油、重油等各种冷热油品以及与油相近的各种有机介质。此类泵的结构与 B 型水泵和 F 型泵类似，但由于油类易挥发、易燃易爆，再加上油类一般温度较高，所以这种泵的密封性能和抗汽蚀性能要求较高。近来普遍采用密封性能良好的机械密封，并在密封端面采取相应的冷却措施。若采用填料密封，则填料函均设置水冷夹套，或在填料压盖中设置冷却水环槽，在压盖与轴间形成水封，防止油品自泵中漏出。

3. 无泄漏离心泵

虽然机械密封的密封性能较好，但若使用不当或长期运行后仍会产生泄漏问题，为此介绍液下泵和磁力传动泵的简单结构，这种泵为无泄漏离心泵。

（1）液下泵 均为立式结构，整个泵体浸没在被输送的液体中，叶轮与电机通过一根长轴相连。目前我国生产的这类泵有 YH 型、FY 型等。YH 型为一般离心泵，FY 型为耐腐蚀液下泵，如图 1-47 所示。

这种泵的主要特点是，泵体浸没在被输送液体中，电机在机架上不与被输送液体接触，

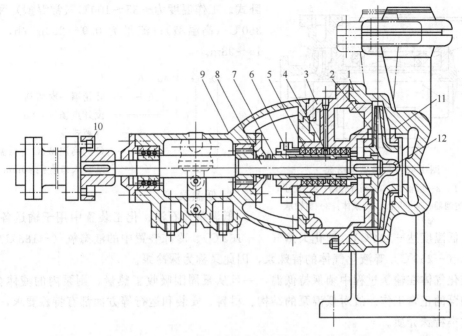

图 1-46 Y 型离心油泵
1—泵体；2—叶轮；3—泵盖；4—油封环；5—软填料；6—压盖；7—轴套；
8—轴；9—托架；10—联轴器；11—密封环；12—叶轮螺母

免受腐蚀，只有泵体部分采用耐腐蚀材料；启动前不需灌泵，泵壳与轴间密封要求不高，甚至可不加密封；泵体结构简单，占地面积小，使用寿命较长；由于泵体浸没在液体内，故不利于检修。

（2）屏蔽泵 其结构特点是泵与电机直连，叶轮直接固定在电机轴上，并安装在同一个密闭的壳体内，如图 1-48 所示。轴采用耐腐蚀材料制造，泵与电机之间无密封装置，所以又称为无密封泵，电机转子与叶轮一起浸没在液体中旋转。采用耐腐蚀、非磁性材料做成薄壁圆形屏蔽套将电机定子和转子分别与被输送的液体隔绝。泵的轴承以石墨制成。

对于输送一般常温液体的屏蔽泵，轴承的冷却与润滑，以及电机的冷却，是由泵的排液口引一股液体，从电机后面的轴承进入，经转子与定子间的间隙和前轴承返回叶轮，形成循环系统。有些屏蔽泵在转子上也有屏蔽套，有些屏蔽泵在泵壳外有显示石墨磨损情况的装置，以便在石墨磨损后及时更换。

屏蔽泵的优点是无外泄漏、结构紧凑，轴承不需要另加润滑剂。但制造困难、成本高、转子旋转摩擦阻力大，故泵的效率低。屏蔽泵主要用于输送易燃、易爆、具有放射性或贵重的液体。我国屏蔽泵的系列是 P 型，有立式和卧式两种；一般大容量机组采用立式，小容量机组则采用

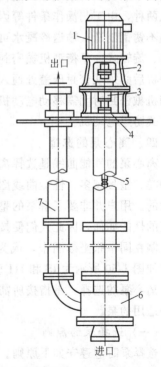

图 1-47 FY 型液下泵
1—电动机；2—联轴器；3—轴承；4—填料函；5—轴；6—泵；7—出液管

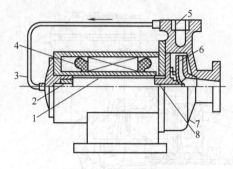

图 1-48 普通型屏蔽泵

1—转子；2—后轴承；3—循环管路；4—定子；
5—过滤器；6—叶轮；7—泵体；8—前轴承

卧式。工作温度为－35～100℃（常温型）和100～350℃（高温型）；流量为0.9～200m³/h，扬程为16～98m。

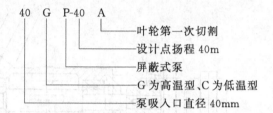

4. 低温泵

低温泵在石油、化工装置中用于输送各种液态烃（最低温度达－104℃）、液化天然气（－162℃）、冷冻装置中的液态氧（－183℃），以及液态氮（－253℃）等液化气体的特殊泵，因此又称为深冷泵。

液化气体在输送过程中须保持低温，一旦从泵周围吸收了热量，则泵内的液体会气化，将影响泵的正常工作。故对低温泵的结构、材料、安装和运行等方面都有特殊要求，以利于输送这类特殊介质。

DLB 型系列立式多级离心泵，适用于输送液化气或高真空度的冷凝水，输送温度达－40℃，有些可达－100℃，最高扬程506m，流量100m³/h，最大配电功率132kW。

如图 1-49 所示为 DLB 型泵的结构示意，泵体为双壳体，内壳体由导流体组成。第一级叶轮位于泵转子的最下端，这样可以提高泵的吸入性能。闭式叶轮可分为开平衡孔和不开平衡孔两种，由工艺操作条件等因素产生的轴向力的大小来决定采用哪种叶轮。泵的过流部件采用不锈钢制造，输送冷凝水可采用铸铁制造。叶轮由钩头键轴向固定于泵轴上。轴封为单端面、旋转式、平衡型机械密封。当输送低温介质时，静环的大气侧在停泵时易结冰，所以在停机后必须从密封压盖处通入氮气进行干燥。泵轴与电动机的连接采用加长联轴器，因此拆卸机械密封时无需移动电动机，只要拆去加长联轴器，取出轴承，即可拆卸密封件。电机为立式防爆电动机。

四、离心泵的选择

离心泵的性能曲线是选择离心泵的重要依据，每一种型号的泵都具有相应的性能图，泵的种类、型号越多，性能曲线图的数量也越多，要从众多的图表中查找所需的泵，工作量是极大的。用户并非要了解泵的整张性能曲线，而是从需要出发，最关心的是每种泵在高效工作区的性能如何，因此人们便按照泵的类型，将同一类型泵中每种型号泵的高效工作区综合地绘制在同一张坐标图中，成为同类型泵高效工作区的综合图，称为离心泵性能曲线型谱图。如图 1-50 所示为 IS 和 IH 型泵型谱图，如图 1-51 所示为 Y 型离心泵型谱图。

离心泵的选择，是指按所需的液体流量、扬程及液体性质等条件，从现有各种泵中选择经济适用的泵。

（一）选择泵的原则

选择泵时应遵守如下原则。

① 满足生产工艺提出的流量、扬程及输送流体性质的要求。

② 离心泵应有良好的吸入性能，轴封严密可靠，润滑冷却良好，零部件有足够的强度，便于操作和维修。

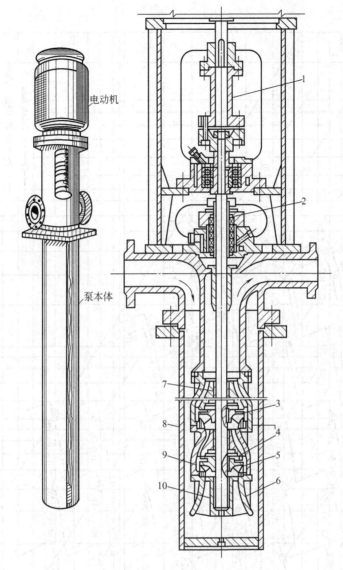

图 1-49　DLB 型泵的结构示意
1—加长联轴器；2—机械密封；3—钩头键；4—密封环；5—首级叶轮；
6—泵盖；7—衬套；8—筒体；9—导流体；10—下轴承

③ 泵的工作范围广，即工况变化时仍能在高效区工作。
④ 泵的尺寸小，质量轻，结构简单，成本低。
⑤ 满足其他特殊要求，如防爆、耐腐蚀等。

(二) 选择泵的步骤与方法

1. 列出基础数据

根据工艺条件，详细列出数据，包括介质物理性质(密度、黏度、饱和蒸气压、腐蚀性等)、操作条件(操作温度、泵进出口两侧设备内的压力、处理量等)以及泵所在位置情况，如环境温度、海拔高度、装置要求、进排出设备内液面至泵中心线距离和一定的管路等。

2. 估算泵的流量和扬程

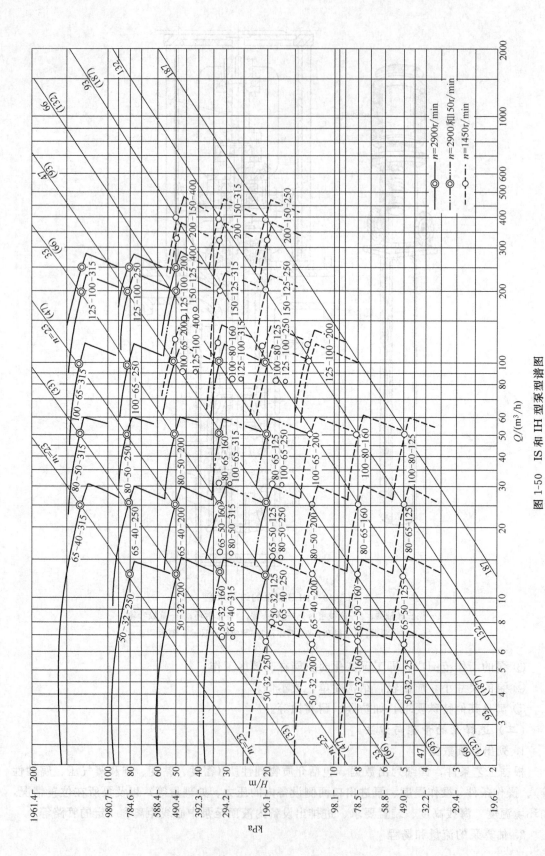

图 1-50　IS 和 IH 型泵型谱图

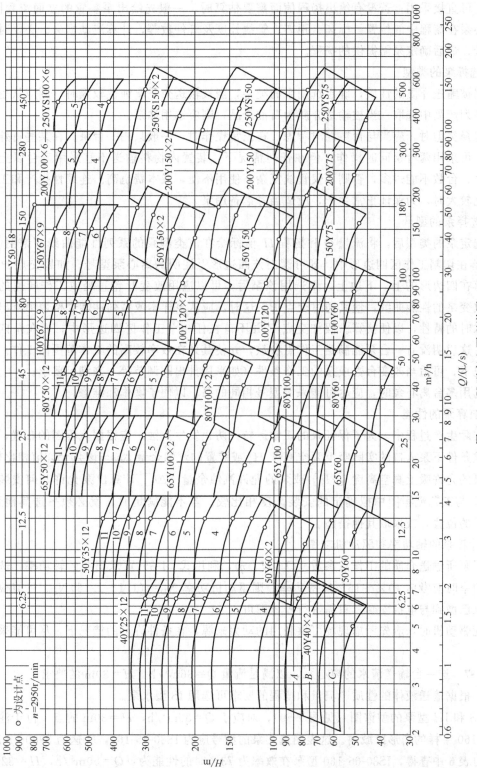

图 1-51 Y 型离心泵型谱图

当工艺设计中给出正常流量、最小流量和最大流量时,选泵时可直接采用最大流量;若只给出装置的正常流量,则应采用适当的安全系数估算泵的流量。当工艺设计中给出所需扬程值时,可直接采用;若没有给出扬程值而需要估算时,一般先绘出泵装置的立面流程图,标明离心泵在流程中的位置、标高、距离、管线长度及管件数等,计算流动损失。必要时再留出余量,最后确定泵需提供的扬程。

3. 选择泵的类型

根据被输送介质的性质,确定选用泵的类型,当被输送介质腐蚀性较强时,则应从耐腐蚀泵的系列产品中选取;当被输送介质为石油产品,则应选用油泵。

在选择类型时,应当与台数同时考虑。在正常操作时,一般只用一台泵;在某些特殊情况下,也可采用两台泵同时操作;但在任何情况下,装置内物料输送不宜采用三台以上的泵。总之,台数不能过多,否则不仅管线复杂,使用不便,成本费也高。连续性生产和工作条件变化较大时,为保证正常生产,应适当考虑备用泵。

4. 选择泵的型号

当选定泵的类型后,将流量 Q 和扬程 H 值标绘在该类型泵的系列性能曲线型谱图上,交点 P 落在切割工作区四边形中,即可读出该四边形上注明的离心泵型号。如果交点 P 不是恰好落在四边形的上、下边上,则选用该泵后,可以应用改变叶轮直径或工作转速的方法,以改变泵的性能曲线,使其通过交点 P。这时,应从泵样本或系列性能规格表中查出该泵输送水时的特性,以便换算。假如交点 P 并不落在任一个工作区四边形中,而在某四边形附近,这说明没有一台泵能满足工作点参数,并使其处在效率较高的工作范围内工作。在这种情况下,可适当改变台数或泵的工作条件(如采用排出阀调节等)来满足要求。

在选用多台离心泵时,应尽可能采用型号相同的泵,以便于操作和维修。

5. 核算泵的性能

在实际生产过程中,为了保证泵的正常运转,防止发生汽蚀,应根据流程图的布置,计算出最差条件下泵入口的实际吸上真空高度 H_s 或装置的汽蚀余量 Δh 与该泵允许值相比较。或根据泵的允许吸上真空高度 $[H_s]$ 或泵的允许汽蚀余量 $[\Delta h]$ 计算出泵允许几何安装高度 $[H_s]$ 与工艺流程图中拟确定的安装高度相比较。若不能满足时,就必须另选其他泵,或变更泵的位置,或采取其他措施。

6. 计算泵的轴功率和驱动机功率

根据泵所输送介质的工作点参数(Q、H、η),利用式(1-3)可求出泵的轴功率,选用驱动机功率时应考虑 10%~15% 储备功率,则驱动机功率 $N_D = (1.1 \sim 1.15) N_e$。目前很多类型的泵已做到与电机配套,只需进行校核即可。

选配驱动机时,应先考虑现场可供利用的动力来源,在条件许可的情况下,尽可能采用电动机。

例 1-7 选一台输送清水的离心泵,以满足流量 $Q = 36 \text{m}^3/\text{h}$,$H = 30\text{m}$ 的要求。

解 根据输送液体的性质、流量和扬程的要求可选用 IS 型水泵。

查 IS 和 IH 型泵的型谱图(见图 1-50),对应于 $Q = 36 \text{m}^3/\text{h}$,$H = 30\text{m}$ 的点,位于注有 IS80-65-160 字样的扇形区域内。这表明选用泵的型号应为 IS80-65-160,转速为 2900r/min。

由附表 6 中查得,IS80-65-160 型泵在效率为 73% 时的性能为:$Q = 50 \text{m}^3/\text{h}$,$H = 32\text{m}$,$N = 5.97\text{kW}$,$[\Delta h] = 2.5\text{m}$。

第八节 离心泵的主要零部件

一、叶轮

叶轮是离心泵中将驱动机输入的机械能传给液体,并转变为液体静压能和动能的部件。它是离心泵中惟一对液体直接做功的部件。对叶轮的主要要求为:每个单级叶轮能使液体获得最大的理论能头或压力增值;由叶轮组成的级具有较高的级效率,且性能曲线的稳定工况区较宽;叶轮具有较高的强度,结构简单,制造工艺性好。

离心泵叶轮从外形上可分为闭式、半开式和开式三种,如图 1-52 所示。闭式叶轮在叶片的两端面有前盖板和后盖板,叶道截面是封闭的,如图 1-52(a)所示,该叶轮水力效率高,但制造复杂,适用于高扬程泵,输送洁净的液体;半开式叶轮只有后盖板而无前盖板,流道是半开启式的,如图 1-52(b)所示,该叶轮适于输送黏性液体或含有固体颗粒的液体,泵的水力效率较低;开式叶轮既无前盖板又无后盖板,流道完全敞开,如图 1-52(c)所示,常用来输送污水、含泥沙及纤维的液体。离心泵叶轮还可分为单吸和双吸两种。双吸叶轮如图 1-52(d)所示,适用于大流量泵,其抗汽蚀性能较好。

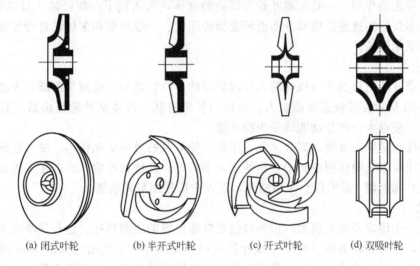

(a) 闭式叶轮　　(b) 半开式叶轮　　(c) 开式叶轮　　(d) 双吸叶轮

图 1-52　离心泵叶轮形式

离心泵叶轮的叶片数为 6~12 片,常见的为 6~8 片。对于输送含有杂质液体的开式叶轮,其叶片数一般为 2~4 片,叶片的厚度为 3~6mm。

离心泵的叶轮大多数为后弯叶片型叶轮,它在流道进、出口处的安装角度 β_{1A} 和 β_{2A} 对离心泵性能有较大的影响,β_{1A} 约在 18°~25° 的范围内,β_{2A} 为 16°~40°,最常用的是 20°~30°。至于流道内部叶片的形状,由于对泵性能影响相对较小,在保证不使流道过分弯曲的情况下,只要光滑连接即可,目前大多采用单圆弧形式。

离心泵叶轮的叶片还有圆柱形叶片与扭曲叶片之分。圆柱形叶片是指整个叶片沿宽度方向均与叶轮轴线平行,如图 1-53 所示。扭曲叶片则是有一部分不与叶轮轴线平行,如图 1-54 所示。低比转数叶轮的叶片,由于其流道狭长,叶片呈圆形便于制造;对于高比转数叶轮的叶片,其流道宽度较大,容易扭曲成型,这种叶片可提高泵的抗汽蚀性能,减少冲击损失,从而提高泵的效率。

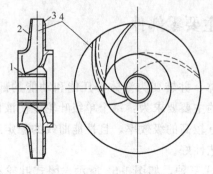

图 1-53　离心泵叶轮构造

1—轮毂；2—前盖板；3—后盖板；4—叶片

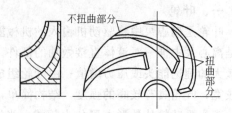

图 1-54　具有扭曲叶片的叶轮

叶轮的材料，主要是根据被输送液体的化学性质、杂质及在离心力作用下的强度来确定。清水离心泵的叶轮采用铸铁或铸钢制造；输送具有较强腐蚀性的液体时，可采用青铜、不锈钢、陶瓷、耐酸硅铁及塑料等制造。

二、蜗壳与导轮

蜗壳与导轮的作用，一是汇集叶轮出口处的液体，引入到下一级叶轮入口或泵的出口；二是将叶轮出口的高速液体的部分动能转变为静压能。一般单级和多级泵常设置蜗壳，分段式多级泵则采用导轮。

1. 蜗壳

蜗壳是指叶轮出口到下一级叶轮入口或到泵的出口管之间、截面积逐渐增大的螺旋形流道，如图 1-55 所示。其流道逐渐扩大，出口为扩散管状。液体从叶轮流出后，其流速可以平缓地降低，使很大一部分动能转变为静压能。

蜗壳的优点是制造方便，高效区宽，车削叶轮后泵的效率变化较小。缺点是蜗壳形状不对称，在使用单蜗壳时作用在转子径向的压力不均匀，易使轴弯曲，所以在多级泵中只是首段（进入段）和尾段（排出段）采用蜗壳，而在中段采用导轮装置。

2. 导轮

导轮是一个固定不动的圆盘，正面有包在叶轮外缘的正向导叶，这些导叶构成了一条条扩散形流道，背面有将液体引向下一级叶轮入口的反向导叶，其结构如图 1-56 所示。液体从叶轮甩出后，平缓地进入导轮，沿着正向导叶继续向外流动，速度逐渐降低，大部分动能转变为静压能。液体经导轮背面的反向导叶被引入下一级叶轮。

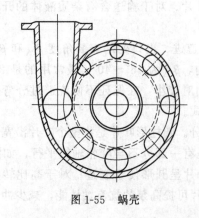

图 1-55　蜗壳　　　　　　　　　图 1-56　导轮

1—流道；2—导叶；3—反向导叶

导轮上的导叶数一般为4~8片，导叶的入口角一般为8°~16°，叶轮与导叶间的径向单侧间隙约为1mm。若间隙过大，效率会降低；间隙过小，则会引起振动和噪声。

与蜗壳相比，采用导轮的分段式多级离心泵的泵壳易于制造，转能的效率也较高，但安装检修较蜗壳困难。另外，当工况偏离设计工况时，液体流出叶轮时的运动轨迹与导叶形状不一致，使其产生较大的冲击损失。

三、密封环

离心泵的叶轮做高速转动，因此它与固定的泵壳之间必有间隙存在，从而造成叶轮出口处的液体通过叶轮进口与泵盖之间的间隙漏回到泵的吸液口，以及从叶轮背面与泵壳间的间隙漏出，然后经填料函漏向泵外。为减少这种泄漏，必须尽可能地减小叶轮和泵壳之间的间隙。但是间隙过小容易发生叶轮和泵壳的摩擦，这就要求在此部位的泵壳和叶轮前盖入口处安装一个密封环，以保持叶轮与泵壳之间具有较小的间隙，减少泄漏。当泵运行一段时间后，密封环被磨损造成该处间隙过大时，应更换新的密封环。

密封环按其轴截面的形状可分为平环式、直角式和迷宫式等，如图1-57所示。平环式和直角式由于结构简单、便于加工和拆装，在一般离心泵中得到了广泛应用。一般单侧径向间隙 s 约在0.1~0.2mm之间。直角式密封环的轴向间隙 s_1 较径向间隙大得多，一般在3~7mm之间，由于漏损的液体在转90°之后其速度降低，因此造成的涡流与冲击损失小，密封效果也较平环式好。在高压离心泵

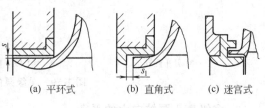

(a) 平环式　　(b) 直角式　　(c) 迷宫式

图1-57　密封环的形式

中，由于单级扬程较大，为了减少泄漏，可采用密封效果较好的迷宫式密封环。密封环应选用耐磨材料（如优质灰铸铁、青铜或碳钢）制造。

四、轴向力及其平衡装置

(一) 轴向力的产生及危害

离心泵工作时，由于叶轮两侧液体压力分布不均匀（轮盖侧压力低，轮盘侧压力高），如图1-58所示，而产生一个与轴线平行的轴向力，其方向指向叶轮入口。由于轴向力的存在，使泵的整个转子发生轴向窜动，造成振动并使叶轮入口外缘与密封环产生摩擦，严重时使泵不能正常工作，因此必须平衡轴向力并限制转子的轴向窜动。

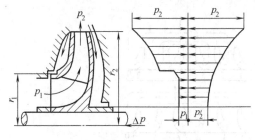

图1-58　单吸叶轮的轴向推力

(二) 轴向力的平衡

1. 单级离心泵轴向力平衡

(1) 叶轮上开平衡孔　如图1-59 (a) 所示，可使叶轮两侧的压力基本上得到平衡。但由于液体通过平衡孔有一定阻力，所以仍有少部分轴向力不能完全平衡，且会使泵的效率有所降低。该方法的主要优点是结构简单，多用于小型泵。

(2) 采用双吸叶轮　双吸叶轮的外形和液体流动方向均为左右对称，所以理论上不会产生轴向力，但由于制造质量及叶轮两侧液体流动的差异，仍可能有较小的轴向力产生，由轴承承受。

(3) 采用平衡管　如图1-59（b）所示，将叶轮背面的液体通过平衡管与泵入口处液体相连通来平衡轴向力。该方法较开平衡孔优越，它不干扰泵入口液体流动，效率相对较高。

(4) 采用平衡叶片　如图1-59（c）所示，在叶轮轮盘的背面装有若干径向叶片。当叶轮旋转时，它可以推动液体旋转，使叶轮背面靠叶轮中心部位的液体压力下降，下降程度与叶片的尺寸及叶片与泵壳的间隙大小有关。该法的优点是除了可以减小轴向力以外，还可以减少轴封的负荷。对于输送含有固体颗粒的液体，则可以防止悬浮的固体颗粒进入轴封。但对易与空气混合而燃烧爆炸的液体，不宜采用此法。

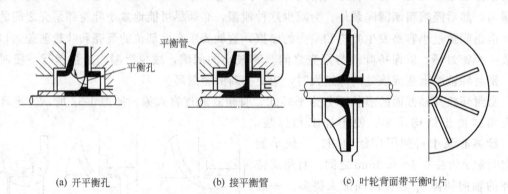

(a) 开平衡孔　　　　　(b) 接平衡管　　　　　(c) 叶轮背面带平衡叶片

图1-59　单级泵的轴向力平衡措施

2. 多级离心泵轴向力的平衡

分段式多级离心泵的轴向力是各级叶轮轴向力的叠加，其数值很大，不可能完全由轴承来承受，必须采取有效的平衡措施。

(1) 叶轮对称布置　将离心泵的每两个叶轮以相反方向对称地安装在同一泵轴上，使每两个叶轮所产生的轴向力相互抵消，如图1-60所示。

该方案流道复杂，造价较高。当级数较多时，由于各级泄漏情况不同和各级叶轮轮毂直径不相同，轴向力也不能完全平衡，往往还需采用辅助平衡装置。

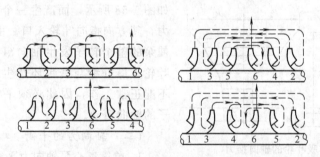

图1-60　对称布置叶轮

(2) 采用平衡鼓　如图1-61所示，为多级泵叶轮后安装一圆柱形平衡鼓（又称为卸荷盘），平衡鼓右侧为平衡室，通过平衡管将平衡室与第一级叶轮前的吸入室连通，因此，平衡室内的压力p_0很小，而平衡鼓左侧则为最后一级叶轮的背面泵腔，腔内压力p_2较高。平衡鼓外圆表面与泵体上的平衡套之间有很小的间隙，使平衡鼓的两侧可以保持较大的压力差，以此来平衡轴向力。当轴向力变化时，平衡鼓不能自动调整轴向力的平衡，仍需安装止推轴承来承受残余轴向力。

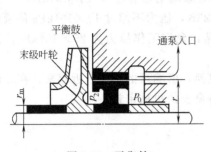
图 1-61 平衡鼓

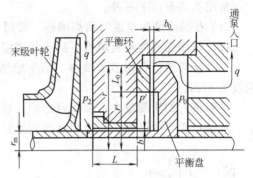
图 1-62 自动平衡盘装置

(3) 平衡盘装置 对于级数较多的离心泵，更多的是采用平衡盘来平衡轴向力。平衡盘装置由平衡盘（铸铁制）和平衡环（铸铜制）组成，平衡盘安装在末级叶轮后的轴上，和叶轮一起转动。平衡环固定在出水段泵体上，如图 1-62 所示。

平衡盘左侧与末级叶轮出口相通，右侧则通过一接管和泵的吸入口相连。因此，平衡盘右侧的压力接近于泵入口液体的压力 p_0，平衡盘左侧的压力 p' 小于末级叶轮出口压力 p_2，即高压液体能通过平衡盘与平衡环之间的间隙 b_0 回流至泵的吸入口，在平衡盘两侧产生一个平衡力。

平衡盘在泵工作时能自动平衡轴向力。如操作条件发生变化，使指向泵吸入口的轴向力稍有增大，则轴连同平衡盘将一起向左侧吸入端移动，使平衡盘与平衡环之间的间隙 b_0 减小，液体流经此间隙时的阻力增大，引起平衡盘左侧压力升高。p_1 升高，使平衡盘两侧的压差增大，这就推动平衡盘及整个转子向右移动，达到新的平衡，反之亦然。在实际工作中，泵的转子不会停止在某一位置，而是在某一平衡位置做左右脉动，当泵的工作点改变时，转子会自动从平衡位置移到另一平衡位置做轴向脉动。由于平衡盘具有自动平衡轴向力的特性，因而得到了广泛应用。为了减少泵启动时的磨损，平衡盘与平衡环之间的间隙 b_0 一般为 0.1～0.2mm。

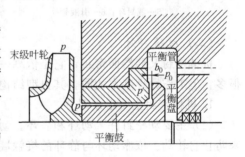
图 1-63 平衡盘与平衡鼓组合装置

另外还采用平衡盘与平衡鼓组合的平衡盘装置，如图 1-63 所示，用于大容量高参数的分段式多级泵中，效果良好。

五、轴封装置

轴与泵壳处会产生液体泄漏，所以在此必须有轴封装置。如果泵轴在泵吸入口一侧穿过泵壳，由于泵吸入口是在真空状态下，密封装置即可阻止外界空气漏入泵内，保证泵的正常操作。如果泵轴是在排出口一侧穿过泵壳，由于排出液体压力较高，轴封装置便能阻止液体向外泄漏，提高泵的容积效率。离心泵常用的轴封装置有填料密封装置和机械密封装置。

（一）填料密封

填料密封是依靠填料和轴（或轴套）的外圆表面接触来实现密封的，它由填料箱（又称填料函）、填料、液封环、压盖、双头螺栓等组成。如图 1-64 所示为带有液封环的填料密封。为了避免泵工作时填料与泵轴摩擦过于剧烈，填料不应压得过紧，注意松紧要适度，允许液体成滴状漏出，以每分钟 10～60 滴的液体泄漏量为宜。

常用填料有以下三种。

(1) 石墨或黄油浸透的棉织填料　常用于低压离心泵输送常温清水（$T<313K$）。

(2) 石墨浸透的石棉填料　适于输送温度低于523K，压力不超过 10×10^2 kPa 的液体。

(3) 金属箔包石棉芯子填料　适于输送石油产品，允许工作压力为 25×10^2 kPa，最高温度为673K。

填料密封的泄漏量大，使用寿命短，且要经常更换，影响泵的工作，近年来，在石油化工、炼油厂用泵中已经广泛使用密封效果好、使用寿命长的机械密封。

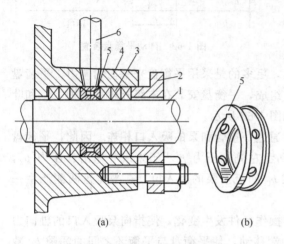

图 1-64　带有液封环的填料密封
1—轴；2—压盖；3—填料；4—填料箱；
5—液封环；6—引液管

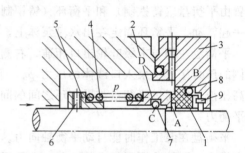

图 1-65　机械密封结构图
1—静环；2—动环；3—压盖；4—弹簧；5—传动座；
6—固定销钉；7，8—O形密封圈；9—防转销

(二) 机械密封

机械密封又称端面密封，它是依靠一组研配的密封端面形成的动密封。机械密封的种类很多，但工作原理基本相同，其典型结构如图 1-65 所示。

1. 机械密封主要组成部分

(1) 主要动密封件　动环和静环。动环与泵轴一起旋转，静环固定在压盖内，用防转销来防止它转动。依靠动环与静环的接触端面A在运动中始终贴合，实现密封。

(2) 辅助密封元件　包括各静密封点（B、C、D）所用的O形（或V形）密封圈。

(3) 压紧元件　弹簧。

(4) 传动元件　传动座及键或固定销钉。

2. 密封点的密封原理

机械密封中一般有四个可能泄漏点A、B、C和D。密封点A在动环与静环的接触面上，它主要靠泵内液体压力及弹簧力将动环压贴在静环上，防止A点泄漏。但两环的接触面A上总会有少量液体泄漏，它可以形成液膜，一方面可以阻止泄漏，另一方面又可起润滑作用。为保证两环的端面贴合良好，两端面必须平直光洁。密封点B在静环与压盖之间，属于静密封点。用有弹性的O形（或V形）密封圈压于静环和压盖之间，依靠弹簧力使弹性密封圈变形而密封。密封点C在动环与轴之间，此处也属静密封，考虑到动环可以沿轴向窜动，可采用具有弹性和自紧性的V形密封圈来密封。密封点D在填料密封箱与压盖之间，也为静密封，可用密封圈或垫片作为密封元件。

3. 机械密封的特点

机械密封将容易泄漏的轴封改为较难泄漏的静密封和端面径向接触的动密封。与填料密封相比，机械密封的主要优点是：泄漏量小，一般为10mL/h，仅为填料密封的1%；寿命长，一般可连续使用1~2年；与填料密封相比，对轴的精度和表面粗糙度要求相对较低，对轴的振动敏感性相对较小，而且轴不受磨损。机械密封摩擦力耗功相对较小，约为填料密封的10%~50%。但是，机械密封造价较高，对密封元件的制造要求及安装要求较高，因此，多用于对密封要求较严格的场合。

第九节 其他类型泵

在石油、化工生产中，虽然离心泵的应用广泛，但在一些特殊场合下仍需要一些其他形式的泵来满足不同工艺条件的需要。本节将对往复泵、计量泵、转子泵、旋涡泵和真空泵做简要介绍，说明其工作原理、主要性能参数及特点。

一、往复泵

往复泵是容积泵的一种，它依靠活塞在泵缸内运动，使泵缸工作容积周期性地扩大与缩小来吸排液体。由于往复泵结构复杂、易损件多，流量有脉动，大流量时机器笨重，所以在许多场合被离心泵所替代。但在高压力、小流量、输送黏度大的液体，要求精确计量及要求流量随压力变化小的情况下，仍采用各种形式的往复泵。

（一）往复泵的结构和工作原理

往复泵通常由两个基本部分组成，一端是将机械能转换为压力能，并且直接输送液体的部分，称为液缸部分或液力端；另一端是动力和传动部分，称为动力端，如图1-66所示。

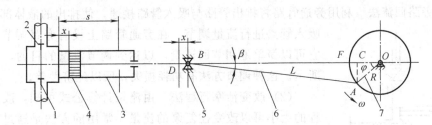

图1-66 单作用往复泵示意
1—吸入阀；2—排出阀；3—液缸体；4—活塞；5—十字头；6—连杆；7—曲柄

往复泵的液力端由活塞（或柱塞）、缸体（泵缸）、吸入阀、排出阀等组成，动力端主要由曲柄、连杆、十字头等组成。往复泵是典型的容积式泵，活塞的往复运动是通过曲柄连杆机构来实现的。

当活塞右行时，活塞左侧泵缸内的容积增大，压力降低，吸液槽内的液体在液面压力的作用下通过吸液管上升，顶开泵缸上的吸液阀进入泵缸，此过程称为吸液过程。然后，活塞在曲柄连杆机构的带动下，由右止点向左止点移动，此时活塞左侧泵缸内的容积减小，液体受压后顶开泵缸上的排液阀流入排液管，直至活塞运行到左止点，排液过程结束。活塞往复运动一次称为一个工作循环，因此往复泵的工作循环只有吸入和排出两个过程，内、外止点的间距称为活塞的行程或冲程，用s表示。

（二）往复泵的性能特点及流量调节

往复泵具有以下性能特点。

① 瞬时流量有脉动及平均流量为恒值。因为往复泵中液体介质的吸入和排出过程是交

替进行的,而活塞(或柱塞)在位移过程中,其速度又在不断地变化,在只有一个缸的泵中,泵的瞬时流量随时间变化,而且是不连续的。对于多缸泵,缸的相位布置合理,可减小排出管路中瞬时流量的脉动幅度,但瞬时流量的脉动是不可避免的。理论上可以认为流量与排液压力无关,且与液体的特性无关。单作用泵流量间歇输出,不如离心泵均匀,但正因为其液体是"一缸一缸"排出,所以可用来计量输送。

② 往复泵的排出压力与结构尺寸和转速无关。最大排出压力仅取决于泵本身的动力、强度和密封性能。机动往复泵的流量几乎与排出压力无关,只是在压力较高时,由于液体中所含气体溶于液体中、阀及填料漏损等原因,使泵流量稍有变化。因此,往复泵不能用关闭出口阀的方法来调节流量,关闭排出阀时,会因排出压力激增而造成电机过载或泵的损坏。

③ 往复泵具有自吸能力。往复泵启动前不用灌泵,即能自行吸入液体。但实际使用时仍希望泵缸内有液体,一方面可以立刻吸、排液体;另一方面避免活塞与泵缸或柱塞(活塞杆)与填料产生干摩擦以减少磨损。往复泵的吸入能力与转速有关,转速提高时,不仅使流动损失增加,而且惯性损失也增大,造成泵缸内吸入压力下降。当泵缸内压力低于液体气化压力时,部分液体就会在缸内开始气化,使泵的吸入充满度降低,甚至产生汽蚀现象。严重时汽蚀将导致水击,使泵的零部件损坏,缩短泵的使用寿命。

④ 流量可精确计量。往复泵的流量可采用各种调节机构达到精确计量,如计量泵。

⑤ 机动往复泵适用于输送高压、小流量的场合。

⑥ 流体动力泵具有安全可靠的特点,适用于要求防火、防爆、停电维修及无电源的工作场合。

往复泵的流量调节方法如下。

(1) 旁路回流法 利用旁通管路将排出管路与吸入管路接通,使排出的液体部分回流到吸入管路进行流量调节。在旁通管路上设有旁路调节阀,利用它可以简单地调节回流量,以达到调节流量的目的,如图1-67所示。这种调节方法有功耗损失,所以经济性差。

(2) 改变活塞行程法 由流量计算公式可知,改变活塞行程的大小可以改变往复泵的流量。常用的方法是通过改变曲柄销的位置,调节柱塞与十字头连接处的间隙或采用活塞行程大小调节机构来改变活塞的行程。活塞行程调节机构可进行无级调节,行程可调至零,使泵的流量在最大和零之间任意调节。目前广泛应用于计量泵中流量的无级调节和正确计量。

(3) 改变活塞往复次数法 对于动力泵可以采用塔轮或变速箱改变泵轴转速,使活塞的往复次数改变。但应注意当转速变大时,原动机功率、泵的零件强度和极限转速应符合要求。对于蒸汽直接作用的往复泵,只要控制进汽阀的开度便可改变活塞的行程,从而调节泵的流量。

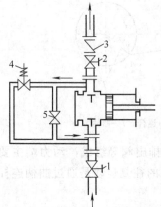

图1-67 旁路回流法调节流量装置
1—吸入阀;2—排出阀;
3—单向阀;4—安全阀;
5—旁路阀

(三) 往复泵的空气室装置

往复泵流量的不均匀造成排液压力和流量的脉动。由于瞬时流量的脉动,引起吸入和排出管内液体的非均匀流动,从而产生加速度和惯性力,增加泵的吸入及排出阻力。吸入阻力使泵的吸入性能降低,排出阻力使泵及管路承受额外负荷。当排出管路细长,系统背压不够大时,脉动的惯性力可能引起吸入阀和排出阀一齐打开,造成液体直接由吸入管冲向排出管的过流现象,还会引起管路压力脉动及管路振动,破坏泵的稳定操作。为减缓或消除流量不均匀,可采用多缸、多作用泵,但这使泵的结构复杂,制造、安装和检修困难。一般在靠近往复泵进、出口管路上设置空气室,以减小管路上液体的脉动。如图 1-68 所示为具有吸、排空气室的往复泵装置示意。

排出空气室的作用是,当泵的瞬时流量大于平均流量时,泵的排出压力升高,空气室中的气体被压缩,超过平均流量的部分液体进入空气室储存;当瞬时流量小于平均流量时,排出压力降低,空气室内的气体膨胀,空气室向排出管放出一部分液体,从而使空气室以后管路中的流量比较稳定。吸入空气室的作用则相反,当泵瞬时流量大于平均流量时,空气室内气体膨胀,向泵放出一部分液体;泵瞬时流量小于平均流量时,吸入压力升高,空气室内的气体被压缩,吸入管中一部分液体流入空气室,这也可使吸入空气室以前管路中的流量比较稳定。

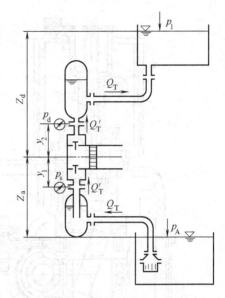

图 1-68 具有吸、排空气室的往复泵装置示意

在装有空气室的往复泵装置中,液体的不稳定流动只发生在泵工作室到相应空气室之间,而在空气室以外的吸入与排出管路内液体流动较为稳定。但空气室中压力是变化的,不可能完全消除流量脉动。

二、计量泵

石油化学工业中有时需要计量所输送的介质,如注缓蚀剂、输送酸、碱等,这种能够进行计量输送液体的泵称为计量泵,又称为比例泵或定量泵。计量泵排出量的调节机构是用来调节和驱动泵的柱塞或活塞的行程,也就是用来调节泵缸的行程容积,从而达到调节流量的目的。多数计量泵都是往复式的,常见的计量泵有柱塞泵和隔膜泵。计量泵可以进行停车或不停车的无级流量调节和正确计量。多缸计量泵能实现两种以上介质,按准确比例进行混合和输送。

(一)柱塞式计量泵

如图 1-69 所示为 N 形曲轴调节机构的柱塞式计量泵,由泵缸、传动装置、驱动机构及行程调节机构等组成。

1. 泵缸

柱塞计量泵的泵缸一般为单作用柱塞式往复泵(见图 1-69),柱塞由传动机构带动在泵缸内做往复运动,柱塞密封装置采用密封环填料密封,进、出口阀采用双球型或双锥型阀。为了保证计量精度,泵阀和密封装置较一般往复泵要求高,其零部件的材料根据输送液体的性质进行选择。

2. 传动机构

柱塞式计量泵的驱动机一般采用电动机,采用蜗轮蜗杆或齿轮减速装置减速,其他传动件往往不是一个单独的部件,大多和调节机构相配合。

3. 调节机构

计量泵的流量调节一般采用柱塞行程调节机构来实现。泵在运转时,可将柱塞行程从最大值无级调节到最小值,使泵的流量在最大值到零的范围内调节,从而达到调节流量的目

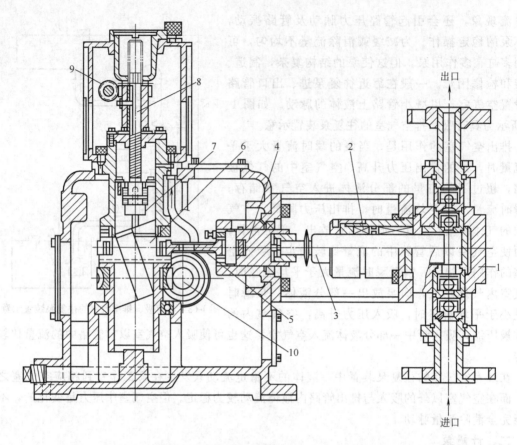

图 1-69 N 形曲轴调节机构的柱塞式计量泵
1—泵缸；2—填料箱；3—柱塞；4—十字头；5—连杆；6—偏心轮；7—N 形曲轴；
8—调节螺杆；9—调节用蜗轮蜗杆；10—传动用蜗轮蜗杆

的。柱塞行程调节机构的种类较多，现仅介绍常用的 N 轴调节机构。

N 轴调节机构是由 N 形曲轴与偏心轮相配合构成偏心距，通过连杆带动柱塞做往复运动。偏心轮的转动是由电机通过蜗轮蜗杆使下套筒减速转动，通过下套筒内的滑键带动 N 轴转动，由于偏心轮是剖分式抱在 N 轴斜杆上，所以偏心轮与 N 轴一起转动。

N 形曲轴调节原理如图 1-70 所示。偏心轮的偏心距为最大冲程的 1/4，N 轴中部的偏心距为零，而 N 轴上下两端距整条轴轴线的偏心距相同，也是最大冲程的 1/4。当 N 轴在底部时，如图 1-70（a）所示的位置，N 轴的偏心距与偏心轮的偏心距相互抵消，总的偏心距为零，即偏心轮的中心和曲轴的旋转中心重合，故冲程长度为零。若 N 轴与偏心轮的位置如图 1-70（b）所示，N 轴在顶部，偏心轮和 N 曲轴的偏心半径为冲程大小的 1/2，此时柱塞的行程为 100% 冲程大小。调节流量时，蜗杆蜗轮机构通过调节螺杆上的滑键带动螺杆旋转，由于调节座上的螺纹不动，故螺杆在旋转的同时，并做上、下移动。通过下端的轴承带着 N 形曲轴做上、下移动，从而改变柱塞的行程。由于冲程大小可在 0~100% 范围内变化，从而实现计量泵的流量从 0~100% 额定流量的调节。

N 轴调节机构是目前较先进的结构，由于采用了 N 形曲轴使冲程调节机械与变速机械合一，结构紧凑、尺寸缩小，降低了泵的成本。

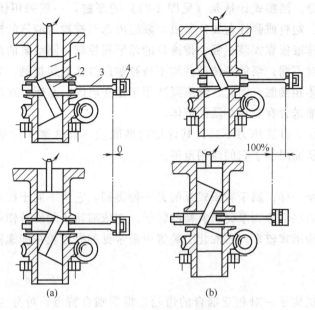

图 1-70 N形曲轴调节原理
1—N形曲轴；2—偏心轮；3—连杆；4—十字头

N形曲轴机构的调节操作方便可靠，结构紧凑，目前在往复式计量泵中应用广泛。

柱塞计量泵结构简单、计量精度高（在泵的使用范围内其计量精度可达±0.5%～±2%左右）、可靠性好、调节范围宽。尤其适合在高压、小流量的情况下计量输送。

（二）隔膜泵

隔膜式计量泵与柱塞式计量泵的传动方式及调节机构基本相同，大多可以相互通用，主

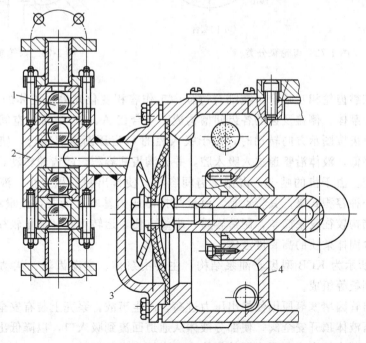

图 1-71 隔膜式计量泵
1—球阀；2—泵体；3—隔膜；4—托架

要的区别是泵缸部分。隔膜式计量泵（见图1-71）的泵缸，一般采用优质灰铸铁铸造，隔膜采用橡胶、皮革、塑料或弹性金属片制成，泵缸内部与被输送液体的接触部分采用耐腐蚀材料衬里。吸液和排液依靠安装在吸、排液口的球形阀控制，隔膜泵的泵缸与隔膜之间为静密封，可以做到绝对不漏。泵的各传动件均不与被输送液体直接接触，只有泵缸、阀及隔膜的一侧与被输送液体相接触。因此，隔膜泵适用于输送易燃、易爆、有毒、贵重及具有腐蚀性的液体，也可以输送含有悬浮杂质的液体。

隔膜泵的流量小，排液压力不高；其计量的准确性不如柱塞式计量泵，运转可靠性较差，维修较困难，从而限制了它的应用范围。

三、转子泵

转子泵同往复泵一样，属于容积式泵的另一种类型，它所不同于往复泵的是该泵中无阀门等部件，仅有的活动部分为泵壳内旋转的转子。它依靠转子的旋转作用，进行吸入和排出液体。转子泵的结构形式较多，石油化工装置中最常见的有齿轮泵和螺杆泵。

（一）齿轮泵

1. 结构

齿轮泵的工作机构是一对相互啮合的齿轮，根据啮合特点，可分为外啮合和内啮合两种，如图1-72所示。齿轮泵的齿形有渐开线齿形和圆弧摆线齿形。

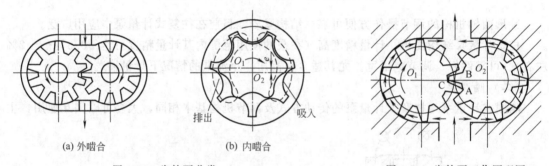

图1-72 齿轮泵分类　　　　　图1-73 齿轮泵工作原理图

2. 原理

齿轮泵是依靠齿轮相互啮合，在啮合过程中工作容积变化来输送液体的，如图1-73所示。工作容积由泵体、侧盖及齿的各齿间槽构成。啮合齿A、B、C将此空间隔成吸入腔和排出腔。当一对齿按图示方向转动时，位于吸入腔的C齿逐渐退出啮合，使吸入腔容积逐渐增大，压力降低，液体沿管道进入吸入腔，并充满齿间容积。随齿轮转动，进入齿间的液体被带到排出腔。由于齿的啮合，占据了齿间容积，使排出腔容积变小，液体被排出。因此，齿轮泵是一种容积式泵。其特点是，流量与排出压力基本上无关，流量和压力有脉动，无进、排阀，结构较往复泵简单，制造容易，维修方便，运转可靠，流量较往复泵均匀。齿轮泵适用于不含固体杂质的高黏度液体。

如图1-74所示为KCB型齿轮油泵结构，主要由泵体、主动齿轮、从动齿轮、机械密封、安全阀和侧板等组成。

为防止排出管因堵塞等原因使排出压力过高，产生事故，泵壳上装有安全阀，在排出压力过高时，高压液体顶开安全阀，使部分液体从通道回流到吸入口，以降低出口压力，起到保护作用。安全压力的大小，可由调整螺旋改变弹簧力进行调整。

为保证齿轮连续输送液体和啮合齿的运动平衡，必须要求前一对齿尚未脱开后一对齿就

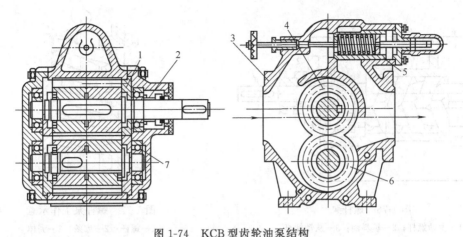

图 1-74　KCB 型齿轮油泵结构
1—侧板；2—机械密封；3—泵壳；4—主动齿轮；5—安全阀；6—从动齿轮；7—轴承

进入啮合，所以有一部分液体被困在两啮合线及两端盖之间形成的封闭容积内，此容积称"闭死容积"，如图 1-75（a）所示。当齿轮继续转动时，闭死容积变到最小，如图 1-75（b）所示；然后该容积又逐渐增大，直到第一对啮合齿脱开时容积增到最大，如图 1-75（c）所示。当闭死容积由大变小时，被困在容积内的液体受到挤压，压力急剧升高。于是被困液体从一切可以泄漏的缝隙中强行挤出，这时齿轮和轴承受到很大的脉冲径向力，功率损失增加，磨损加剧。当闭死容积由小变大时，剩余的被困液体压力下降，形成局部真空，使溶解在液体中的气体析出或液体本身气化形成汽蚀，使泵产生振动和噪声，这种现象称为"困液"现象。困液现象对齿轮泵工作性能及寿命的危害很大。

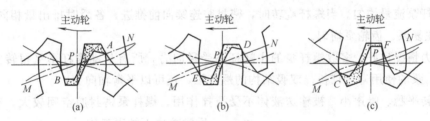

图 1-75　齿轮泵的闭死容积

为消除困液现象，可以采取开卸荷槽、卸荷孔等卸荷措施，使闭死容积与吸油或压油腔连通。

由于泵内有高、低压腔，所以存在串漏问题。为保证密封，应选择适当的间隙。间隙大，则漏损增加，但不易卡死，机械效率高。在轴向间隙与径向间隙中，轴向间隙是主要的，一般应在 0.04~0.10mm 范围内，径向间隙在 0.10~0.15mm 范围内。

由于齿轮泵间隙多，且密封面积较大，故密封性能不如往复泵，所能达到的压力也较低，齿轮泵制造装配质量对性能的影响较大。

（二）螺杆泵

螺杆泵是利用相互啮合的一根或数根螺杆使容积变化来吸、排液体的容积式转子泵。如图 1-76 所示，主动螺杆通过填料函伸出泵壳由原动机驱动，主动螺杆与从动螺杆螺纹旋向相反，一为左旋螺纹，另一为右旋螺纹。螺杆泵具有流量范围宽，排出压力大，效率高和工作平稳的特点。它适于输送油类液体，还可输送气液混合相流体、高黏度液体，如腈纶浆液等，故在油品、合成橡胶、合成纤维生产中得到广泛应用。

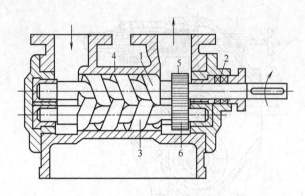
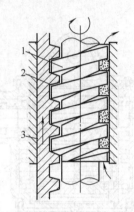

图 1-76 螺杆泵
1—主动螺杆；2—填料函；3—从动螺杆；
4—泵壳；5，6—齿轮

图 1-77 螺杆泵工作示意
1—螺杆；2—齿条；3—壳体

螺杆泵按相互啮合的螺杆数目分为单螺杆泵、双螺杆泵、三螺杆泵和五螺杆泵等。

当螺杆旋转时，依靠吸入室一侧啮合空间打开与吸入室接通，使吸入室容积增大，压力降低，而将液体吸入。液体进入泵后随螺杆旋转而做轴向移动，液体的轴向移动相当于螺母在螺杆上的相对移动，为使充满螺杆齿槽的液体不至于旋转，必须以一固定齿条紧靠在螺纹内将液体挡住，如图 1-77 所示。

双螺杆泵中从动螺杆齿槽接触的凸齿，起到了挡住液体使其不能旋转的挡板作用。随着螺杆不断旋转，液体即从吸入室沿轴向移动至排出室。

螺杆泵主要有以下几方面的特点。

① 螺杆泵流量均匀。当螺杆旋转时，密封腔连续向前推进，各瞬时排出量相同。因此，其流量较往复泵、齿轮泵均匀。

② 受力情况良好。多数螺杆泵的主螺杆不受径向力，所有从动螺杆不受扭转力矩的作用，因此，泵的使用寿命较长。双吸结构的螺杆泵，还可以平衡轴向力。

③ 运转平稳、噪声小、被输送液体不受搅拌作用。螺杆泵密封腔空间较大，有少量杂质颗粒也不妨碍工作。

④ 具有良好的自吸能力，因螺杆泵密封性好，可以排送气体，启动时可不用灌泵，可气液混相输送。

⑤ 螺杆泵可输送黏度较大的液体。

如图 1-78 所示为卧式双吸三螺杆泵的结构。衬套外表面为圆形，与泵体配合形成吸油腔与排油腔，衬套内有三个相互连接的圆孔与三个螺杆相配合。主动螺杆较从动螺杆粗，因为它在工作过程中承受主要负荷，从动螺杆只作为阻止液体从排出室漏回吸入室的密封元件，即与主动螺杆啮合形成密闭容积，将排出室和吸入室隔开。为使轴端便于密封并减小由伸出端引起的不平衡轴

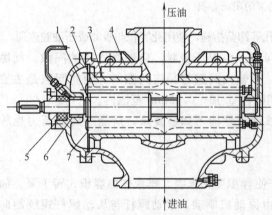

图 1-78 卧式双吸三螺杆泵的结构
1—主动螺杆；2，7—从动螺杆；3—衬套；
4—泵体；5—填料箱；6—轴承

力,通常都是两边吸油中间排油,轴向力基本得到平衡。

这种螺杆泵的密封性能好、效率高,因而适用于压力较高的场合。但其制造成本高,对输送液体要求比较严格,常用于输送比较清洁而又具有自润滑性的液体,广泛应用于中等黏度的润滑系统和液压传动等场合,其流量可通过改变转速来调节。

四、旋涡泵

（一）旋涡泵的结构与工作原理

旋涡泵又称涡流泵,属于叶片泵,其结构如图 1-79 所示,主要由叶轮和泵体组成。从

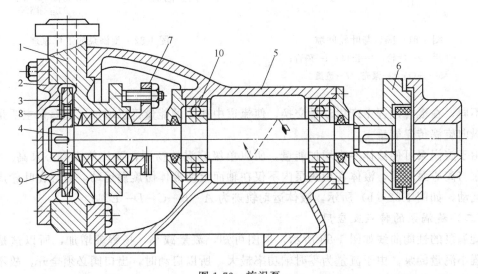

图 1-79　旋涡泵

1—泵体；2—泵盖；3—叶轮；4—轴；5—托架；6—联轴器；
7—填料压盖；8,9—平衡孔与拆装用螺孔；10—轴承

构造上讲它与离心泵的最大区别在于泵壳和叶轮的形状。离心泵的泵壳为螺旋线形蜗壳,旋涡泵的泵壳为圆环形。如图 1-80 所示,旋涡泵的叶轮是一个用钢或铜制成的圆盘,在圆盘边缘两边铣削成许多呈辐射状的径向叶片。叶轮端面紧靠泵体,其轴向间隙约为 0.10～0.15mm。流道由叶轮、泵体、泵盖之间的环形空腔组成。在流道中吸入口与排出口分开的一段称为隔舌,隔舌与叶轮的径向间隙很小,以防排出口高压液体串漏到吸入口（见图 1-81）。开式旋涡泵叶片较长,叶片内径小于流道内径,液体从吸入口进入叶轮,再进入流道。闭式旋涡泵叶轮的叶片较短,叶片内径等于流道内径。液体从吸入口进入流道后,再从叶轮外周进入叶轮。

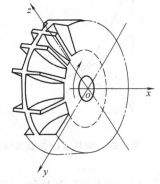

图 1-80　旋涡泵叶轮

现以闭式泵为例说明其工作原理。流体由吸入口进入流道和叶轮,当叶轮旋转时,由于叶轮内运动液体的离心力 F_u 大于在流道内运动液体的离心力 F_e,两者之间产生一个旋涡运动,其旋转中线是沿流道纵向,称为纵向旋涡,如图 1-82（a）所示。在纵向旋涡作用下,液体从吸入至排出的整个过程中,可以多次进入与流出叶轮,类似于液体在多级离心泵内的流动状况,液体每流经叶轮一次,就获得一次能量。当液体从叶轮流至流道时,就与流道中运动的液体相混合,由于两股液流

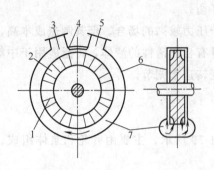
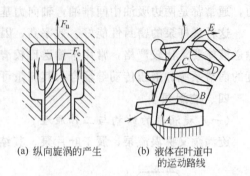

图 1-81 隔舌与叶轮间隙
1—叶片；2—叶轮；3—出口；4—隔舌；
5—进口；6—泵壳；7—流道

图 1-82 旋涡泵的工作原理
(a) 纵向旋涡的产生　(b) 液体在叶道中的运动路线

速度不同，在混合过程中产生动量交换，使流道中液体的能量得以增加。旋涡泵主要是依靠这种纵向旋涡传递能量。

由于旋涡泵可使液体多次增加能量，所以单级旋涡的扬程，要比单级离心泵高。但是，旋涡泵与离心泵不同，液体在旋涡泵内不仅在轴面上使液体做旋涡运动，而且在叶轮周围做螺旋运动，如图 1-82（b）所示，液体运动轨迹为 $A—B—C—D—E$。

（二）旋涡泵的特点及应用

旋涡泵的性能曲线如图 1-83 所示，由图可知，流量减小，扬程就增加，所以这是一种高扬程小流量的泵。由于流量为零时轴功率最大，所以启动时，出口阀必须全开，故不宜采用改变排出管道阀门的方法来调节流量，最高效率不超过 45%，通常为 15%～40%。

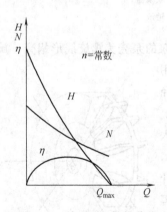

图 1-83 旋涡泵的性能曲线

旋涡泵与同等性能的离心泵相比，旋涡泵具有体积小、质量轻、结构简单、造价低等优点，但液体在泵内的能量损失大，效率低。

旋涡泵叶轮与泵体之间的径向和轴向间隙要求很严，通常径向间隙为 0.15～0.3mm，轴向间隙为 0.07～0.2mm，故不宜输送含有固体颗粒和黏度较大的液体。它主要应用在代替低比转数、高扬程的离心泵的场合。

（三）结构示例

如图 1-79 所示为 W 型旋涡泵，适用于输送温度从 $-20～80℃$、黏度不大于 $3.5×10^{-5} m^2/s$、无腐蚀性、无固体颗粒的液体。扬程为 15～75m，流量为 $0.36～17m^3/h$。

W 型旋涡泵过流部分材料有 HT200、铝铸铁及 Cr18Ni12Mo2Ti 等几种，分别用 H、J、M 表示材料代号，其型号为：

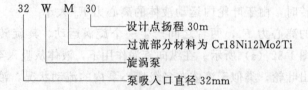

叶轮上开有平衡孔和拆卸螺孔，以平衡叶轮两侧压力。叶轮在轴上可以轴向自由移动，

以保证叶轮与泵体及泵盖之间的轴向间隙相等。吸入口与排出口之间隔板突座处是高低压腔的密封点，隔板突座与叶轮外圆之间采用动配合。

思 考 题

1.1 试述离心泵的工作原理，为何启动前要进行灌泵？
1.2 离心泵的基本性能参数及意义？
1.3 为什么不能将泵实际扬程理解为泵的提液高度？
1.4 离心泵扬程与流量曲线有几种形状，各种形状的特点及应用？
1.5 离心泵输送高黏度液体时，其性能曲线将怎样变化？
1.6 离心泵的汽蚀现象及其危害？
1.7 为何要计算泵的安装高度？
1.8 提高离心泵抗汽蚀性能的措施？
1.9 什么是离心泵的工作点？
1.10 离心泵流量调节的方法及特点？
1.11 离心泵串、并联工作后性能曲线将如何变化？
1.12 离心泵型号的表示方法？
1.13 离心泵选择的原则与步骤？
1.14 离心泵叶轮的形式有几种，各适用于什么介质？
1.15 简述蜗壳与导轮的作用。
1.16 离心泵密封环的形式及特点？
1.17 离心泵轴向力产生的原因及危害，常用平衡轴向力的方法与特点？
1.18 轴封装置的分类及特点？
1.19 机械密封的基本组成元件是什么？为何要对机械密封进行冷却和冲洗？
1.20 离心泵在启动前应做哪些准备工作？
1.21 离心泵在运行过程中要注意哪些问题？
1.22 F型耐腐蚀泵的特点？
1.23 Y型离心油泵的特点？
1.24 屏蔽泵的结构特点和工作原理？
1.25 往复泵流量调节的方法及特点？
1.26 往复泵空气室装置的作用是什么？
1.27 柱塞式计量泵主要由哪些零部件组成？
1.28 简述N轴调节机构的调节原理及特点。
1.29 简述各种类型泵的适用范围。

习 题

1.1 用一台离心泵输送密度为 $750kg/m^3$ 的汽油，实际测得泵出口压力表读数为 $1.47×10^2 kPa$，入口真空表读数 $39kPa$，两表测点的垂直距离为 $0.5m$，吸入管与排出管直径相同。试求以液柱表示的泵的实际扬程。

1.2 设某离心水泵流量为 $0.0253m^3/s$，排出管压力表读数为 $3.2×10^2 kPa$，吸入管真空表读数为 $39kPa$，表位差为 $0.8m$。吸入管直径为 $100mm$，排出管直径为 $75mm$。电动机功率表读数为 $12.5kW$，电动机效率为 0.93，泵与电机采用直联。试计算离心泵的轴功率、有效功率和泵的总效率各为多少？

1.3 用泵将硫酸自常压贮槽送到压力为 $2×10^2 kPa$（表压）的设备中，要求流量为 $14m^3/h$，实际升高度为 $7m$，管路的全部损失能头为 $5m$，硫酸的密度为 $1831kg/m^3$。试求该泵的扬程。

1.4 某化工厂用泵将池中的清水打到塔顶去喷淋,塔内工作压力为 1.3×10^2 kPa (表压),喷淋量 Q 为 $50 \text{m}^3/\text{h}$。泵吸水管用 $\phi 114 \text{mm} \times 4 \text{mm}$,排出管用 $\phi 88.5 \text{mm} \times 4 \text{mm}$ 的钢管,整个管路的流动损失能头为 12m,试求泵的扬程。

1.5 某台离心泵的流量为 1200L/min,扬程为 11m,已知容积效率 $\eta_v = 0.97$,水力效率 $\eta_h = 0.86$,机械效率 $\eta_m = 0.94$,试求该泵的轴功率。

1.6 有一台转速为 1450r/min 的离心泵,当流量 $Q = 35 \text{m}^3/\text{h}$ 时,轴功率 $N = 7.6$ kW。现若流量增至 $Q' = 52.2 \text{m}^3/\text{h}$,问原电动机的转速应提高到多少,此时泵的功率为多少?

1.7 已知离心泵输送清水时,最高效率点的流量为 $24 \text{m}^3/\text{h}$,扬程为 49.5m,其最高效率为 77%。试换算输送黏度为 $150 \times 10^{-6} \text{m}^2/\text{s}$、密度为 900kg/m^3 油时相应点的性能参数。

1.8 某厂用离心泵将相对密度为 0.9 的石油产品自常压贮罐压入后压送到反应器中。在操作温度下,该油品的饱和蒸气压为 0.0293MPa,吸液管全部阻力损失为 1.5m,已知泵的许用汽蚀余量为 3.5m,当地大气压力为 0.864MPa,吸、排液管路直径相同,试求泵的安装高度。

1.9 一台 Y 型离心式油泵从工作压力为 1.77MPa(绝对压力)的贮油罐中吸入相对密度为 0.65 的油品送往反应釜。已知该油品在工作温度下的饱和蒸气压为 0.0687MPa,吸液管全部阻力损失为 4m,当泵的流量为 $50 \text{m}^3/\text{h}$ 时,其允许汽蚀余量为 3.6m,当地大气压为 0.09MPa,试确定该泵的安装高度。

1.10 某吸入口直径为 600mm 单级双吸式离心泵输送 20℃ 清水,流量为 880L/s,允许吸上真空度为 3.5m,吸水管阻力损失为 0.4m,试求:

(1) 安装高度为 3m 时,该泵能否正常工作?

(2) 如果将此泵安装在大气压为 0.092MPa 的地区,输送 40℃ 的温水(密度为 992kg/m^3,饱和蒸汽压为 7.38MPa),其他条件不变,该泵的安装高度应为多少?

1.11 某车间排出冷却水的温度为 66℃,以 $40 \text{m}^3/\text{h}$ 的流量注入一贮水池中,同时用一台水泵连续地将此冷却水送到一凉水池上方的喷头中,冷却水从喷头喷出,然后落到凉水池,以达到冷却目的。已知水在进入喷头前要保持 0.5×10^2 kPa(表压)的压力,喷头入口比贮水池水面高 2.5m,吸入管路和压出管路的损失能头分别为 0.5m 和 1m,试计算下列各项:

(1) 选择一台适合的离心泵;

(2) 计算泵的允许安装高度。

第二章

离 心 机

第一节 概 述

一、离心分离过程的特点及应用

在化工、石油、冶金、医药等工业部门中，经常需要将生产过程中的各种液相非均一系（液-液、液-固及液-液-固）混合物进行分离处理，以得到所需的产品或半成品。在工业生产中，能够实现该过程的方法很多。利用离心力作为推动力来实现液相非均一系混合物的分离或浓缩的机器称为离心机。它具有分离效率高、生产能力大、结构紧凑、操作安全可靠和占地面积小等优点，现已广泛用于化工、石油、轻工、食品、医药、纺织、冶金、煤炭、船舶及国防等工业领域。

在工业生产过程中离心机基本属于后处理设备，主要用于脱水、浓缩、澄清、净化及固体颗粒分级等工艺过程。例如化肥生产中碳酸氢铵或硫酸铵的结晶与母液的分离，氯碱厂中重碱和磷肥生产中磷石膏的脱水，各种石油化工制品（如聚丙烯、聚苯乙烯）的脱液，石油工业中各种油类的净化和提纯，三废处理中的污泥脱水，制糖工业中糖膏的分离，医药工业中各种药物结晶的分离和纺织工业中各种纤维以及漂洗物的洗涤脱水等。离心机已成为国民经济各个部门广泛使用的一种通用机械。

采用离心机进行的分离过程，根据其操作原理可分为离心过滤、离心沉降和离心分离三种。

（1）离心过滤过程　常用于分离含有较大固体颗粒（粒径大于 $10\mu m$）且含量较多的悬浮液。如图 2-1 所示为一种过滤式离心机转鼓，鼓壁上开有许多小孔，当转鼓高速旋转时，悬浮液在转鼓内由于离心力作用被甩在滤布上，其中固体颗粒截留在滤布上，不断堆积形成

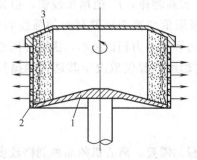

图 2-1　过滤式离心机转鼓
1—拦液板；2—鼓壁；3—鼓底

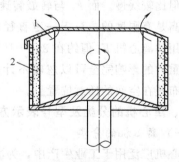

图 2-2　沉降式离心机转鼓
1—液体；2—固体

滤渣层，同时液体借助离心力穿过滤布孔隙和转鼓上的小孔被甩出。随着转鼓不停地转动，滤渣层在离心力作用下被逐步压紧，孔隙中的液体则在离心力作用下被不断甩出，最后得到较干燥的滤渣。

(2) 离心沉降过程　常用于分离含固体量较少且粒度较细的悬浮液。如图2-2所示为沉降式离心机转鼓，转鼓壁上不开孔，也不需要滤布。当悬浮液随转鼓一起高速旋转时，由于离心力作用，悬浮液中的固体颗粒因密度大于液体密度而向鼓壁沉降，形成滤渣，而留在内层的液体则经转鼓端上部的溢流口排出。

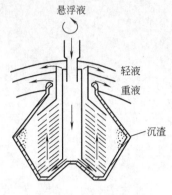

图2-3　分离机转鼓

(3) 离心分离过程　常用于分离两种密度不同的液体所形成的乳浊液、或含有极微量固体颗粒的乳浊液或对含极微量固体颗粒的液相澄清（液-液、液-固）。该情况的操作原理与离心沉降相同。如图2-3所示，转鼓是不开孔的，乳浊液在离心力的作用下，按密度不同分成两层，重液在外层，轻液在内层，通过一定装置将轻、重液分别引出；微量固相物则沉积在鼓壁上，采用间歇或连续卸料的方法排出。用于该分离过程的离心机称为分离机。

二、分离因数

离心机分离效果如何，一般采用分离因数 F_r 来衡量。所谓分离因数是指被分离物料在离心力场所受到的离心力与其在重力场所受到的重力的比值，即

$$F_r = \frac{F_c}{G} = \frac{m\omega^2 r}{mg} = \frac{\omega^2 r}{g} \tag{2-1}$$

式中　F_c——离心力，N；
　　　m——旋转物料的质量，kg；
　　　r——转鼓的旋转半径，m；
　　　ω——旋转角速度，rad/s；
　　　G——重力，N。

显然，分离因数是离心加速度与重力加速度的比值。

分离因数是表示离心机性能的重要标志之一，它反映了离心机分离能力的大小，F_r 值越大，物料受到的离心力越大，分离效果越好。因此，对固体颗粒小、液体黏度大的难分离的悬浮液或密度差小的乳浊液，应采用分离因数较大的离心机或分离机来分离。

由式（2-1）可知，分离因数 F_r 与转鼓的半径 r 成正比。增大转鼓直径，即可提高 F_r 的值，但比较缓慢。而 F_r 与转鼓转速的平方成正比，提高转速，F_r 值增长较快，但分离因数的提高是有限度的，对于一定直径的转鼓，F_r 的极限值取决于转鼓材料的强度和密度。目前常用的离心机 F_r 值约在 $300\sim10^6$ 之间。由于重力和离心力相比极小，因此在离心机设计中，重力的影响完全可以忽略不计，故离心机转鼓轴线位置仅取决于其结构和操作的方便，可布置在空间的任意位置上。

三、离心机的分类及型号表示方法

（一）离心机的分类

离心机广泛用于工业生产中，为满足不同生产过程的需要，离心机的品种规格较多，离心机的分类方法也很多，主要有以下几种。

1. 按运转的连续性分类

(1) 间歇运转离心机　操作过程中的加料、分离、卸渣等都是间歇进行的，有些过程需减速或停车进行，如三足式、上悬式离心机等均属此类。

(2) 连续运转离心机　所有操作过程都是在全速运转条件下连续（或间歇）自动进行，如卧式刮刀卸料离心机、活塞推料离心机及螺旋离心机等。

2．按分离过程分类

(1) 过滤式离心机　如三足式、上悬式及卧式刮刀卸料离心机等。

(2) 沉降式离心机　如三足式沉降离心机、刮刀卸料沉降离心机和螺旋卸料离心机等。

(3) 分离机　包括管式分离机、室式分离机和碟片式分离机。

3．按分离因数分类

(1) 常速离心机　分离因数$F_r<3500$，且以$F_r=400\sim1200$最为常见，其中过滤式较多，也有沉降式的。此类离心机用于含较大固体颗粒或颗粒中等或纤维状固体的悬浮液分离，该离心机转速较低且转鼓直径较大，装载容量较大。

(2) 高速离心机　分离因数$F_r=3500\sim50000$。此类离心机通常是沉降式和分离式，适用于胶泥状或细小颗粒的稀薄悬浮液和乳浊液的分离。其转鼓直径一般较小，转速较高。

(3) 超高速离心机　分离因数$F_r>50000$，为分离式离心机。此类离心机适用于较难分离的、分散度较高的乳浊液和胶体溶液的分离。因转速很高，转鼓多做成细长的管状。

4．按卸料方式分类

离心机按不同卸料方式可分为人工卸料、机械卸料（刮刀卸料、活塞推料、螺旋卸料）等。

此外，还可按离心机转鼓轴线在空间中的位置分为立式、卧式等。

由此可见，离心机的分类方法较多，但由于离心机是一种结构复杂的典型过程装备，所以对于一种具体形式的离心机，无论采用哪一种分类方法都不能完整地反映其结构、操作等特点。为了全面地反映离心机产品的性能特点以便区别选用，我国已制定了离心机、分离机型号表示方法的国家标准。

（二）离心机型号表示法

1．离心机型号

离心机的型号由一组不同的参数及代号组成，其组成如下。

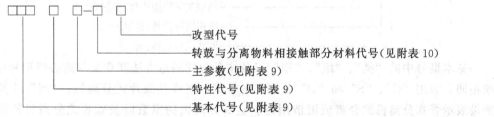

其基本代号由三个大写汉语拼音字母组成，分别代表类、组、型。"类"表示离心机的形式，如三足式离心机用"S"表示，上悬式离心机用"X"表示，活塞推料离心机用"H"表示。"组"表示各机型的主轴位置、卸料方式以及转鼓级数等特点，如"S"表示人工上部卸料，"Z"表示重力卸料，"L"表示立式，"Y"表示一级活塞推料等。"型"用于指明分离过程，如"C"表示沉降式，"Z"表示沉降过滤组合式等（除螺旋卸料离心机外，该项空缺则隐含该机为过滤式）。

特性代号用于表示离心机的操作方法、防爆、密封等特性，也用大写汉语拼音字母表示。

主参数是指离心机的转鼓内径或内径乘转鼓工作长度，用阿拉伯数字表示，单位为 mm。

转鼓与分离物料相接触部分的材料代号，用材料名称中代表性的大写汉语拼音字母表示。

改型代号是指离心机结构或性能有显著改变时，按顺序在原型号尾部分别用 A、B、C 等英文字母以示区别。

示例1 SGZ1000-N 三足式过滤离心机。

SGZ——三足式刮刀下部卸料自动操作过滤式离心机；

1000——转鼓内径为 1000mm；

N——转鼓与分离物料相接触部分的材料为耐蚀钢。

示例2 HRZ500-N 双级活塞推料离心机。

HRZ——卧式柱/锥双级活塞推料过滤式离心机；

500——最大级转鼓内径为 500mm；

N——转鼓与分离物料相接触部分的材料为耐蚀钢。

示例3 LW450×1030-N 卧式螺旋卸料沉降离心机。

LW——卧式螺旋卸料沉降离心机；

450——转鼓最大直径为 450mm；

1030——转鼓的有效工作长度为 1030mm；

N——转鼓与分离物相接触部分的材料为耐蚀钢。

2. 分离机型号

分离机型号由基本型号和辅助型号两部分组成，其表示方法如下。

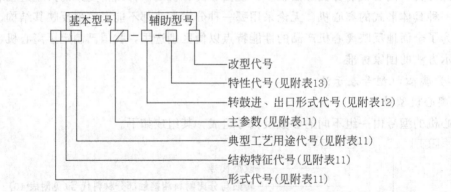

基本型号中的"类"、"组"、"型"以及主参数的表达方法和意义与离心机型号中对应各项相同。如用"G"、"S"和"D"分别表示管式、室式和碟片式分离机；"组"中用不同的字母表示管式分离机的分离或澄清用途、室式分离机的室数以及碟片式分离机的排渣方法等；而"型"一项则专门表示碟片式分离机的各种工艺用途；主参数用于表示管式和室式的转鼓内径，但对于碟片式分离机，则表示转鼓的最大内径与当量沉降面积之比。

分离机的辅助型号由转鼓的进出口形式代号、特性代号和改型代号三部分组成。转鼓的进、出口形式代号和特性代号均用阿拉伯数字表示，前者只用于碟片式分离机，表示进口密闭、敞开或半敞开，液相出口是否具有离心泵等；后者则表示传动方式。

改型代号是指当分离机结构或性能有显著改变时，按顺序在原型号尾部分用 A、B、C 等英文字母以示区别。

示例1 GQ105 管式分离机。

GQ——与物料接触的材料为不锈钢的澄清管式分离机；

105——转鼓内径为 105mm。

示例2 SQ400 室式分离机。

SQ——七室型室式分离机；

400——转鼓内径为 400mm。

示例3 DHY350/8-03-31A 环阀排渣碟片式分离机。

DHY——环阀排渣碟片式分离机；

350——转鼓内径为 350mm；

8——当量沉降面积为 $8 \times 10^7 \mathrm{cm}^2$；

03——轻液、重液出口均设有离心泵，用于矿物油分离；

31——皮带转动；

A——第一次该型设计的环阀全排渣碟片式分离机。

第二节 转子的临界转速与振动

一、振动和临界转速的概念

离心机是一种高速回转的机器，其转动部分由于制造、装配、材质不均等原因的影响，不可能做到绝对平衡，必然会使回转中心与质心不重合，即有一定的偏心距，如图 2-4 所示。当转子运转时，整个回转系统就会受到一个方向做周期性变化的不平衡力（离心力）的作用，该力作用在转轴上并通过轴承传递给机座，从而引起机器振动。如果作用在转子上的不平衡力引起振动的频率恰好与转子的固有频率相等或接近时，系统就会发生剧烈的振动，这种现象称为共振。转子发生共振时的转速称为临界转速，用 n_k 表示，在数值上等于转子的固有频率。

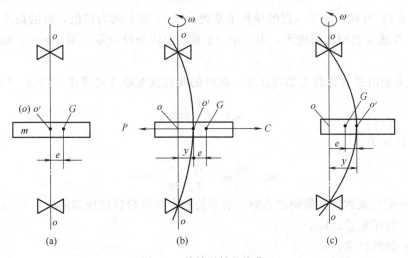

图 2-4 单转子轴的挠曲

转动系统的固有频率（临界转速）有时不止一个，固有频率的数目与弯曲方式（即振型）有关。一个轴上只有一个转子可以简化为只有一个集中载荷的杆，弯曲方式只有一种振型，则固有频率只有一个，相应的只有一个临界转速；如果一根轴上有两个转子，如图 2-5

所示，则有两个振型，相应的该轴有两个固有频率，也就有两个临界转速。以此类推，轴上有几个转子，就有几个振型，也就有几个临界转速。临界转速中数值最小的为一阶临界转速，比它大的为二阶临界转速、三阶临界转速……

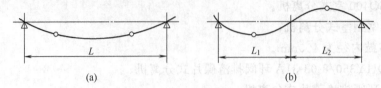

图 2-5 两个转子的振型

为了避免机器振动过大，除了尽可能先做好转动部件的平衡以降低干扰力外，更重要的是必须使机器的工作转速远离该机器的固有频率，即要求该机器的工作转速远离其临界转速。所以在设计时进行临界转速的计算是非常必要的。

二、单转子轴的临界转速

一根轴上只有一个转子的转轴称为单转子轴。如图 2-4（a）所示，当轴静止时，转子几何中心 o' 位于轴的几何中心线 o—o 上。由于材质不均匀或制造装配时不可避免的误差，转子的质心 G 与转子几何中心 o' 之间存在一偏心矩 e。当轴以角速度 ω 旋转时［见图 2-4（b）］，质量为 m 的转子由于偏心而产生一个惯性离心力 C，使轴产生弯曲并使系统产生振动。设转子几何中心为 o'，挠度为 y，则离心力 $C=m(y+e)\omega^2$。与此同时，被弯曲的轴本身将产生一弹性恢复力 $P=ky$（k 为刚性系数）来抵抗弯曲，它与离心力 C 大小相等、方向相反，转子在此二力作用下达到平衡，即

$$m(y+e)\omega^2=ky$$

由此得出的挠度为：

$$y=\frac{m\omega^2 e}{k-m\omega^2}=\frac{e}{\dfrac{k}{m\omega^2}-1} \tag{2-2}$$

由式（2-2）可知，对于一定的单转子系统，m、e 和 k 均为定值，轴的挠度 y 仅与角速度 ω 有关，并随 ω 的增大而增大，当 $m\omega^2=k$ 时，上式分母为零，则 $y\to\infty$，轴即发生共振现象。

轴发生共振时的转速称为临界转速，此时的角速度为临界角速度，以 ω_k 表示，其值为：

$$\omega_k=\sqrt{\frac{k}{m}}\,\text{rad/s} \tag{2-3}$$

对应的临界转速为：

$$n_k=\frac{60}{2\pi}\omega_k=\frac{30}{\pi}\sqrt{\frac{k}{m}}\,\text{r/min} \tag{2-4}$$

式中　k——刚性系数，又称刚度系数，表示使轴产生单位挠度所需的力，N/m；
　　　m——转子质量，kg；
　　　y——轴的挠度，m。

从上述公式可以看出以下几点。

① 单转子轴的临界角速度计算公式［即式（2-3）］与力学中计算一个自由度的弹性系统的固有频率公式完全相同。这就证明了当强迫振动的频率与固有频率相等时，就会发生共振，共振时的转速既为临界转速，因此轴的临界角速度也就是轴在弯曲自由振动时的固有频率。

② 轴的临界转速的大小与轴的刚性系数 k 和转子质量 m 有关，而与偏心距 e 无关。轴的刚性越大，转子质量越轻，轴的临界转速就越高。因此，改变机器固有频率（即改变临界转速）的措施主要是改变机器转动部分的质量和刚度，一般改变刚度的方法较为方便，如增加轴的长度、使用较窄的轴承、将轴承安放在弹簧或橡胶座圈上等方式来降低轴的刚度，从而降低轴的临界转速。

③ 虽然轴的临界转速与偏心距 e 无关，但这并不意味着偏心距 e 值的大小无关紧要。由式（2-2）可知，偏心距 e 对轴的挠度 y 有直接影响，如果转子原来平衡得不好，e 值大，挠度则大，说明机器振动大。因此要使机器平稳运转，振动小，除了机器的工作转速必须远离临界转速外，还要尽可能减小偏心距 e。

④ 式（2-2）和式（2-4）中刚性系数 k 的大小与轴的材料、尺寸、载荷位置及支承方式等有关，可用材料力学中求梁变形的方法求得。表 2-1 中列出了一些典型的单转子轴在不同支承情况下的 k 值计算公式。

表 2-1 几种不同支承情况下的 k 值

支撑情况	k 值	支撑情况	k 值
	$k=\dfrac{3EJ}{L^3}$		$k=\dfrac{12EJL^3}{a^3b^3(3L+b)}$
	$k=\dfrac{3EJ}{a^2(L+a)^2}$		$k=\dfrac{3EJL^3}{a^3b^3}$
	$k=\dfrac{3EJL}{a^2(L-a)^2}$		

注：E 为轴的弹性模量（N/m²）；J 为轴的截面惯性矩（m⁴）。

⑤ 对于水平安装的转轴，转子本身的质量将使轴向下弯曲，产生一个静挠度 y_0（见图 2-6）。另外，回转时由于偏心距 e 的存在而产生的惯性离心力，将使轴产生一个动挠度 y。此时虽然总的挠度增加了，但转子的质心 G 和轴心 o'' 将不是绕 o 点，而是绕 o' 点转动，其旋转半径仍是 $(y+e)$，因此挠度 y 与轴的空间位置无关，此时水平转轴

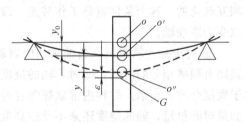

图 2-6 单转子水平轴的挠曲

的质心位置发生周期性的升高和降低，对临界转速有些影响，但此影响极为微小，可以忽略不计。所以临界转速的计算公式[式（2-4）]对水平转轴同样适用。

三、刚性轴与挠性轴

将式（2-4）代入式（2-2），整理后得

$$y=\dfrac{e}{\left(\dfrac{\omega_k}{\omega}\right)^2-1}=\dfrac{e}{\left(\dfrac{n_k}{n}\right)^2-1} \tag{2-5}$$

从上式可看出以下几点。

① 当 $n<n_k$，即工作转速低于临界转速时，式（2-5）中的分母恒大于零，挠度 y 与偏心距 e 同号，即当 y 为正时，e 也为正；y 为负时，e 也为负。此时轴的转动情况如图 2-5 (b) 所示，挠度 y 将随 n 增大而增大。

② 当 $n>n_k$，即工作转速高于临界转速时，式（2-5）中的分母小于零，为负值，y 与 e 符号相反，即当 y 为正时，e 为负；当 y 为负时，e 为正。这时轴的转动情况将通过一个过渡过程，变成如图 2-4 (c) 所示情况，转子的质心 G 将移到几何中心 o' 与回转中心 $o—o$ 之间。随着 n 的增大，y 值逐渐减小。

③ 当 $n\gg n_k$ 时，式（2-5）中的分母趋近于 -1，则挠度 y 就趋近于 $-e$，两者的绝对值接近相等，即转子的质心 G 接近于和回转中心 $o—o$ 重合，此时 e 虽然存在，但是不平衡的惯性离心力 C 将趋近于零，因此振动极微，运转也非常平稳，这种现象称为转轴的"自动对中"。自动对中现象对单转子轴的系统而言，一般在 $n>(4-6)n_k$ 时就会出现，自动对中出现以后，运转平稳，轴的弯曲应力也大大减小。

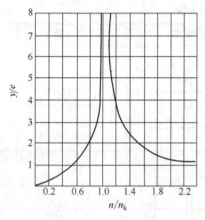

图 2-7 y/e 与 n/n_k 的关系

④ 若把式（2-5）中的 y/e（两者绝对值的比值）与 n/n_k 的关系用直角坐标表示，即可得到如图 2-7 所示的曲线。该图表示，当轴的工作转速低于临界转速（即 $n/n_k<1$）时，轴的挠度随转速的增加而增加；当转速超过临界转速（即 $n/n_k>1$）时，挠度随着转速的增加而减小，并趋近于转子的偏心距 e 值。所以，轴的工作转速在远低于临界转速时工作比较安全，在远高于临界转速时工作也比较安全。把工作转速低于临界转速（对于多转子轴而言，则为一阶临界转速）的轴称为刚性轴，工作转速高于一阶临界转速的轴称为挠性轴。

⑤ 刚性轴与挠性轴是根据轴的工作状态来区分的，是相对的概念。如果不与它本身的临界转速相比较，就无所谓刚性轴和挠性轴。而且刚性轴和挠性轴在一定的条件下也是可以相互转化的，这个条件就是工作转速。改变工作转速，刚性轴可以变为挠性轴，挠性轴也可以变为刚性轴。

⑥ 对于挠性轴来说，当轴从开始启动并达到其工作转速的过程中，轴的转速一定有与其固有频率相等的时候，此时，轴的挠度理论上为无穷大，这意味着机器必然损坏。但是由于周围介质、支承及材料内部摩擦等各种因素引起的阻尼作用，即使在发生共振的情况下，如果时间很短，轴的挠度还来不及达到危险值，就迅速将转速提高到超过临界转速，机器的运转又可以趋于平稳。

⑦ 为了使机器安全平稳的运转，轴的工作转速必须在各阶临界转速一定的范围之外，一般要求如下。

对于单转子轴：
刚性轴的工作条件应为 $n\leqslant 0.7n_k$；
挠性轴的工作条件应为 $n\geqslant 1.5n_k$。
对于多转子轴：
刚性轴的工作条件应为 $n\leqslant 0.75n_{k1}$；

挠性轴的工作条件应为 $1.4n_{ki} \leqslant n \leqslant 0.7n_{k(i+1)}(i=1,2,3,\cdots)$。

现代工业中一般使用多转子轴高速机器，若采用挠性轴则大多在一阶和二阶临界转速之间工作，很少有超过二阶临界转速的。

至于某台机器是设计成刚性轴还是挠性轴，则要根据机器的工作情况和结构形式来具体考虑，对于离心机而言，如果要求的工作转速不是太高，悬浮液较易分离且流动性较好，容易在转鼓内形成厚度均匀的环状物料层，从而不至于使转子过分不平衡（e 不太大），则最好设计成刚性轴。如果转鼓内还有相对运动的部件（如活塞、刮刀等），为避免附加载荷或通过临界转速时不可避免的振动而使这些部件相互碰撞或卡住，也最好设计成刚性轴。除此之外，为获得较高的生产能力，一般均应设计成挠性轴。

采用挠性轴时，要特别注意轴强度和减振问题。因为在越过临界转速时，尽管时间很短，但振动还是有的，这时候轴的强度问题就会成为较突出的矛盾。因此不能为了尽量降低临界转速而将轴做得过分细长。此外，为了减小通过临界转速时振动的有害影响，一般挠性轴的离心机还附加有各种减振或隔振装置，如弹簧或橡胶减振器等。

四、离心机的减振和隔振

尽管一台离心机的零部件是按一定技术要求制造的，并且经过动、静平衡实验，但在运转中由于制造、操作等原因仍可能发生较大的振动，从而对机器本身或附近机器造成损害，所以要求对离心机采取适当的减振与隔振措施，以减少离心机在工作过程中产生的振动。

（一）减振

离心机减振的目的是减小或消除不平衡干扰力和干扰力矩，以减轻机器的振动。减振的措施主要有以下几种。

① 设计时应使离心机的工作转速远离其系统的临界转速。

② 提高机器的制造与安装质量，例如转子平衡、加工精度、配合的要求以及材料质量的均匀性等，以保证设计要求。

③ 制定合理的操作工艺。特别是对高速旋转的离心机，一定要在使用操作上制定出切实有效的工艺操作规程。布料不均、局部漏料、塌料、混入大块异物、刮刀卸料的作用以及连接构件松动等，都会引起振动。因此，操作上应力求加料稳定，必要时可对加入的物料进行预处理。

④ 检修保养中应注意，在没有经过仔细计算之前，不应随意改变其转速，更不应当在高速转子上任意补焊、挫削、碰撞、拆除或添加零件等。

⑤ 对于使用良好的新机器，在使用相当时间后，因转动部分的磨损和腐蚀，使振动越来越大，或者原来运转时振动很小的离心机在检修拆装其回转部件后，因平衡受到影响而加剧振动。必要时，须重新进行一次转子的平衡试验。

（二）隔振

在实际生产中，离心机的振动是不可避免的，为了防止或减少振动对周围建筑、仪表及重要设备造成危害和影响，往往还需采取措施对振源（离心机）加以有效隔离，这种对振动的隔离，称为隔振。

隔振是利用减振元件（如弹簧、橡胶垫等）将振源和基础地面或仪器设备加以隔离，以避免振动影响的扩大；或是将需要保护的仪表设备与振动地面隔离，以免受到损害。前一种情况称为积极性的隔振，后一种情况称为消极性的隔振。

离心机的隔振一般是指在离心机机座底板与基础面之间合理放置隔振器，使离心机搁置在隔振器上工作，从而减少干扰力、干扰力矩对机器本身及周围建筑物带来的不利影响，改善了操作条件。

应当注意，采用隔振器的离心机的进料管、排料管、洗涤水管等与其他设备连接的管道均应采用挠性连接管，以免影响其隔振的性能。

（三）减振元件

减振元件是隔振器的核心部件，选择减振元件时，主要考虑元件的强度、稳定性、自振频率、使用耐久性及随时间、温度、负荷变化而引起的性能变化。此外，还要考虑制造、安装、更换比较方便等因素。

目前，一般离心机隔振器以螺旋圆柱钢弹簧、承压橡胶和承剪橡胶用的较多。如图2-8所示为螺旋圆柱钢弹簧减振元件，由于其刚度小，因此，整个系统的固有频率较低（最低可达2Hz左右），性能较稳定，使用持久。但其本身阻尼值很小，当机器启动和停机通过固有的频率区时，振幅较大，不够安全，因此，一般需加设阻尼措施后才能使用。

利用橡胶作为减振元件，其特点是：由于橡胶的形状可以自由选择，所以能根据设计要求自由决定其三个方向的刚度。由于橡胶的刚度曲线是按非线性变化的，可以缓冲较大的冲击能量。橡胶的内摩擦系数较大，所以阻尼较大，可以减小机器启动和停机过程中通过固有频率区时的振幅。橡胶成型简单，加工方便，是一种比较理想的隔振材料。不足之处是它对温度的影响要比金属弹簧敏感，可使用温度范围较小，耐油性较差。

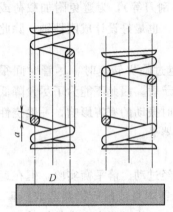

图2-8　螺旋圆柱钢弹簧

如图2-9所示为承压型橡胶减振元件。它在垂直方向上承受压应力，而在水平方向上承受剪应力。垂直方向的刚度较水平方向的刚度大，因而垂直方向的固有频率较高（在选用较大的许用压应力和较大的高度时，系统垂直方向的固有频率也可降低至6Hz）。

如图2-10所示为承剪型橡胶减振元件。它在垂直方向上承受剪应力，而在水平方向上承受拉、压应力，垂直方向的刚度较水平方向为低，系统垂直方向的固有频率可降低至5Hz左右。

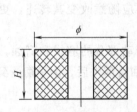

图2-9　承压型橡胶减振元件

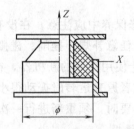

图2-10　承剪型橡胶减振元件

第三节　离心机的结构

离心机的品种规格很多，对于一种具体形式的离心机，无论采用哪一种分类方法，都不能完整地反映其结构、操作等特点。本节将就间歇运转离心机、连续运转离心机和高速离心机三种类型，分别阐述其总体结构、主要零部件、性能特点、用途、常见故障及排除方法等。

一、间歇运转离心机

间歇运转离心机主要有三足式和上悬式两种,其特点是生产过程中的加料、分离、洗涤、脱水和卸料等操作工序,大多是周期性间歇进行的,而且在加料和卸渣时需要停机或减速运转,各种生产工序的进行多数是人工控制的。目前,为了适应现代工业的需求以及现代控制技术的应用,间歇运转离心机正在逐步向全自动操作的方向发展。

(一) 三足式离心机

1. 上部卸料三足式离心机

(1) 结构及工作原理 人工上部卸料三足式离心机属于过滤式离心机,其总体结构如图 2-11 所示。主要由机座部件、机壳部件、转鼓部件、悬挂支承装置、主轴及电机等组成。转鼓部件(转鼓壁 5、转鼓底 6、拦液板 7)安装在主轴 9 上,主轴垂直安装在轴承座 10 内的一对轴承内,轴承座 10 及外壳 12 分别用螺栓固定在底盘 1 上,电机通过三角皮带传动带动主轴 9 及转鼓旋转;电机也固定在底盘 1 上,而底盘 1 又通过三根摆杆 4 悬挂在与机座相固定的三根支柱 2 的球面支座上,摆杆上装有缓冲弹簧 3,使其处于挠性悬挂状态,减少了振动。

人工上部卸料三足式离心机在临界转速以下运转,转速一般不太高,小于 2800r/min。为了减小整机高度以便于操作及减小振动,提高运转的平稳性,转鼓的高度一般较低,且转鼓底做成向上深凹,使整个转鼓的质心尽量靠近轴承的支承中心;主轴也设计成短而粗的刚性轴以提高临界转速。该类离心机在处理悬浮液时,转鼓内需要衬底网、滤布,为了使布料均匀,悬浮液于离心机启动后才逐渐加入转鼓;处理膏状物料或成件物品时,在离心机启动前应将物料均匀放入转鼓内。离心机高速旋转时,物料中的液体经由滤网和转鼓上的孔被甩到外壳内壁,在底盘上汇集后,经由滤液出口 16 排出,固相则被截留在转鼓内,停机后由人工从转鼓上部卸出。

(2) 悬挂支承装置 如图 2-11 所示的悬挂支承装置为目前应用较多的弹性悬挂支承装置,它由机座 17、支柱 2、摆杆 4 和缓冲弹簧 3 组成。摆杆上、下两端均以球面垫圈与支柱及底盘铰接,因此主机可以自由摆动,形成挠性系统,减小不均匀负荷对轴承的冲击,使具

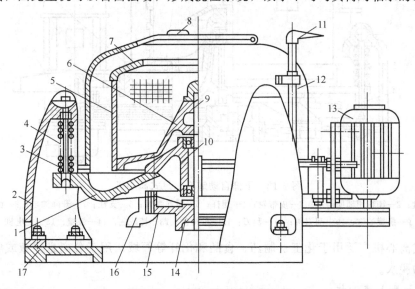

图 2-11 上部卸料三足式离心机

1—底盘;2—支柱;3—缓冲弹簧;4—摆杆;5—鼓壁;6—转鼓底;7—拦液板;8—机盖;9—主轴;10—轴承座;11—制动手柄;12—外壳;13—电机;14—皮带轮;15—制动轮;16—滤液出口;17—机座

有流动性的物料在转鼓内分布更加均匀,从而改善机器的运转性能,使运转时基础的振动减弱。摆杆上套有压缩弹簧并由摆杆上部的螺帽压紧。弹簧既可作为摆动系统的支承,又可缓冲垂直方向上的振动。

(3) 性能特点　人工上部卸料三足式离心机的主要优点是对物料的适应性强,过滤、洗涤时间可以随意控制,故可得到较干的滤渣和充分的洗涤,而且固体颗粒几乎不受损坏。此外,机器运转平稳,结构简单、紧凑、造价低。其缺点是间歇操作,生产中辅助时间长,生产能力低,劳动强度大。

2. 自动卸料三足式离心机

为了克服上部卸料三足式离心机的缺点,出现了很多自动操作的新型三足式离心机。这种离心机普遍采用时间继电器和数字程序控制的方法,使机器连续运转和自动调速,加料及卸料机构均由电动或液压元件控制。如图 2-12 所示为下部自动卸料三足式离心机,其结构与上部卸料基本相同,所不同的是转鼓底改成开口形式,以便从下部卸料,另外增加了刮刀卸料装置。卸料在低速(约 30r/min)下用机械刮刀进行,刮刀的旋转运动和升降运动均由液压缸驱动完成。辅助电机(图中未标出)用于低速卸料时驱动转鼓,转鼓也可用容积式液压电机驱动,以实现无级变速。自动卸料三足式离心机克服了人工上部卸料离心机的缺点,但其结构复杂,造价升高,且刮刀也会对固体颗粒造成破坏。

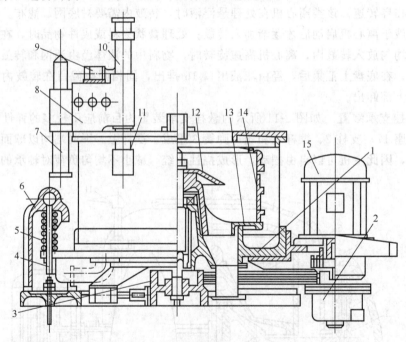

图 2-12　下部自动卸料三足式离心机

1—底盘;2—卸料用辅助电机;3—皮带轮;4—摆杆;5—缓冲弹簧;6—支柱;7—升降油缸;8—齿轮箱;
9—螺旋油缸;10—刮刀轴;11—刮刀;12—布料盘;13—转鼓底;14—鼓壁;15—主电机

三足式离心机广泛用于化工、制药、食品和化纤等领域,用于分离悬浮液或成件、成束纤维物料的脱水。

(二) 上悬式离心机

1. 结构及工作原理

上悬式离心机有过滤式和沉降式两种,广泛使用的是过滤式,其基本结构如图 2-13 所

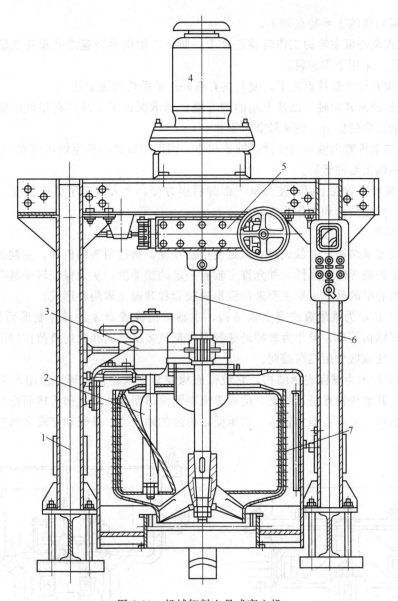

图 2-13 机械卸料上悬式离心机
1—机架；2—刮刀；3—刮刀操纵机构；4—电机；5—刹车装置；6—主轴；7—转鼓

示，主要由电机 4、机架 1、刹车装置 5、支承装置、转鼓 7、机壳、封闭罩、升降装置等部件组成。离心机的主轴 6 下端通过转鼓底的轮毂与转鼓 7 连接，主轴 6 上端连接在支承装置的球面悬挂支承中，机架 1 横梁上固定支承装置和电机 4，借助挠性联轴器将电机 4 与主轴 6 连接起来，主轴 6 下部有可沿主轴上下滑动的轴套，轴套上部铰接有手动或液压驱动的杠杆系统，轴套上装有物料分布器和锥形封闭罩。分离操作时，加入转鼓的物料落在转动的物料分布器上，借助离心力作用均匀分布在转鼓内。锥形封闭罩的作用是在分离过程中，封闭转鼓的下料口，防止料液飞溅落入下料口，同时防止空气从下料口进入转鼓内形成涡流，影响分离过程。卸料时利用杠杆提升锥形封闭罩，使重力落下的滤渣或刮刀刮下的滤渣从下料口排出。

电机采用四速或五速交流电机或直流电机，以满足过滤操作循环中的启动、加速、卸料的要求。卸料时通过刹车装置减速卸料。

上悬式离心机的主要特点如下。

① 上悬式离心机主轴的工作转速是介于一阶、二阶临界转速之间按挠性轴工作的，在转鼓底部开孔，采用下部卸料。

② 转鼓质心远在悬挂点之下，使其具有良好的铅垂性和稳定性。

③ 细而长的悬臂主轴，以及上端的调心挠性轴承保证了系统具有很低的临界转速，提高了转鼓自动对中的能力，使运转非常平稳。

④ 主轴与电机输出轴采用挠性联轴器相连，因而使得离心机主轴可以有一定的摆动度，不会影响电机输出轴的运转。

⑤ 传动装置布置在上面，使得从下部卸料很方便，大大减轻了劳动强度，对保护电机及传动装置、简化结构和操作均有好处。

2. 主要零部件

（1）悬挂支承结构　上悬式离心机是使用挠性轴，高速回转的机器，主轴的悬挂支承结构必须使转子的临界转速降低，并允许主轴有一定的摆动度，从而保证转子具有较高的稳定性。上悬式离心机的悬挂支承主要采用锥形橡胶套和球面支承两种形式。

如图 2-14 所示为锥形橡胶套支承结构，主轴可借橡胶套 3 的弹性变形而做微量摆动，这种支承形式结构简单，但作为缓冲的橡胶套在反复多次径向和轴向负荷作用下，易于磨损和失去弹性，使减振作用逐渐减弱。

如图 2-15 所示为球面支承结构，它较锥面橡胶套支承结构合理，使用寿命长，目前应用较为广泛。其结构特点是：外壳 2 的内表面与圆筒形套筒 4 的上部为球面配合，套筒内装有向心球轴承和一对向心推力轴承，以承受轴传递的轴向力。外壳和套筒之间装有橡胶缓冲

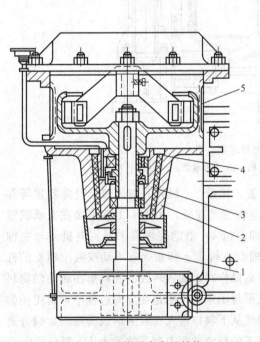

图 2-14　锥形橡胶套支承结构
1—主轴；2—锥形外壳；3—锥形橡胶套；
4—套筒；5—制动轮

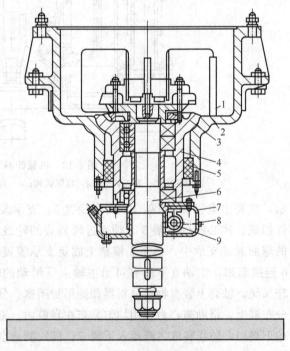

图 2-15　球面支承结构
1—球面副；2—外壳；3—套筒凸缘；4—套筒；5—橡胶缓冲环；6—主轴；7—油箱；8—蜗杆；9—蜗轮

环 5，套筒与外壳为球面接触，既消除了橡胶缓冲环承受的轴向载荷，又允许主轴摆动 8°～10°。油箱 7 内装有蜗杆 8 和蜗轮 9，蜗杆套在主轴上并随主轴一同运转，蜗轮带动齿轮泵工作向轴承供油润滑轴承。

（2）转鼓 上悬式离心机转鼓的结构随卸料方式而异。重力卸料转鼓为筒-锥组合型（见图 2-16），为使物料在转鼓内分布均匀，滤渣洗涤充分，重力卸料转鼓的圆筒形长度与直径之比控制在 0.5～0.7 之间。圆筒与圆锥部分连接处应为圆滑过渡，以免积料。圆锥部分的半锥角 α 应小，使滤渣在重力作用下沿锥面自动下滑，同时，转速越低，越有利于滤渣自动下滑。机械卸料转鼓为圆筒形（见图 2-13），为使刮刀沿转鼓全高刮下物料，转鼓底近似水平。

重力卸料的优点是不破损滤渣结晶，不伤滤布，但只适用于松散物料的分离，在低速或停车时滤渣才能自动卸料。对于黏稠形物料，在离心力作用下滤渣黏在转鼓壁上，只能选用机械卸料。

3. 上悬式离心机的性能特点及用途

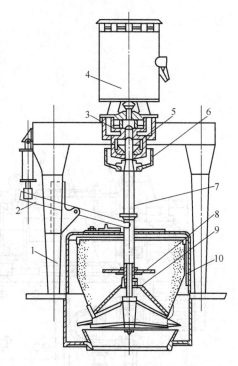

图 2-16 重力卸料上悬式离心机
1—机架；2—锥形罩提升机构；3—联轴器；
4—电机；5—轴承座；6—刹车轮；7—主轴；
8—存料盘；9—锥形罩；10—转鼓

上悬式离心机的优点是结构简单，操作平稳，运转性能好，卸料方便。缺点是间歇操作，能耗大，且生产能力较低。同时由于电机固定在机架顶端，使基础受到较强烈的动载荷，另外机器过高，较三足式离心机结构笨重得多，因而钢材耗量大。

上悬式离心机目前广泛用于制糖、化工、医药等部门，它主要用来分离 0.1～1mm 的中粗颗粒和 0.01～0.1mm 的细颗粒悬浮液，如砂糖、葡萄糖、味精、盐类、聚氯乙烯、树脂以及轻质碳酸钙等，尤其适用于分离黏稠物料。

二、连续运转离心机

连续运转离心机操作时转鼓一直在全速下连续运转，至于加料、分离、卸渣等各工序有间歇进行的，也有连续进行的。各工序控制都是自动控制，与间歇式离心机相比，非生产性的辅助时间较少，所以产品成本低，应用广泛。

（一）卧式刮刀卸料离心机

1. 结构及工作原理

卧式刮刀卸料离心机是一种连续运转、间歇操作、用刮刀卸料的离心机，有过滤式、沉降式和虹吸式三种形式，过滤式使用得最普遍。卧式刮刀卸料离心机的总体结构如图 2-17 所示，主要由机座部件、机壳部件、转鼓部件、门盖、进料装置、刮刀卸料装置、控制系统等组成。在机座 6 上装有机壳 8 和轴承箱 4，转鼓由转鼓筒体 10、转鼓底 9 和拦液板 13 构成，转鼓筒体上开有过滤孔，门盖 19 上装有料斗 18 和卸料机构及提升刮刀的提升油缸 14，通过油缸构件来带动刮刀 12 上升而刮卸滤饼。该离心机运行时始终在全速下运转。工作循环开始时，洗涤液由洗涤液管进入转鼓，清洗筛网，经洗涤液排出口排出，筛网清洗一定时

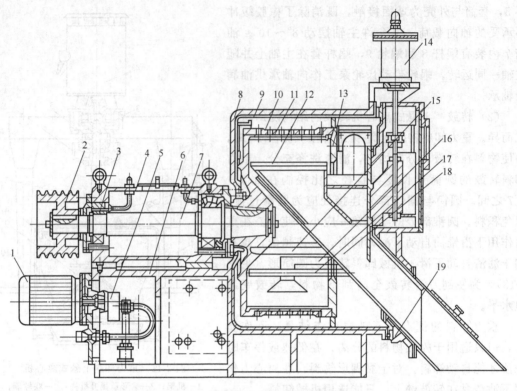

图 2-17 悬臂型卧式刮刀卸料离心机

1—油泵电机；2—皮带轮；3—双列向心球面滚子轴承；4—轴承箱；5—齿轮油泵；6—机座；7—主轴；8—机壳；9—转鼓底；10—转鼓筒体；11—滤网；12—刮刀；13—拦液板；14—提升油缸；15—耙齿；16—进料管；17—洗涤液管；18—卸料斗；19—门盖

间后进料阀自动打开，悬浮液经进料管进入转鼓内，其中部分液体被甩出，经机壳上的切向排液口排出，滤饼则被截留在转鼓内，进料阀在开启一定时间后自动关闭，停止进料，滤饼在转鼓内被甩干，待其得到充分干燥后，刮刀的刀架自动上升，将滤饼刮下，落进倾斜的卸料斗 18 内并沿料斗斜面下滑。刮刀 12 的刀架上升至离滤网一定距离时，刮刀装置上的曲柄触到行程开关，刮刀停止上升并反向退回到原来位置，进入下一个工作循环。

2. 刮刀卸料装置

刮刀卸料装置按其刮取物料的运行方式分为上提式刮刀和旋转式刮刀，按其刮刀的宽度分为宽刀卸料装置和窄刀卸料装置。

如图 2-18 所示是一种旋转式宽刀装置。刮刀装置固定在门盖上，刮刀轴水平穿过门盖，一端装有刮刀架 3，刀架与刮刀 10 用螺钉 9 固紧，另一端装有转臂 1，转臂与刮刀油缸 4 中的活塞杆 6 相连。当油缸 4 下部进入高压油后，推动活塞 5、活塞杆 6，使转臂转动，刮刀架 3 绕刮刀旋转中心 7 转动一定弧度，从而使刮刀切削滤渣。当转臂碰到门盖上固定的行程开关时，液压系统中的电磁阀换向，刮刀油缸上部进油，刮刀退回。如图 2-17 所示为悬臂型卧式刮刀卸料离心机的刮刀卸料装置为上提式宽刀装置，刮刀通过油压推动提升油缸的活塞及活塞杆运动而带动刮刀装置做径向运动，切削滤饼。如图 2-19 所示为旋转-上提式窄刮刀卸料装置，由升降油缸 1、刮刀座 2、刮刀轴 3、转套 4、刮刀 5 以及旋转油缸 6 等零件组成。升降油缸及刮刀座被紧固在主机的上盖上，刮刀轴与转套采用 D/d_c 配合，转套与刮刀座采用 D/d_b 配合并用导向键连接。旋转油缸驱动转套和刮刀轴做旋转运动，升降油缸通过

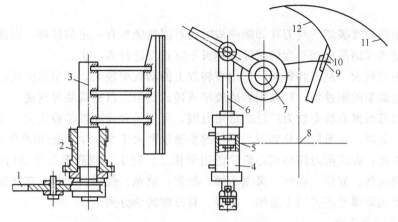

图 2-18 旋转式宽刀装置
1—转臂；2—刮刀架轴支承轴套；3—刮刀架；4—油缸；5—活塞；6—活塞杆；7—刮刀旋转中心；
8—转鼓轴心；9—固定刮刀螺钉；10—刮刀；11—转鼓壁；12—刮刀运动轨迹

组合臂驱动刮刀轴在转套内做往复运动。刮刀安装在刮刀轴下端，伸入转鼓内，实现卸料。

宽刀卸料装置的刮刀长度较长，能在整个转鼓长度范围内同时将物料刮下，刮料时间短，有利于提高生产能力，控制机构也较简单，但刮刀机构受力较大，载荷过大时易引起振动，故要求刀架结构刚度大，且只适用于刮除较松软的滤渣。窄刀卸料装置的刮刀长度较短，径向进刀后还要做轴向进刀，一圈一圈地刮下物料。窄刮刀受力较小，工作时可避免较大的振动，一般用于大型转鼓或滤渣较结实的情况。但窄刀卸料装置存在结构复杂，价格较高，卸料时间较长、生产能力相对较小等缺点。

3. 卧式刮刀卸料离心机性能特点及用途

卧式刮刀卸料离心机是刮刀卸料离心机的典型代表，是一种连续运转、间歇操作、用刮刀卸料的离心机，其加、卸料等各工序均在全速下进行。此外，该机还有以下优点。

(1) 适应性强 可处理各种粒度、固相浓度范围大的物料，对进料浓度、进料量变化不敏感，过滤循环周期可根据物料的特性和分离要求调节。

(2) 滤渣可洗涤 该机设有洗涤装置，可按照固相产品质量要求调整洗涤时间和洗液量以充分洗涤滤渣，获得纯度较高的产品。

(3) 自动化程度高 控制系统通常采用液压和电器联合控制方式，或采用 PC 机实现全自动控制。进料、分离、洗涤、刮刀卸料、反冲洗等工序既可实现手动操作，又可调节每一过程的操作时间，以获得最佳的生产能力和分离效果，自动化程度高，

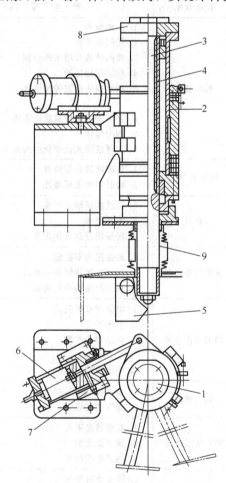

图 2-19 旋转-上提式窄刮刀卸料装置
1—升降油缸；2—刮刀座；3—刮刀轴；4—转套；
5—刮刀；6—旋转油缸；7—旋转油缸座；
8—组合臂；9—波纹管

生产能力大。

(4) 固相颗粒有破坏　刮刀在卸除滤渣时，对固相颗粒有一定的破碎，因此，对固相颗粒度有严格要求或结晶晶型不允许破坏的物料不宜选用这种离心机。

(5) 作用力较大　刮刀卸料时，作用在转鼓上的动载荷较大，易引起振动，因此，其转轴应设计成短而粗的刚性轴，转鼓则做成较窄或做成凹形，以提高临界转速。

卧式刮刀卸料离心机有较为广泛的适用范围，可用于含固相颗粒粒度大于 $10\mu m$ 的固液两相悬浮液的分离。一般用于分离固相颗粒的质量浓度大于 25%，而液相黏度小于 $10Pa \cdot s$ 的悬浮液。因此，卧式刮刀卸料离心机广泛用于化工、轻工、制药等工业部门中的硫酸钠、硫酸镍、硫酸亚铁、淀粉、硼酸、聚氯乙烯、尿素、重碱、烧碱、食盐、氯化钾等百余种物料的分离。密闭防爆型还可用于易燃、易爆、有毒物料的分离。

4. 常见故障及排除

表 2-2 列出了卧式刮刀卸料离心机常见故障、产生原因及排除方法。

表 2-2　卧式刮刀卸料离心机常见故障、产生原因及排除方法

故障现象	产 生 原 因	排 除 方 法
振动较大	1. 主轴弯曲 2. 转鼓不平衡 3. 滤网或滤布堵塞或破损 4. 地脚螺栓松动 5. 轴承损坏或安装精度低 6. 刮刀进刀过快或快慢不均 7. 刮刀钝化 8. 悬浮液固液比变化过大或加料不均	1. 校直 2. 校正静(动)平衡 3. 停车冲洗滤网或滤布，修补、更新滤网或滤布 4. 检查并重新固定 5. 更换轴承，采用刷镀等工艺，恢复装配精度或更换相关配件 6. 调整刮刀油的供油节流阀，使刮刀快慢适中 7. 修磨刀口或更新 8. 调整加料内筒开度
转鼓有摩擦	1. 转鼓同卸料槽摩擦 2. 转鼓同回流环摩擦	1. 修理或更换 2. 修理
跑料	1. 转鼓滤网堵塞严重 2. 加料过多 3. 料层限位器动作失灵	1. 调整水洗时间，停车彻底清洗滤网 2. 调整加料器和加料速度 3. 修理更换
料层忽厚忽薄	1. 油缸压力不稳定 2. 料层控制器转动不灵活 3. 料层控制器弹簧失效	1. 调整供油系统压力 2. 调整装配精度或加润滑油 3. 更换
刮刀动作失灵	1. 电磁阀开关失灵 2. 油压不足 3. 油缸窜油严重 4. 循环油路堵塞	1. 检查调整或更换 2. 检查节流阀和供油系统压力 3. 更换活塞密封，检查缸体有无窜油沟槽，并检修或更换 4. 检查、疏通
刮刀跳动	1. 油系统未排尽空气 2. 磨损超过规定	1. 将空气排尽 2. 更换磨损件
轴承油温过高	1. 安装精度不高 2. 缺少润滑油 3. 内部零件损坏	1. 重新调整 2. 按规定油质补足 3. 停车检修更换
油路系统振动	1. 油中含有空气 2. 油箱液面低于滤油器最高点，使空气进入油泵 3. 油箱滤油器堵塞严重，使油泵入口供油不足	1. 打开放空塞放气 2. 重新补加液压油 3. 取出滤油器清理或更换滤网

(二) 卧式活塞推料离心机

1. 结构及工作原理

卧式活塞推料离心机是连续运转、自动操作、液压脉动卸料的过滤式离心机，主要由转鼓、推杆、推料盘和复合油缸等零部件组成。如图2-20所示为WH-800型活塞推料离心机的结构。转鼓11用键固定在水平空心主轴5上，以悬臂式布置在主轴承右端。转鼓内的推料盘7用键固定在推杆6上，空心主轴5的左端与复合油缸1和三角皮带轮3固装为一整体，而推杆6左端与活塞2相连，活塞2通过导键与复合油缸1相连。因此空心主轴5带动转鼓11旋转时，推料盘7能和转鼓11以同样的角速度旋转，即推杆6与空心主轴4同步转动。工作时，该机空载启动达全速后，悬浮液不断地从加料管15进入布料斗13，布料斗13和转鼓11一起旋转而产生离心力，使料液均匀地分布在转鼓11内壁的筛网10上，滤液经筛网网隙和转鼓壁上的过滤孔被甩出转鼓外，固相被截留在筛网上形成圆筒状滤饼层。在液压系统的控制下，推料盘7做往复运动（行程约为转鼓长度的1/10，往复次数约为20~30次/min）。当推料盘向前移动时，滤饼层被向前推移一段距离，推料盘向后移动后，空出的筛网上又形成新的滤饼层，因推料盘不停地做往复运动，滤饼层则不停地沿转鼓轴向向前推动，最后被推出转鼓，经排料槽排出机外，而液相则被收集在机壳内通过排液口排出。

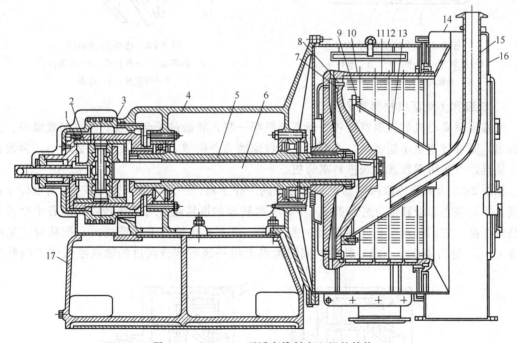

图2-20 WH-800型活塞推料离心机的结构

1—复合油缸；2—活塞；3—三角皮带轮；4—轴承箱；5—空心主轴；6—推杆（内轴）；7—推料盘；8—推料环；9—调整环；10—筛网；11—转鼓；12—中机壳；13—布料斗；14—前机壳；15—加料管；16—门盖；17—机座

若滤饼需在机内洗涤时，洗涤液通过洗涤管或其他冲洗设备连续喷在滤饼层上，洗涤液连同分离液由机壳的排液口排出。

2. 推料盘

推料盘是活塞推料离心机的特有装置。为使进入布料斗的悬浮液能受到离心力的作用，被均匀地分布在转鼓内壁的筛网上，布料斗总是与推料盘固定连接在一起，使其与推料盘一起旋转。

布料斗和推料盘有两种连接方式。如图 2-21 所示为卡座连接结构，如图 2-22 所示为连板连接结构。无论何种形式，推料盘 1 外缘上都有用螺钉固定的推料环 2。推料环与滤网的间隙很小，一般为 0.2~0.4mm，以便尽可能地将黏附在滤网上的滤饼全部推出，但由于滤网与推料环的间隙较小且有相对运动，为了保证操作可靠，避免相互碰撞和卡住滤网，主轴和推杆要有较大的刚性。推料环磨损后可以更换，布料斗 3 上装有调整环 4，用来控制转鼓内滤渣层厚度。更换不同大小的调节环，即可控制转鼓内物料层的厚度，故可根据不同物料的性质选用不同尺寸的调整环。

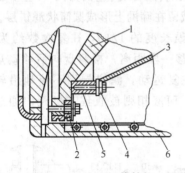 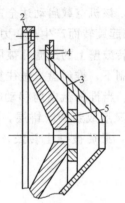

图 2-21　卡座连接结构　　　　　　　　图 2-22　连板连接结构
1—推料盘；2—推料环；3—布料斗；　　　　1—推料盘；2—推料环；3—布料斗；
4—调整环；5—卡座；6—转鼓　　　　　　　　4—调整环；5—连板

3. 双级和多级活塞推料离心机

活塞推料离心机的转鼓宽度较一般离心机窄一些，转鼓过长会导致滤渣拱起或堆积，无法卸出，而且转速也不能过高，否则会使推料摩擦力急剧增大，故其分离因数较小，为改善以上缺点，可采用双级或多级推料离心机。

如图 2-23 为 HR 型双级活塞推料离心机的工作示意。一级转鼓（内转鼓 1）与推杆 4 相连接，并套装在二级转鼓（外转鼓 3）中，一级转鼓的推料盘 2 与二级转鼓 3 用若干个长条形凸块连接，它们都用空心主轴带动一起旋转。当一级转鼓由推杆带动向右推移时［见图 2-23（a）］，进料停止，一级转鼓中的固定推料盘将一级转鼓分离过的物料推送到二级转鼓

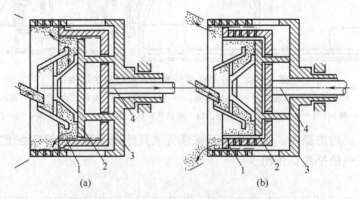

图 2-23　HR 型双级活塞推料离心机的工作示意
1—内转鼓；2—推料盘；3—外转鼓；4—推杆

中去。当一级转鼓向左推移时,一级转鼓进料,而固定在一级转鼓外口上的推料盘将二级转鼓中的物料推到二级转鼓外口以外而卸出[见图 2-23 (b)]。如此循环往复,在一级转鼓中间歇进料,而在二级转鼓中物料脉动卸出。

双级和多级转鼓推料离心机与单级转鼓离心机相比,有以下优点。

① 分离因数较高,生产能力大。

② 推料时,推杆往复的过程中都进行推料,故油压和油泵的电机负荷比较均匀。

③ 采用分级推料在保证物料有必要的停留时间的情况下,每级推送的长度较短,物料层较薄,有利于脱水和推送,并可提高离心机工作转速,扩大使用范围,所以较难分离的物料可在双级或多级转鼓中进行分离。

④ 物料从上一级推到下一级时,有松动机会,一方面改善了过滤情况,另一方面滤饼也得到了较好的洗涤和干燥。

双级或多级活塞推料离心机,除转鼓外,其他结构与单级活塞推料离心机基本相同。目前级数已从双级发展到 10 级。

卧式活塞推料离心机主要适用于固含量在 30%~80%(质量分数),固体颗粒粒度大于 0.1mm 的结晶颗粒或纤维状物料的过滤脱水,即适用于松散的、且能很快脱水和失去流动性的悬浮液。目前已应用于化肥、化工、制盐等工业部门中的碳铵、硫铵、尿素、食盐、塑料、纤维及火箭燃料等 300 余种物料的液固分离过程中。卧式活塞推料离心机具有分离效率高、生产能力大、生产连续、操作稳定、滤渣含湿率较低(一般可小于 5%)、滤渣破碎少、功率消耗均匀等优点。但是它对悬浮液固相浓度变化很敏感,要求进料浓度保持稳定,若悬浮液突然变稀,将会冲走筛网上已形成的均匀滤渣层,造成物料分布不平衡,严重时会产生强烈振动。若固相浓度突然升高,料浆流动性差,使物料在筛网上局部堆集,也会引起机器振动。因此悬浮液往往需要进行预处理,调整好适宜的浓度后,再加入离心机。由于卸料时固相受推料力作用沿网面移动,较小的颗粒容易被挤出网孔,被滤液带走,造成漏损和滤液不清。固相分散度高的悬浮液以及对澄清度要求高的液体不宜采用此种离心机,尤其是分离胶状物料、无定型物料及摩擦系数大的物料,更不宜采用活塞推料离心机。

4. 常见故障及排除

由于活塞推料离心机构造复杂,因此要求熟悉构造,并切实做到勤检查、勤调节和勤维修,才能保证运转可靠。HY-800 型离心机常见故障、产生原因及消除方法见表 2-3。

表 2-3 HY-800 型离心机常见故障、产生原因及消除方法

故障现象	产生原因	消除方法
转鼓振动	1. 加料不匀,引起滤渣厚度不匀或悬浮液加料突然增加,料液冲破滤渣 2. 布料斗振动 3. 筛网锁紧螺帽松动	1. 均匀加料,若未能消除振动,则停车清洗后,重新加料 2. 检查布料斗振动的原因,并消除 3. 停车旋紧螺帽
转鼓处有异声	1. 推杆轴套磨损或外壳松动引起转鼓前环与机壳摩擦 2. 转鼓底与密封环摩擦	1. 更换新轴套,将外套校正并紧固 2. 校正间隙
机身振动	1. 转鼓振动 2. 轴承损坏 3. 地脚螺栓松动	1. 停车检查振动原因,并消除 2. 更换轴承 3. 紧固地脚螺栓

续表

故障现象	产生原因	消除方法
推料盘推料速度不准	1. 齿轮油泵滤油网堵塞，吸油量不均匀，致使油压不稳 2. 液压操作箱失灵 3. 液压系统漏油 4. 节流阀闭塞或磨损，腐蚀引起间隙过大或弹簧失效	1. 清理漏油网 2. 停车检查，排除故障 3. 停车检查，消除泄漏 4. 拆洗阀门清除油泥，如有磨损、腐蚀，需更新
推料盘停止推料	1. 料层过厚 2. 转鼓后腔被结晶堵塞 3. 油温过高，造成油压低 4. 液压系统严重漏油	1. 主机短暂停一下，待料层推出后再启动 2. 用水冲洗干净 3. 加大冷却水，降低温度，提高油压 4. 停车检修，消除泄漏
油泵油压打不高	1. 液压系统严重泄漏 2. 油温过高，黏度降低，严重漏油 3. 油量不足 4. 因滤油器铜网腐蚀，铜网碎片被吸入泵内，损坏齿轮 5. 油泵间隙大 6. 安全阀回油	1. 停车检修，消除漏油 2. 加大冷却水，降低温度 3. 加足油量 4. 将铜网改用不锈钢网或塑料网 5. 调整间隙 6. 调整球型阀
主轴突然盘不动	转鼓与外壳之间堵满结晶	用水冲洗干净
出油多泡沫，吸油不正常	1. 进油管漏气 2. 滤油器闭塞	1. 修理进油管 2. 清洗滤油器
母液跑晶多	筛网磨损	更换筛网条

（三）螺旋卸料离心机

1. 工作原理和基本结构

螺旋卸料离心机是全速运转，连续进料、分离、卸料的离心机。有沉降、过滤及沉降过滤组合型三种形式，其中沉降式用得较多。螺旋卸料沉降式离心机的结构形式有立式和卧式两种，使用较多的是卧式。如图2-24所示为一卧式螺旋卸料沉降式离心机结构，主要工作部件有无孔沉降式转鼓、螺旋推料器、差速器（齿轮箱）以及转鼓的传动和过载保护装置。转鼓6通过左右空心轴的轴颈4、9支撑在轴承座内；螺旋推料器12由螺旋叶片和内筒组

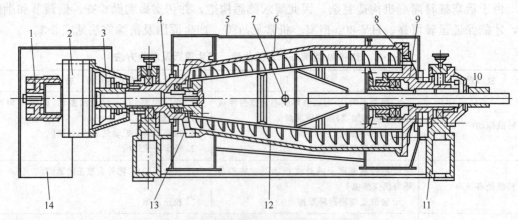

图2-24 卧式螺旋卸料沉降离心机结构

1—皮带轮；2—差速器；3—差速器输出轴；4—左轴颈；5—机壳；6—转鼓；7—进料孔；8—溢流孔；
9—右轴颈；10—进料管；11—机座；12—螺旋推料器；13—卸渣孔；14—皮带罩

成，用轴支撑在转鼓内；传动装置由差速器 2 和皮带轮 1 组成，皮带轮 1 带动转鼓旋转，转鼓带动差速器 2 的外壳回转，经差速器变速后，由差速器的输出轴 3 带动螺旋推料器以一定的差速与转鼓同向回转。悬浮液经加料管 1 连续输送进机内，从螺旋推料器内筒的进料孔 7 进入转鼓内，在离心力作用下，悬浮液在转鼓内形成环形液流，固相颗粒在离心力作用下沉降在转鼓的内壁上，由于差速器的差动作用使螺旋推料器与转鼓之间形成相对运动，沉渣被螺旋叶片推送到转鼓小端的干燥区进一步脱水，然后经卸渣孔 13 排出。在转鼓大端的端盖上开有 3～8 个圆形或椭圆形的澄清液溢流孔 8，达到一定深度的澄清液便从此孔流出机外。为了保护差速器的螺旋推料器免受可能的超载，如沉渣量的突然加大、沉渣的堵塞、金属杂物卡住螺旋叶片等，一般螺旋卸料沉降式离心机均设有过载保护装置。

在螺旋卸料沉降离心机中，沉渣沿转鼓内壁移动，依靠螺旋推料器与转鼓的相对运动来实现。两者同向运动，并维持一恒定的转速差（20～70r/min），该转速差与转鼓转速之比称为转差率 α，一般 $\alpha=0.6\%\sim4\%$，多数为 $1\%\sim2\%$。对于易分离的物料，转差率可取大些；难分离的细黏物料，应取小些。转鼓与螺旋推料器的转速差由差速器变速产生。常用的差速器有摆线针轮行星减速器和双级 2K-H 渐开线圆柱齿轮减速器。前者多用于小功率传动，后者可用于大、中、小功率的传动。按照螺旋卸料离心机的总体布置，有的将差速器装在转鼓大端，也有的装在小端，从整机载荷均匀角度考虑，差速器应安装在转鼓的小端，这也有利于在转鼓大端安装进料管。

2. 转鼓与螺旋推料器

转鼓有圆筒形、圆锥形和筒锥组合型。圆锥形有利于固相脱水，圆筒形有利于液相澄清，筒锥组合型兼有两者的特点，是常用的形式。为防止固相物料沿转鼓内壁周向滑移，在有些转鼓的内壁焊有扁钢板条。螺旋推料器的螺旋叶片有整体式、带状式和断开式几种。螺旋叶片表面的粗糙度与耐磨性对机器的正常运转和使用寿命影响较大。若叶片表面过于粗糙，使螺旋与沉渣之间的摩擦力大于转鼓与沉渣之间的摩擦力，则沉渣附在螺旋上而推不出料。所以螺旋叶片的推料表面需经抛光处理，当分离耐磨性物料时，推料表面需做硬化处理，如喷涂硬化层、堆焊或镶硬质合金等。

3. 液位调节装置

对于一定量的料液来说，澄清液的溢流半径关系到排出液的澄清度和排出固体中母液的含量。溢流半径小，则澄清液清，但固体中的母液含量高；反之，溢流半径大，固体干，但澄清液较混浊。如果在工艺中，澄清效率是主要的，而固体的含液量是次要的，就必须调小溢流半径以获得较澄清的液体；如果排放固体的最大干燥度是主要的，则应调整到较大的溢流半径，以满足要求。对于具体的物料，最佳溢流半径的调整由实际经验决定。所以，为使机器有较好的工艺适应性，澄清液的溢流半径应是可调的。目前卧式螺旋卸料沉降式离心机常用的溢流挡板结构形式如图 2-25 和图 2-26 所示。如图 2-25 所示为在转鼓大端盖上的溢流孔 1 设置能做径向移动并用螺钉定位的溢流挡板 2。如图 2-26 所示为带有偏心孔的溢流挡板，偏心溢流挡板 2 的周边有 10 个均布的螺孔，以便与转鼓大端盖 1 上的螺孔相连，溢流挡板上设有以 o' 为圆心的偏心孔 3，当改变这种溢流挡板周边螺孔与转鼓大端盖螺孔的连接位置时，即可改变溢流半径。由图 2-26 可知，采用这种偏心孔溢流挡板可方便地得到 6 种不同的溢流半径。

4. 应用

螺旋卸料离心机自 20 世纪 50 年代初问世以来，由于其具有分离因数高、单机生产能力

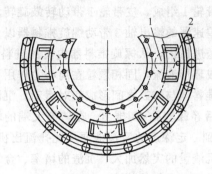
图 2-25 径向移动溢流挡板
1—溢流孔；2—溢流挡板

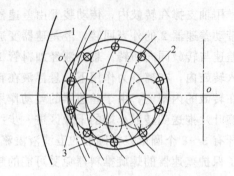
图 2-26 带有偏心孔的溢流挡板
1—转鼓大端盖；2—偏心溢流挡板；3—偏心孔

大、消耗低，能实现悬浮液的脱水、澄清、分级等过程，对分离物料的适应性强，可用于分离固相颗粒粒度 0.005～2mm、固含量 1%～50% 的悬浮液。特别适用于过滤式离心机难以解决的含细、黏、可压缩性固相的悬浮液的分离。螺旋卸料离心机广泛用于合成纤维、合成树脂、碳酸钙、聚氯乙烯、滑石粉、淀粉生产和污水处理等生产过程中，特别是石油化工、化纤及近代环境保护、三废处理的发展对工业废水及污泥脱水的需求，促进了离心沉降分离技术和螺旋卸料离心机的迅速发展，使得螺旋卸料离心机在许多工业领域中得到应用。

5. 常见故障及排除

卧式螺旋卸料沉降离心机的常见故障、产生原因及消除方法见表 2-4。

表 2-4 卧式螺旋卸料沉降离心机常见故障、产生原因及消除方法

故障现象	产 生 原 因	消 除 方 法
离心机不能启动	1. 没有动力 2. 保险丝熔断 3. 驱动松脱 4. 驱动过热 5. 转矩限制开关跳开 6. 振动限制跳开 7. 油压不够	1. 查电源 2. 查明原因并更换 3. 修理或更换 4. 冷却后重新启动 5. 查明原因并复位 6. 查明原因并复位 7. 恢复油压
离心机自动停机	1. 保险丝熔断 2. 转矩限制开关跳开 3. 振动限制开关跳开 4. 驱动电机过热 5. 油压保护开关跳开	1. 查明原因并更换 2. 查明原因并复位 3. 查明原因并复位 4. 查明原因并冷却 5. 查明原因并复位
齿轮箱发热	1. 油过多、过少或变质 2. 轴承、齿轮磨损或损坏 3. 负荷过大 4. 螺旋位置不当	1. 调整油量或换油 2. 更换 3. 降低负荷 4. 重新调整
滤渣干燥度不够或滤液不清	1. 皮带过松或几根皮带松紧不均 2. 液池深度调整不当 3. 螺旋叶片磨损严重 4. 进料量过大 5. 进料温度过低 6. 进料工艺条件异常	1. 调整皮带 2. 重新调整深池 3. 修理或更换 4. 调小 5. 提高温度 6. 调整工艺条件

续表

故障现象	产生原因	消除方法
振动异常	1. 隔振器调整不当 2. 未用挠性配管或进料管与相关件摩擦 3. 螺旋叶片间塞有固体 4. 构件间螺栓松动 5. 螺旋轴承间隙过大或止推轴承损坏 6. 主轴承磨损严重或损坏 7. 齿轮箱与转鼓心或皮带过紧 8. 进料过浓或不均匀 9. 转鼓部件、螺旋叶片磨损或腐蚀 10. 底架弯曲或扭曲	1. 重新调整 2. 重新配管,调整或修理 3. 清除固体 4. 紧固 5. 更换 6. 更换 7. 重新装配或调整 8. 稀释或平稳进料 9. 修、换或重找动平衡 10. 校正或更换
主轴承温度过高	1. 油路堵塞 2. 油脏或变质 3. 轴承磨损严重或损坏 4. 转鼓部件装配不当 5. 底架弯曲或扭曲	1. 清洗油路 2. 换油 3. 更换 4. 重新装配 5. 校正或更换
转矩限制器跳开或安全剪断	1. 进料过多或过浓 2. 物料中有杂物 3. 螺旋轴承损坏 4. 齿轮箱轴瓦、轴承或齿轮损坏 5. 转矩限制器弹簧松动 6. 安全销疲劳或有缺陷 7. 螺旋相对位置不当	1. 调整负荷 2. 系统装过滤器 3. 更换 4. 更换 5. 重新调整 6. 更换 7. 重新调整
转鼓转速降低	1. 皮带过松 2. 负荷过大 3. 电源电压过低 4. 液力联轴器油量不够 5. 离心机卡住	1. 调整或更换 2. 减少进料 3. 查明原因,恢复电压 4. 加油 5. 检查并排除故障
机械密封泄漏	1. 离心机振动异常 2. 冷却液脏 3. 动环、静环或辅助元件损坏 4. 安装调整不当	1. 查明原因并排除 2. 吹扫并加滤网 3. 更换 4. 重新装配,调整

三、高速离心机

前面所介绍的各种离心机,其分离因数 F_r 一般均小于 3500,属于常速离心机。当分离的固相浓度小于 1%、固体颗粒小于 $5\mu m$、固液相密度相差较小的悬浮液或轻重两相密度差很小、分散性很高的乳浊液时,上述离心机便不能达到分离要求,因此必须使用具有较大分离因数的分离机(高速离心机)进行分离。

提高分离因数可通过提高离心机的转速 n 和转鼓半径 R 来实现,但 n 和 R 两者的提高均受转鼓材料强度的限制,尤其是当 R 提高时,鼓壁应力的增长较快,需要较厚的转鼓壁厚,故限制 R 尤为重要。因此,高速离心机一般具有转速高和转鼓直径小的特点。但由于转鼓直径较小,在一定的进料量下,料液轴向运动速度较大,物料在转鼓内停留时间较短,小颗粒来不及沉降就流出转鼓,故分离不完全。管式分离机、室式分离机、碟片式分离机均较好地克服了这一缺点,因而在工业生产中得到了广泛应用。

(一)管式分离机

1. 工作原理和基本结构

若大大增加转鼓的长度,就能增加容积及物料在转鼓内的停留时间,因此管式分离机具有转速高、直径小、转鼓长的特点。管式分离机的结构如图 2-27 所示，它由挠性主轴、管状转鼓、上轴承室、下轴承室、机座外壳及制动装置等主要零件组成。挠性主轴 1 通过螺栓与皮带轮 11 相连，经过精密加工的管状转鼓 5 用连接螺母悬于主轴 1 的下端，其下部支撑在可沿径向做微量滑动的滑动轴承上，为使转鼓内物料及时达到转鼓转速，转鼓内装有互成 120°夹角的 3 片桨叶 4。在转鼓中部或下部的外壁上对称地装有两个制动闸块，分离机工作时，待分离物料在 20~30kPa 的压力下沿进料管 7 进入转鼓下部，在离心力作用下，轻、重两液体分离，并分别从转鼓上部的轻、重液收集器排出。如果分离悬浮液，应将重液出口堵塞，固相颗粒沉积在转鼓内壁上，达到一定量后停车卸下转鼓进行清除，液体则由轻液收集器排出。

2. 上、下轴承结构

转鼓的上轴承结构如图 2-28 所示，万向联轴器 5 的上部连接电机，下部与静压轴承的凸球体 4 连接，转鼓轴颈 2 与凸球体用螺栓 3 连接。静压轴承将转鼓悬挂支承在油膜上，静压轴承的凸球体 4 和凹球面座 1 配合。配合面上有 4 个油室 6，压力油经油管 7 进入油室中，在油压的作用下将凸球体顶起，使之浮在油膜上。当转鼓不平衡运转时，轴颈将向某一方向

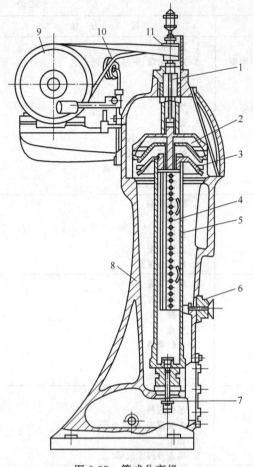

图 2-27 管式分离机
1—主轴；2，3—轻重液收集器；4—桨叶；5—转鼓；
6—刹车装置；7—进料管；8—机座；
9，11—皮带轮；10—张紧装置

偏斜，该处油压升高，使凸球逐渐恢复到正常工作位置。该轴承结构的显著优点是，可保证转鼓绕固有的轴心旋转，振幅小，相对运动件被油膜隔开，寿命较长。

转鼓下部的轴承结构如图 2-29 所示。在进料管座 9 内，装有可以滑动的轴承座 7，它由径向弹簧 11 和轴向弹簧 3 支持。轴套 6 与转鼓 1 下部的管状部分是螺纹连接，可与酚醛树脂轴承 5 做相对运动。该轴承结构完全是挠性的，可降低临界转速，使轴自动对中。

3. 应用及性能特点

管式分离机常见的转鼓直径有 40mm、75mm、105mm、150mm 几种，长度与直径之比为 4~8，分离因数可达 13000~65000。适于固体颗粒粒度 0.1~100μm、固相浓度

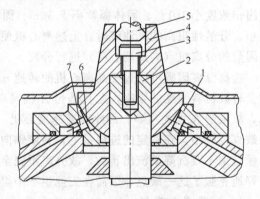

图 2-28 转鼓上轴承结构
1—凹球面座；2—转鼓轴颈；3—螺栓；4—凸球体；
5—万向联轴器；6—油室；7—油管

小于1%、两相密度差大于10kg/m³的难分离的乳浊液或悬浮液。常用于油料、涂料、制药、化工等工业生产中，如透平油、润滑油、燃料油、微生物、蛋白质、青霉素、香精油等的分离。

管式分离机结构简单、运转可靠，能获得极纯的液相和密实的固相，但是固相的排出需停机拆开转鼓后进行，单机生产能力较低。因整机高度的限制，转鼓不可能过长，因而物料在转鼓内的停留时间受到移动的限制，室式分离机很好地解决了这个问题。

（二）室式分离机

室式分离机是转鼓内具有若干同心分离室的沉降式离心机，专门用于澄清含少量固体颗粒的悬浮液。如图2-30所示为室式分离机的转鼓结构，转鼓内装有多个同心圆筒（隔板），将转鼓分成多个环形室，各室从中心室起，依次上下相通，构成单向通道。操作时悬浮液自中心加料管加入转鼓内的中心室中，在离心力的作用下，料液由内向外依次流经各室进行分离，最后澄清的液相由最外层分离室排出，而固相颗粒则沉降在各分离室壁上，停机后拆开转鼓取出。室式分离机的转鼓直径较管式大，但长度短，转速也较低，一般有3~7个分离室。分成多室的目的

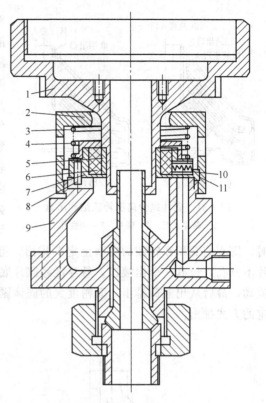

图2-29 转鼓下轴承结构

1—转鼓；2—压盖；3—轴向弹簧；4—轴承盖；
5—轴承；6—轴套；7—轴承座；8—销；
9—进料管座；10—顶头；11—径向弹簧

主要在于减少固体颗粒向鼓壁沉降的距离，从而减少沉降所需的时间，增加沉降面积，以充分利用转鼓的空间容积，提高分离效果及产量。

室式分离机一般用于澄清含固相量很少（1%~2%），且较容易分离的悬浮液。

（三）碟片式分离机

1. 工作原理及分类

碟片式分离机的分离因数一般大于3500，转鼓的转速为4000~12000r/min，常用于分离高度分散的物系。其转鼓的结构示意如图2-31所示，其结构上的最大特点是在转鼓内壁装有很多相互保持一定间距（一般为0.4~1.5mm）的锥形碟片。碟片半锥角为30°~50°，碟片厚度为0.4mm，外直径为

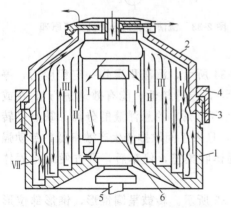

图2-30 室式分离机的转鼓结构

1—圆筒；2—上盖；3—密封圈；
4—连接环；5—轴；6—轴套

70~160mm，碟片数为40~160个。待分离的物料在碟片间呈薄层流动，这样可减少液体间的扰动，缩短沉降距离，增加沉降面积，大大提高分离效率和生产能力。

按操作原理，碟片式分离机可分为离心澄清型和离心分离型两种。澄清型用于固相颗粒

89

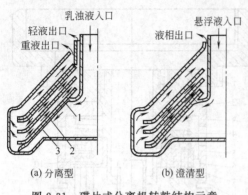

图 2-31 碟片式分离机转鼓结构示意
1—碟片底架；2—碟片；3—中性孔

粒度为 0.5～500μm 悬浮液的固液分离，提高液相的纯度；分离型用于乳浊液的分离，即液-液分离，乳浊液中常含有少量固相颗粒，则为液-液-固三相分离。澄清型与分离型的主要区别在于碟片和出液口的结构不同。分离型碟式分离机分离原理如图 2-32 所示，乳浊液从中心管加入，流入各碟片间呈薄层流动而分离，较轻的液体向中心流动，重液向四周流动，分别由轻、重液排液口排出。在运转时，轻、重液分界面（中性层）的位置（即 r 的大小）通过计算获得。如果乳浊液中含有少量固体小颗粒时，则它们沉积在转鼓的内壁上定期排出。澄清型碟式分离机分离原理如图 2-33 所示，碟片不开孔，只有一个出液口。悬浮液经碟片底架，从下部四周进入各碟片间，澄清液向中心流动，最后从出液口排出，而密度大的固体颗粒则向外运动，最后沉积在转鼓内壁上，以一定的方式排出。

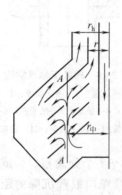

图 2-32 分离型碟式分离机分离原理

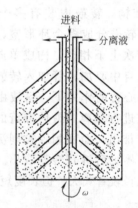

图 2-33 澄清型碟式分离机分离原理

按排渣方式不同，碟片式分离机可分为以下三类。

(1) 人工排渣式　人工排渣式分离机转鼓如图 2-34 所示，沉渣积聚到一定程度后，停机拆开转鼓人工卸渣。该分离机结构简单，沉渣密实，造价较低，能有效地进行液-液或液-液-固相的分离，广泛用于乳浊液及固含量较少（小于 1%）的悬浮液的分离。缺点是转鼓与碟片之间留有较大的沉渣容积，降低了分离性能，且人工间歇排渣生产效率低，劳动强度高。为了改善排渣效果，可在转鼓内设置移动式固体收集篮，停车后，可方便地将固体取出。

(2) 喷嘴排渣式　喷嘴排渣式分离机转鼓如图 2-35 所示。转鼓呈圆锥形，锥形部位形成较大的沉渣容积和适合沉渣卸出的几何形状，喷嘴位于转鼓锥端部位，数量为 4～12 个，均布在圆周上，用于连续喷出沉渣。排渣量主要取决于喷嘴的个数、孔径、转鼓的旋转速度及转鼓内离心液压的大小。喷嘴孔小，排出的沉渣浓度可提高，但孔易被沉渣中的大颗粒堵塞，引起转鼓失衡，产生强烈的振动；喷嘴孔大，沉渣的浓缩效果变差，影响分离质量。为了防止喷嘴堵塞，可用网孔比喷嘴孔径小的筛网除去沉渣中的大颗粒，并定期清洗喷嘴。为适应不同物料的要求，配备几套不同孔径的喷嘴供选用。另外，排除沉渣的湿含量较高，就

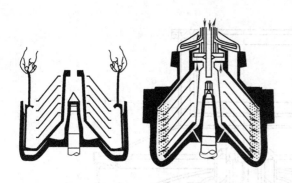

图 2-34 人工排渣式分离机转鼓

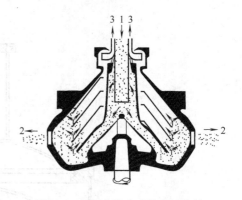

图 2-35 喷嘴排渣式分离机转鼓

有流动性，故此分离机一般只用于浓缩过程，如油的脱水、羊毛脂分离、催化剂和高聚物粉末的回收、磷酸的澄清和浓缩、各种酵母的分离和浓缩及淀粉的浓缩、焦油的分离等场合，一般浓缩比为 5～20。

(3) 环阀排渣式　又称活塞排渣式，转鼓呈双锥体，在转鼓的最大直径位置上有环形排渣孔，转鼓内装有排渣活塞装置，在液压作用下，活塞可上下运动，从而启、闭排渣孔，进行间歇自动排渣。按液压作用的方式可分为间接泄压式和直接作用式两类。

如图 2-36 所示为一间接泄压式分离机转鼓结构。操作时，自中心加料管向转鼓内加入悬浮液或乳浊液进行分离，此时活塞下面的密封水总压力大于待分离物料作用在活塞上面的总压力，活塞位置在上，排渣孔关闭。排渣时，停止加料，并经转鼓底加入操作水，开启转鼓周边的密封水泄放阀，排出密封水，使密封水泄压，活塞迅速下降，进行排渣。排渣完成后，停止供给操作水，关闭泄放阀，密封水压上升，活塞上升，关闭排渣孔，然后加料进行下一个循环的操作。

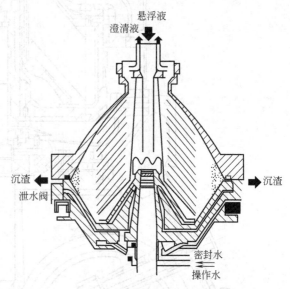

图 2-36 间接泄压式分离机转鼓

直接作用式活塞排渣分离机如图 2-37 所示。该结构的活塞上下有两个控制腔，当直接将操作水引入活塞下腔时，活塞向上运动，排渣口被封闭；当将操作水引入上腔时，由于上、下腔的压力差推动活塞向下运动，排渣孔打开，进行排渣。喷嘴排渣式分离机具有分离效率高、产量高、自动化程度高等优点，用于处理固体颗粒粒度为 0.1～500μm，固相浓度小于 10% 的悬浮液或乳浊液。

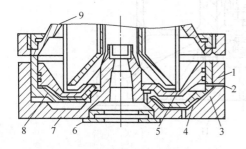

图 2-37 直接作用式活塞排渣分离机
1—活塞内孔；2—外转鼓内孔；3—外转鼓；4—活塞；5—内转鼓；6—操作水进入腔；7—活塞下控制腔；8—活塞上控制腔；9—转鼓

2. 碟片式分离机的总体结构

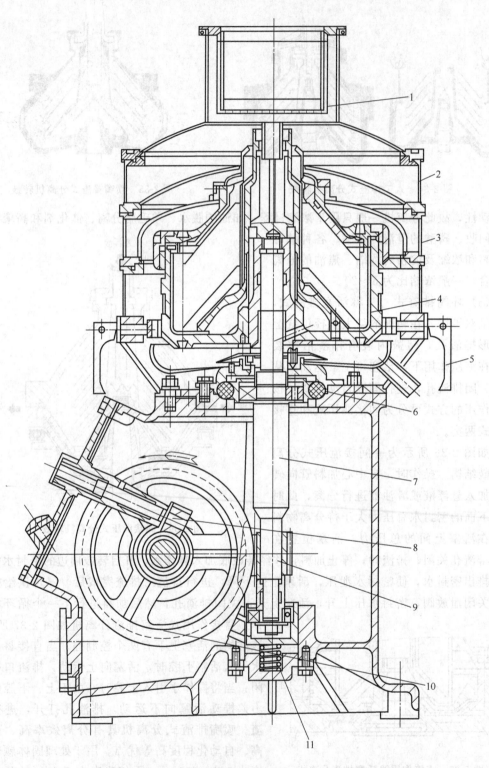

图 2-38　DRS230/8-00-99 型碟式人工排渣生物制品分离机示意
1—过滤器；2—轻液收集罩；3—重液收集罩；4—转鼓；5—制动器；6—减振垫；7—垂直轴；
8—测速器；9—小螺旋齿轮；10—大螺旋齿轮；11—轴向弹簧

无论何种碟片式分离机，从其整个结构和布置上看大体都是相近的，主要区别在于转鼓的结构。如图 2-38 所示为 DRS230/8-00-99 型碟式人工排渣生物制品分离机示意。转鼓 4 在垂直轴 7 的上方，其中装有一组碟片和进液分配盘，并用转鼓端盖将其压紧。考虑到碟片式分离机为高速回转机器，为使转子系统具有自动对中、稳定运行的特点，其转轴均采用挠性轴，为降低一阶临界转速，上轴承装有减振垫 6，下轴承装有轴向弹簧 11。垂直轴上的小螺旋齿轮 9 与水平轴上的大螺旋齿轮 10 构成的增速传动副使垂直轴带动转鼓高速旋转。传动部位的润滑一般采用稀油飞溅方式。

目前碟片式分离机常用的增速传动方式除采用圆柱螺旋齿轮外，还可采用立式电机经尼龙传动带驱动主轴的机构，这样可简化传动装置。为防止皮带传动在高速旋转时易产生打滑和皮带疲劳破坏现象，20 世纪 80 年代后又改进产生了齿形皮带传动装置。

3. 应用

碟片式分离机转鼓直径范围一般为 150～1000mm，最大已达 1200mm，转速为 6000～10000r/min，最高可达 12000r/min，分离因数为 5000～15000。碟片式分离机由于生产能力大，能自动连续操作，并可制成密闭、防爆形式，目前已广泛应用于化工、医疗、石油、食品、交通、轻工以及生物工程等行业。

第四节 离心机的选型

离心机的种类和型号很多，它们有各自的特点和适用范围，且在选用过程中需要考虑的因素也较多，因此，合理选择离心机是一个比较复杂的问题。

选择离心机时，首先要根据生产实际确定分离目的（澄清、浓缩、脱水等），然后根据被分离物料的性质选定分离方式，即离心过滤、离心沉降或离心分离。确定分离方式后，再考虑生产能力、经济性、是否需要防爆等进一步确定离心机的具体形式和规格。表 2-5 列出了各种离心机的形式和使用范围，下面根据离心机的应用功能即澄清、液液分离、浓缩、脱液等分别介绍选择离心机的方法。

一、澄清过程的离心机选型

澄清是指除去大量液相中含有的少量固相颗粒，使液相得到澄清的方法。

大量液相、少量固相且固相粒径很小（10μm 以下）或是无定型的菌丝体，可选用卧式螺旋卸料离心机、碟式或管式离心机，如果固含量<1%、粒径<5μm，则可选用管式或碟式人工排渣分离机；如果固含量≤3%、粒径<5μm，则可选用碟式活塞排渣分离机。其中管式分离机的分离因数较高，$F_r \geqslant 10000$，可分离粒径为 0.5μm 左右的较细小的颗粒，所得澄清液的澄清度较高，但单机处理量小，分离后固体干渣紧贴在转鼓内壁上，卸渣时需拆开机器，不能连续生产。碟式人工排渣分离机的分离因数也较高（$F_r = 10000$），由于碟式组合，沉降面积大，沉降距离小，所得澄清液的澄清度较高，且处理量较管式离心机大，但分离出的固相沉积在转鼓内壁上，需定期拆机清渣，不能连续生产。

碟式活塞排渣分离机的分离因数在 10000 左右，可以分离粒径为 0.5μm 左右的颗粒，所得澄清液的澄清度较高，分离出的固相沉积在转鼓内壁上，当贮存至一定量后，机器能自动打开活塞进行排渣，可连续生产。活塞的排渣时间可根据悬浮液中的固含量、机器的单位时间处理量以及转鼓储渣的有效容积进行计算后确定。

表2-5 离心机的形式和使用范围

项目	过滤离心机						沉降离心机				分离机		
	间歇式		活塞式		连续式		螺旋卸料		管式	室式	人工排渣	喷嘴排渣	活塞排渣
	三足、上悬	卧式刮刀三足自动上悬式机械	单级	双级	离心力卸料	螺旋卸料	圆锥形	柱锥形					
典型机型	SS XZ	WG SXZ, XJ	WH	WH₂	WI, LI	LL, WLL	WL	WL	GF, GQ	S	DRL DRY	DPI	DHY
操作方式	人工间歇	自动间歇	油压活塞	油压活塞	自动连续	连续				人工间歇	人工排渣	自动连续	自动连续
卸料机构		刮刀			离心力	螺旋	螺旋	螺旋				喷嘴	液压活塞
分离因数 F_r	500~1000	约2500	300~700	300~700	1500~2500	1500~2500	约3500	约3500	10000~60000	约8000	约8000	约8000	约8000
用途 澄清	优	优	优	优	优	优	可	优	优	优	优	良	优
用途 液液分离									优		优	优	优
用途 沉降浓缩							可	优	优	优	优	优	优
用途 脱液	优	优	优	优	优	优							
应用	固相脱液液相洗涤	固相脱液液相洗涤	固相脱液液相洗涤	固相脱液液相洗涤	固相脱液	固相脱液	固相浓缩	固相浓缩液相澄清	乳浊液分离液相澄清	液相澄清	乳浊液分离液相澄清	乳浊液分离固相浓缩	乳浊液分离液相澄清
生产能力 干滤饼/(t/h)	约5	约8	约10	约14	约10	约6	约5	约3	约6	约18	约10	约100	约90
生产能力 悬浮液/(m³/h)	10~60	10~60	30~70	30~70	≤80	<80	5~30	3~30	<0.1	<0.1	<1	<10	1~5
料液物性 固相浓度/%													
料液物性 固相粒度/mm	0.05~5	0.1~5	0.1~5	0.1~5	0.04~1	0.04~1	0.01~1	0.01~1	约0.001	约0.001	0.001~0.015	0.001~0.015	0.001~0.015
料液物性 两相密度差	密度差不影响						≥0.05	≥0.05	≥0.02	≥0.02	≥0.02	≥0.02	≥0.02
分离效果	优	优	优	优	优	优	良	优	优	优	优	优	优
洗涤效果	优	优	良	优	可	可	可	可			渣呈流动状		
晶粒破碎度	低	高	中	中	高	高	中	中					
过滤介质	滤布、棉纱、金属板网	滤布、金属滤网	金属条网	金属板网	金属板网	金属板网							
代表性分离物料	糖、棉纱、磺胺药	糖、硫铵	硝化棉	硝化棉	碳铵	洗煤	聚氯乙烯	树脂、污泥	动、植物油、润滑油	啤酒电解液	奶油、油	酵母、淀粉	抗生素、油

二、脱水过程中的离心机选型

脱水过程是指悬浮液中的固相从液相中分离出来,且要求所含液相越少越好。

① 固相浓度较高,固相颗粒为刚体或晶体,且粒径较大,则可选用离心过滤机。如果颗粒允许被破碎,则可选用刮刀离心机;颗粒不允许破碎,则可选用活塞推料或离心力卸料离心机。脱水性能除与物料本身的吸水性能有关外,还与离心机的分离因数、分离时间、滤网的孔径、空隙率等参数,以及离心机的材料、溶液的 pH 值、颗粒特性和工艺要求等有关。

② 固相浓度较低,颗粒粒径很小,或是无定型的菌丝体,如果选用离心过滤机,由于粒径很小,滤网跑料严重。滤网过细,则脱水性能下降,无定型的菌丝体和所含的固体颗粒会将滤网堵死,在此情况下,建议采用没有滤网的三足式离心机或卧式螺旋沉降离心机,并根据固相粒径大小、液固密度差,选择适合的分离因数、长径比(L/D)、流量、转差和溢流半径。如果颗粒大小很不均匀,则可先利用筛分将粗颗粒除去,然后再用离心机进一步退水。

③ 悬浮液中固-液两相的密度差接近,颗粒粒径在 0.05mm 以上的,则可选用过滤离心机。

过滤式离心机与沉降式离心机的脱水机理不同,前者是通过过滤介质-滤网,使固液分离,能耗低,脱水率高;后者是利用固-液密度差不同而进行分离,一般情况下,能耗较过滤离心机高,脱水率较过滤离心机低。这些机型的选择还与处理量的大小有关,处理量大应考虑选用连续型机器。

三、浓缩过程的机型选择

浓缩过程是使悬浮液中少量的固相得到富集,如原来悬浮液中的固含量为 0.5%,通过浓缩使其增加到 6%~8%,该过程即为浓缩过程。

常用的分离设备有碟式外喷嘴排渣分离机、卧式螺旋卸料离心机等。碟式外喷嘴排渣分离机用于固相浓缩较为普遍,浓缩率的大小与悬浮液本身的浓度、固-液密度差、固相颗粒粒径和分布以及喷嘴的孔径和分离机的转速等有关。喷嘴孔径选择过大,液相随固相流失较大,固相浓缩率低;喷嘴孔径选择过小,则喷嘴易被物料堵塞,使机器产生振动。进料浓度过低时,可采用喷嘴排出液部分回流,即排出液部分返回碟式分离机进一步浓缩,使固相浓缩率提高。为了选择适合的喷嘴孔径,应对固相颗粒的粒径及分布进行测定。

卧式螺旋卸料沉降式离心机的浓缩效果与机器的转速、转差、长径比以及固-液相的密度差、黏度、固相颗粒粒径和分布以及处理量等有关。城市污水处理厂的剩余活性污泥使用该机型可使二沉污泥的固含量从 0.5% 浓缩到 8% 左右。由于该机器没有滤网和喷嘴,因此不会造成物料堵塞现象。一般情况下,卧式螺旋卸料离心机排出的固相含水量较碟式喷嘴排渣分离机要低。

四、液-液、液-液-固分离过程的机型选择

液-液、液-液-固分离是指两种或三种不相溶相的分离,分离原理是利用密度差。常见的有食物油的油-水分离、燃料油和润滑油的油-水-固分离净化等。

液-液、液-液-固分离量小的可以考虑选用管式分离机,处理量大的一般选用碟式人工排渣或活塞排渣分离机。由于液-液两相的含量不同(如轻相液多、重相液少),在管式分离机和碟式分离机中均需通过调整环加以调节。在碟式分离机中,轻、重液相的含量还与碟片中心孔位置有关,因此在选择该机型时,两相的含量是十分重要的。

总之，要选择价廉适用、制造简单、维修使用方便的离心机。根据所需解决的主要矛盾进行选择，并且在选择过程中还要做经济性比较，也就是说既要考虑技术可行性，又要解决经济合理性。

思 考 题

2.1 什么是分离因数 F_r，它的数学表达式说明了什么问题？

2.2 离心机常用的分类方法有哪些？

2.3 说出下述各型号各项表述的意义：(1) SGZ1000-N；(2) LW450×1030-N；(3) WH-800；(4) GQ105

2.4 什么是离心机的共振，离心机运转时为什么会产生振动？

2.5 什么是临界转速，单转子轴的临界转速如何计算？

2.6 如何改变轴的临界转速？

2.7 轴的临界转速与偏心距 e 无关，为什么还要尽可能减小偏心距 e？

2.8 什么是刚性轴和挠性轴，它们是按什么来划分的？

2.9 影响临界转速的因素有哪些？

2.10 离心机减振的措施主要有哪些，常用的减振元件有哪些？

2.11 简述三足式离心机的总体结构及工作原理。

2.12 简述上悬式离心机的总体结构及主要特点。

2.13 简述卧式刮刀卸料离心机的结构特点及工作原理。

2.14 刮刀卸料装置的种类有哪些？

2.15 简述卧式刮刀卸料离心机的性能特点及用途。

2.16 简述卧式活塞推料离心机的总体结构及工作原理。

2.17 简述卧式螺旋卸料离心机的工作原理。

2.18 螺旋卸料离心机常用的液位调节装置有哪些，并说明其工作原理？

2.19 简述高速离心机的特点。

2.20 简述管式分离机的总体结构及工作原理。

2.21 简述碟片式分离机的工作原理。

2.22 按排渣方式碟片式分离机可分为哪三类，简述各自的特点？

第三章

活塞式压缩机

第一节 概 述

一、压缩机在石油化工生产中的用途及分类

1. 压缩机的用途

压缩机是一种输送气体和提高气体压力的机器,其用途十分广泛,如冶金、矿山、机械和国防等,尤其是在石油化工生产中,压缩机已成为必不可少的关键设备。

各种气体通过压缩机提高压力后,大致有以下的用途。

(1) 压缩气体作为动力　空气经压缩后可以作为动力用,以驱动各种风动机械与风动工具,以及控制仪表与自动化装置等。

(2) 压缩气体用于制冷和气体分离　气体经压缩、冷却、膨胀而液化,用于人工制冷,这类压缩机通常称为制冷机或冰机。若液化气体为混合气体时,可在分离装置中根据各组分的不同沸点将各组分分别分离出来,得到要求纯度的各种气体。如石油裂解气的分离,先是经压缩,然后在不同的温度下将各组分分别分离出来。

(3) 压缩气体用于合成及聚合　在化学工业中,某些气体经压缩机提高压力后有利于合成及聚合。如氮与氢合成氨、氢与二氧化碳合成甲醇、二氧化碳与氨合成尿素等,又如高压下合成聚乙烯。

(4) 气体输送　压缩机还可用于气体的管道输送和装瓶等。如远程煤气和天然气的输送、氯气和二氧化碳的装瓶等。

2. 压缩机的分类

压缩机的种类很多,按照其工作原理可分为容积式和速度式压缩机,具体分类如下。

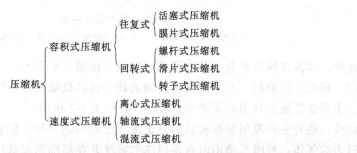

(1) 容积式压缩机　是指气体直接受到压缩,从而使气体容积缩小、压力提高的机器。

一般这类压缩机具有容纳气体的汽缸,以及压缩气体的活塞。按照容积变化方式的不同,有往复式和回转式两种结构。

往复式压缩机有活塞式和膜片式两种形式。如图 3-1 所示为活塞式压缩机,在圆筒形汽缸中有一个可做往复运动的活塞,汽缸上装有可控制进、排气的气阀。当活塞做往复运动时,汽缸容积便周期性地变化,借以实现气体的吸进、压缩和排出。

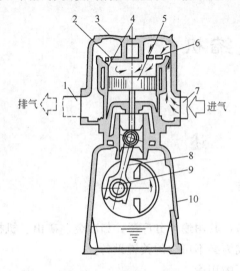 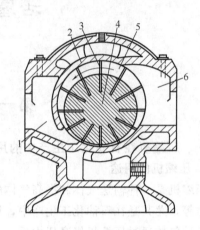

图 3-1 活塞式压缩机
1—排气管;2—排气阀;3—汽缸盖;4—汽缸;5—活塞;
6—吸气阀;7—进气管;8—连杆;9—曲轴;10—机身

图 3-2 滑片式压缩机
1—排气口;2—机壳;3—滑片;4—转子;
5—压缩腔;6—吸气口

回转式压缩机主要依靠机内转子回转时产生容积变化而实现气体的压缩。常见的有滑片式(见图 3-2)、螺杆式(见图 3-3)和转子式(见图 3-4)。

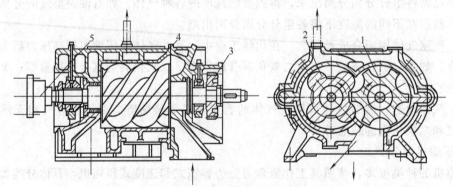

图 3-3 螺杆式压缩机
1—阴螺杆;2—阳螺杆;3—啮合齿轮;4—机壳;5—联轴节

此外,罗茨鼓风机也是一种容积式压缩机,如图 3-5 所示。

(2) 速度式压缩机 是利用高速旋转的转子将其机械能传给气体,并使气体压力提高的机器。主要有轴流式和离心式两种,如图 3-6 和图 3-7 所示。

此外,还有一种喷射泵也被认为是速度式压缩机的一种,但它没有叶轮,而是依靠具有一定压力的气体,经喷嘴喷出时获得很高的速度并在周围形成低压区吸入气体,从而使气体获得速度,然后共同经扩压管扩压,达到提高压力的目的,如图 3-8 所示。

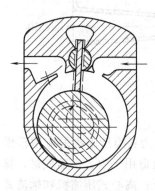

图 3-4 转子式压缩机

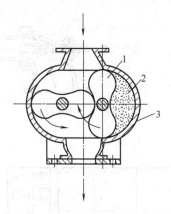

图 3-5 罗茨鼓风机
1—叶轮；2—所输送气体的容积；3—机壳

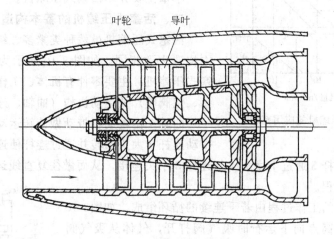

图 3-6 轴流式压缩机

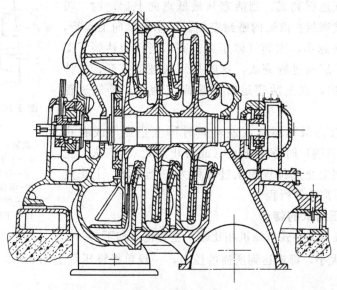

图 3-7 离心式压缩机

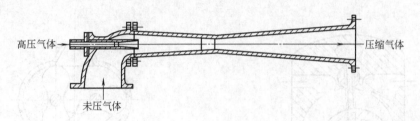

图 3-8 喷射泵

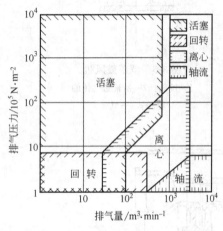

图 3-9 各类压缩机的应用范围

如图 3-9 所示为各类压缩机的应用范围。由图可知,活塞式压缩机适用于中、小输气量,排气压力可以由低压至超高压;离心式压缩机和轴流式压缩机适用于大输气量、中低压情况;回转式压缩机适用于中小输气量、中低压情况。

本章主要介绍活塞式压缩机。

二、活塞式压缩机的基本构造及工作过程

活塞式压缩机虽然种类繁多、结构复杂,但其基本构造大致相同,如图 3-10 所示为具有十字头的活塞式压缩机,主要零件有机体、工作机构(汽缸、活塞、气阀等)及运动机构(曲轴、连杆、十字头等)。曲轴 1 由电动机带动做旋转运动,曲轴上的曲柄带动连杆 3 大头回转并通过连杆使连杆小头做往复运动,活塞 7 由活塞杆 5 通过十字头 4 与连杆 3 小头连接,从而做往复直线运动。这就是活塞式压缩机的运动过程。

活塞式压缩机的工作过程由若干连续的循环组成。如图3-10所示,当活塞在最高点向下运行时吸气阀打开,气体从吸气阀进入汽缸,充满汽缸与活塞端面之间的整个容积,直至活塞运行到最低点,吸气过程完成。当活塞从最低点向上运动时,吸气阀关闭,气体被密封在汽缸的密封空间。活塞继续向上运行,迫使这个空间越来越小,因而气体压力升高,当压力达到了工作要求的数值时,压缩过程完成,这时排气阀被迫打开,气体在该压力下被排出,直至活塞运行到最高点为止,排气过程完成。

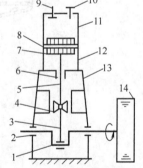

图 3-10 活塞式压缩机结构示意

1—曲轴;2—轴承;3—连杆;
4—十字头;5—活塞杆;
6—填料函;7—活塞;
8—活塞环;9—进气阀;
10—排气阀;11—汽缸;
12—平衡缸;13—机体;
14—飞轮

活塞处于汽缸内最高点(或左端)时称上止点(或右止点),最低点(或右端)时称下止点(或右止点)。活塞从上止点开始运动又回到上止点位置的全过程称为一个循环,上止点到下止点之间的距离称为行程。

三、活塞式压缩机的特点

活塞式压缩机与离心式压缩机相比较,主要优点如下。

① 不论流量大小,都能达到所需的压力,一般单级终压可达 0.3~0.5MPa,多级压缩终压可达 100MPa。

② 效率较高。

③ 气量调节时排气压力几乎不变。

主要缺点如下。

① 转速低，排气量较大时机器显得笨重。
② 结构复杂，易损件多，日常维修量大。
③ 动平衡性差，运转时有振动。
④ 排气量不连续，气流不均匀。

四、活塞式压缩机的分类及型号表示法

（一）活塞式压缩机的分类

1. 按达到的排气压力分类

名称	压力/10^5Pa	名称	压力/10^5Pa
鼓风机	<3	高压压缩机	100~1000
低压压缩机	3~10	超高压压缩机	>1000
中压压缩机	10~100		

2. 按排气量分类

名称	排气量（按进气状态计）/(m^3/min)
微型压缩机	<1
小型压缩机	1~10
中型压缩机	10~60
大型压缩机	>60

3. 按汽缸中心线位置分类

立式压缩机　汽缸中心线与地面垂直，如图 3-11（a）所示。

卧式压缩机　汽缸中心线与地面平行，且汽缸只布置在机身一侧，如图 3-11（b）所示。

对置式压缩机　汽缸中心线与地面平行，且汽缸布置在机身两侧，如图 3-11（g）、（h）、(i) 所示；在对置式中，如果相对列活塞相向运动又称为对称平衡式，如图 3-11（g）、（h）所示。

角度式压缩机　汽缸中心线互成一定角度，按汽缸排列所呈的形状，又分为 L 型［见图 3-11（c）］、V 型［见图 3-11（d）］、W 型［见图 3-11（e）］、S 型［见图 3-11（f）］等。

4. 按汽缸达到终了压力所需级数分类

单级压缩机　气体经一次压缩达到终压。

两级压缩机　气体经两次压缩达到终压。

多级压缩机　气体经三次以上压缩达到终压。

5. 按活塞在汽缸内所实现的气体循环分类

单作用压缩机　汽缸内仅一端进行压缩循环［见图 3-12（a）］。

双作用压缩机　汽缸内两端都进行同一级次的压缩循环［见图 3-12（b）］。

级差式压缩机　汽缸内一端或两端进行两个或两个以上的不同级次的压缩循环［见图 3-12（c）、(d)］。

6. 按压缩机具有的列数分类

单列压缩机　汽缸配置在机身的一条中心线上。

双列压缩机　汽缸配置在机身的一侧或两侧的两条中心线上。

多列压缩机　汽缸配置在机身一侧或两侧的两条以上的中心线上。

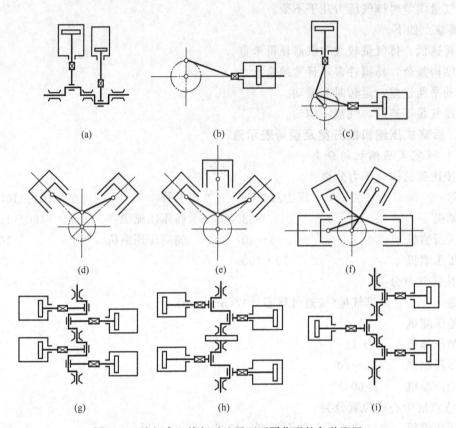

图 3-11 汽缸中心线相对地平面不同位置的各种配置

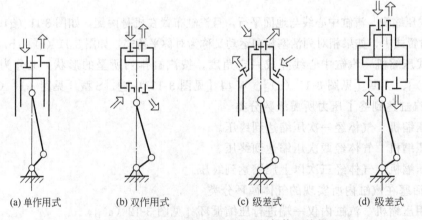

(a) 单作用式　　(b) 双作用式　　(c) 级差式　　(d) 级差式

图 3-12 活塞往复一次汽缸中实现的气体压缩循环

此外，还可按有无十字头，分为有十字头压缩机和无十字头压缩机；按冷却方式，分为风冷式压缩机和水冷式压缩机；按机器工作地点固定与否，分为固定式压缩机和移动式压缩机等。

（二）活塞式压缩机的型号表示法

活塞式压缩机的型号反映出压缩机的主要结构特点、结构参数及主要性能参数。

原机械工业部标准 JB 2589《容积式压缩机型号编制方法》规定活塞式压缩机型号由大

写汉字拼音字母和阿拉伯数字组成，表示方法如下。

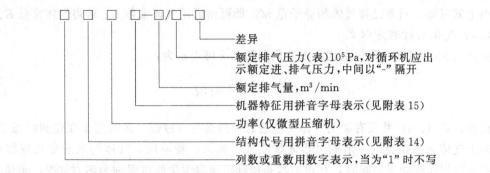

原动机功率小于 0.18kW 的压缩机不标排气量与排气压力值。

活塞式压缩机型号及全称示例如下。

(1) 4VY-12/7 型压缩机　4 列、V 型、移动式，额定排气量 12m³/min，额定排气压力 7×10^5 Pa。

(2) 5L5.5-40/8 型空气压缩机　5 表示设计序号，L 型，活塞推力 5.5×10^4 N，额定排气量 40m³/min，额定排气压力 8×10^5 Pa。

(3) 2DZ-12.2/250-2200 型乙烯增压压缩机　2 列、对置式，额定排气量 12.2m³/min，额定进、排气压力 250×10^5 Pa、2200×10^5 Pa。

(4) 4M12-45/210 型压缩机　4 列、M 型，活塞推力 12×10^4 N，额定排气量 45m³/min，额定排气压力 210×10^5 Pa。

第二节　活塞式压缩机的热力学基础

一、气体的状态和过程方程式

(一) 理想气体状态方程式

理想气体是指分子间完全没有引力，且分子本身不占有体积的一种假想气体；反之，则称为实际气体。事实上自然界中并不存在真正的理想气体，但对于那些不易被液化的气体，如空气、氧气、氮气、氢气以及由这些气体组成的混合气体等，在温度不太低、压力不太高时，均可作为理想气体来处理，不至于引起过大的误差，工程上也是允许的。各种气体虽有不同的物理、化学性质，但是它们的状态都可以用压力 (p)、比容 (v)、温度 (T) 三个基本参数来表示。压力、温度和比容称为基本状态参数。

对于理想气体，理论和实验均可证明，气体的压力、温度和比容之间存在一定关系，即

1kg 气体 $\qquad\qquad\qquad pv=RT \qquad\qquad\qquad$ (3-1)

Gkg 气体 $\qquad\qquad\qquad pV=GRT \qquad\qquad\qquad$ (3-2)

式 (3-1) 和式 (3-2) 均称为理想气体的状态方程式。

式中，R 为气体常数，但不同气体的气体常数不同，因为在同样的压力和温度下，不同气体具有不同的比容，且分子量也不同。

在任何状态下，对于任何理想气体，气体常数 R 可表示为：

$$R=\frac{R_m}{M}=\frac{8.314}{M}\quad \text{kJ/(kg·K)} \qquad (3-3)$$

式中，$R_m = 8.314 \text{kJ}/(\text{kg} \cdot \text{K})$，称为通用气体常数，它与气体的状态和性质无关。

由上式可知，只要已知气体的分子量 M，即可由通用气体常数 R_m 求得气体常数 R。

（二）气体的过程方程式

由式（3-2）可知，气体由状态 1 变化到状态 2 可表示为：

$$\frac{p_1 V_1}{T_1} = \frac{p_2 V_2}{T_2} = GR \tag{3-4}$$

但是，式（3-4）并没有说明气体是经过怎样的途径（过程）从状态 1 变化到状态 2 的，而实际上气体必须要经过一定的过程才能实现。如果过程不同，气体的状态变化规律也不同。系统内气体受外界影响时，其热力状态按既定规律变化的过程称为热力过程，表述其变化规律的方程式称为热力过程方程式。假设过程指数为 m'，当气体从一个状态按照某一过程变化至另一状态时则参数之间存在下述关系，即

$$p_1 v_1^{m'} = p_2 v_2^{m'} \tag{3-5}$$

此式即为过程方程式，由式（3-4）和式（3-5）可知

$$p_2 = p_1 \left(\frac{v_1}{v_2}\right)^{m'} \tag{3-6}$$

$$v_2 = v_1 \left(\frac{p_1}{p_2}\right)^{\frac{1}{m'}} \tag{3-7}$$

$$T_2 = T_1 \left(\frac{p_2}{p_1}\right)^{\frac{m'-1}{m'}} = T_1 \left(\frac{v_1}{v_2}\right)^{m'-1} \tag{3-8}$$

式中，过程指数 m' 由不同的热力过程决定，与压缩机有关的热力过程有等温过程、绝热过程和多变过程。

在压缩过程中，气体温度保持不变的热力过程称为等温过程，其指数 $m' = 1$。

在压缩过程中，气体既不获得热量也不放出热量的过程称为绝热过程。其指数 $m' = k$，$k = c_p/c_V$，称为绝热指数。

在压缩过程中，除 $m' = 1$ 和 $m' = k$ 过程外，其余的过程均称为多变过程，其指数称为多变指数。

对于不同指数的过程可在 p-V 图上表示（见图 3-13），由图可以看出各过程曲线的变化规律。

多变过程实际上代表许多过程，等温过程和绝热过程仅是多变过程的特例。当 $m' = 1$ 时，$pv = $ 常数，即为等温过程，如图 3-13 中的曲线 1—2，此线最为平坦，压缩终了气体的容积最小。当 $m' = k$ 时，则 $pv^k = $ 常数，即为绝热过程，如图 3-13 中的曲线 1—2"。当 $1 < m' < k$ 时，为多变过程，此时气体有热量传给外界，但并没有达到等温，如图 3-13 中的曲线 1—2'；若 $m' > k$，则外界有热量传递给气体，此时曲线最陡，压缩终了气体的容积最大，如图 3-13 中的曲线 1—2‴。

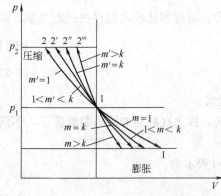

图 3-13 各过程比较图

多变膨胀时，若$1<m'<k$，则这时外界有热量传给气体；若$m'>k$，则气体有热量传给外界，与压缩过程恰好相反。

二、活塞式压缩机的工作循环

（一）理论工作循环

压缩机的活塞往复运动一次，在汽缸中进行的各过程的总和称为一个循环。为便于分析压缩机的工作状况，做下述简化和假定。

① 在循环过程中气体没有任何泄漏。

② 气体在通过吸入阀和排出阀时没有阻力。

③ 排气过程终了汽缸中的气体被全部排尽。

④ 在吸气和排气过程中气体的温度始终保持不变。

⑤ 气体压缩过程按不变的热力指数进行，即过程指数为常数。

凡符合以上假设的压缩机的工作循环称为理论工作循环（简称理论循环），压缩机的理论循环可用压容图表示（见图3-14）。吸入过程用平行于V轴的水平线4—1表示，因为气体在恒压p_1下进入汽缸，直至充满汽缸的全部容积V_1为止。压缩过程用1—2曲线表示，气体在汽缸内的容积由V_1压缩至V_2，压力则由p_1上升至p_2。排出过程用平行于V轴的水平线2—3表示，因为气体在恒压p_2下被全部排出汽缸。因此压缩机的理论循环由吸入、压缩和排出三个过程构成。除压缩过程具有热力过程的性质外，气体的吸入和排出过程只是气体的流动过程，完全不涉及状态变化。故分析压缩机的理论循环时用p-V图，而不用p-v图。

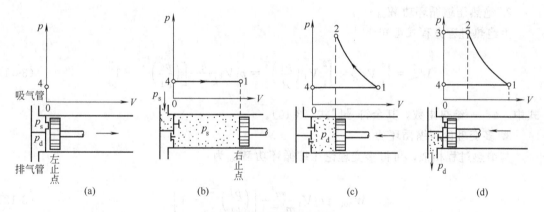

图3-14 理论循环压容图

曲线包围的面积4—1—2—3—4表示理论循环所消耗的功，其值为吸入、压缩和排出过程功的总和，故该图称为理论示功图。为求取循环功，规定活塞对气体做功为正，气体对活塞做功为负。则理论循环总功W为：

$$W = W_{吸} + W_{压} + W_{排}$$

由图3-14可知，吸气过程耗功$W_{吸} = -p_1V_1$。

$W_{压}$为多变压缩过程中，活塞对气体所做的功，其值为：

$$W_{压} = \int_2^1 p dV$$

排出过程所耗功 $W_{排}=p_2V_2$

因此
$$W=-p_1V_1+\int_2^1 pdV+p_2V_2=\int_1^2 Vdp \tag{3-9}$$

可见，理论循环功 W 的值恰好是 p-V 图中 4—1—2—3—4 所包围的面积，即理论循环功 W 的大小在 p-V 图上表示为各个过程线所包围的面积。

由式（3-9）可知，由不同的压缩过程所构成的循环，其理论循环功是不同的。现研究等温、绝热、多变三种典型压缩过程的理论循环功。

1. 等温理论循环功 W_{is}

由等温过程方程式可知

$$W_{is}=\int_1^2 Vdp=p_1V_1\int_1^2 \frac{1}{p}dp=\int_1^2 V_1\frac{p_1}{p}dp=p_1V_1\ln\frac{p_2}{p_1}=p_1V_1\ln\varepsilon \tag{3-10}$$

式中 W_{is}——每一等温循环所消耗的功，kJ；
V_1——每一循环的理论吸气量，m³；
p_1，p_2——名义吸排气压力，kPa；
ε——名义压力比。

式（3-10）还可写为 $W_{is}=mRT_1\ln\frac{p_2}{p_1}$。由此式可知，一定量气体的 W_{is} 与压力比 ε 及吸气温度有关。当 ε 一定时，W_{is} 与 T_1 成正比，即吸入气体的温度越高，则压缩机消耗的功越大。故压缩机工作时吸气温度越低越好，这对绝热压缩过程和多变压缩过程同样适用。

2. 绝热压缩循环功 W_{ad}

由绝热过程方程式可知

$$W_{ad}=\int_1^2 Vdp=\int_1^2 V_1\left(\frac{p_1}{p}\right)^{\frac{1}{k}}=p_1V_1\frac{k}{k-1}\left[\left(\frac{p_2}{p_1}\right)^{\frac{k-1}{k}}-1\right] \tag{3-11}$$

式中 k——绝热指数，其余符号同式（3-10）。

3. 多变理论压缩循环功

与绝热过程相似，可得多变理论压缩循环功 W_{pol} 为：

$$W_{pol}=p_1V_1\frac{m'}{m'-1}\left[\left(\frac{p_2}{p_1}\right)^{\frac{m'-1}{m'}}-1\right] \tag{3-12}$$

如图 3-15 所示为上述三种理论循环功在 p-V 图上的比较。由图可知，当 $1<m'<k$ 时，
$$W_{is}<W_{pol}<W_{ad}$$

这说明在相同的初压 p_1、终压 p_2 下，等温理论循环功最小，绝热理论循环功最大，而有适当冷却的多变理论循环功则介于两者之间。因此应尽可能创造较好的冷却条件，使压缩过程接近等温，即可降低功耗。实际上受传热速率及其他因素的限制，不可能实现等温压缩，而是接近绝热过程的某一多变过程。

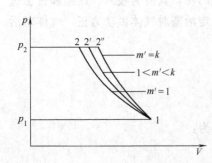

图 3-15 不同理论循环功比较

（二）实际工作循环

在分析压缩机的理论循环时曾做过一系列假设，而

实际上在压缩机的循环中，问题比较复杂。为了了解实际的压缩循环，一般用示功仪来测量缸内气体体积和压力的变化关系，如图 3-16 所示为利用示功仪实际测得的压缩机工作循环图，由于图中所包围的面积表示耗功的大小，因此又称为实际示功图。

图 3-16 中的 1—2 线表示实际压缩过程曲线，2—3 线为实际排出过程曲线，3—4 线为实际膨胀过程曲线，4—1 线为实际吸入曲线。现将实际压缩循环和理论压缩循环（图中虚线）进行比较，发现两者有较大差别，分析如下。

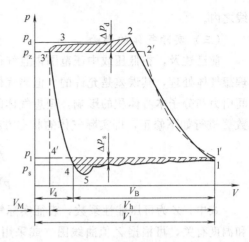

图 3-16 实际示功图

1. 余隙与膨胀

实际工作的压缩机，必然存在一定的余隙容积，它包括活塞运动至止点时与盖端之间的间隙和阀座下面的空间及其他死角。留此间隙（一般为 1.5～4mm）的目的是为了避免因活塞杆、活塞的热膨胀和弹性变形而引起活塞与缸盖的碰撞，同时也可防止因气体带液而发生事故。设 V_M 为余隙容积，$V_h = FS$ 为汽缸行程容积，则汽缸容积 V_1 为：

$$V_1 = V_h + V_M \tag{3-13}$$

余隙内的气体是排不出的，当活塞离开汽缸而返回运动时，这部分气体（排出时的压力）开始膨胀，直到压力降至吸入开始时的压力，新鲜气体才能进入。可见，余隙的存在，使汽缸的实际吸入量 V_B 小于汽缸的行程容积 V_h，即减少了新鲜气体的吸入量，降低了生产能力。因此，余隙容积在保证运行可靠的基础上，应尽量减小。

2. 气阀的阻力损失

因通道和气阀不可能绝对光滑且无曲折，所以气体通过气阀和管道时，必然要产生阻力损失，因此汽缸内的吸入压力总是低于管路中的压力（也称名义吸入压力 p_1），而吸入阀从开始开启至全开又需克服较大的局部阻力，使压力降得更低。图 3-16 中点 4 为吸入阀开始开启，点 5 相应于吸入阀全部开启的情况。同理，汽缸内实际排出压力总是高于排出管道的压力（也称名义排出压力 p_2）。由于排出阀的局部阻力，到点 2 处，排出阀才全部开启。

示功图上吸入线与排出线呈波浪形，是由于气流速度随活塞运动速度而变化及阀片的惯性振动，致使阻力损失不稳定而产生的。

3. 热交换的影响

压缩机工作一段时间后，汽缸各部分的温度基本为一稳定值，它高于气体的吸入温度，低于排出温度。而气体在每一循环中，传热情况是不断变化的。如在压缩开始时，气体温度较汽缸温度低，于是气体自汽缸吸取热量而提高本身温度，此时压缩过程是 $m' > k$ 的多变过程。随着过程的进行，气体温度不断提高，气体与汽缸的温度差逐渐减小，到某一瞬时，温差等于零，此时气体是绝热压缩，$m' = k$。再以后气温高于壁温，气体进行 $m' < k$ 的多变压缩。膨胀过程与此相仿。

因此，压缩机实际工作过程中热交换的影响是比较复杂的，反映在示功图上，只能看到曲线指数不是常数，实际压缩曲线的开始阶段在理论循环绝热线之外，后一阶段在理论绝热线之内。

（三）实际气体的影响

前已述及，在低压或中压范围内且气体温度远高于临界温度时，对于很多气体均可当作理想气体处理，其误差是允许的。但当气体接近或低于临界温度，即使压力不高，由于分子间引力和分子本身体积的影响，理想气体的状态方程不再适用，一般工程上引入可压缩性系数 Z 进行如下修正，即实际气体的状态方程可写为：

$$pv = ZRT \tag{3-14}$$

$$pV = ZGRT \tag{3-15}$$

式中，Z 为可压缩性系数，表征实际气体偏离理想气体的程度。Z 值与气体性质、压力和温度有关，可根据 Z 值曲线图（或采用通用压缩性系数曲线图）查取相应数据（或计算求得）。

实际气体对循环的影响主要是对循环功的影响，可分成两部分考虑：理想气体所耗功；受气体分子的影响（包括分子吸引力和分子体积的影响）。气体分子本身的体积和吸引力在循环中所耗功的计算较复杂，一般采用下述公式近似计算，实践证明误差很小。

实际气体的等温循环功为：

$$W_{is} = p_1 V_1 \ln \frac{p_2}{p_1} \times \frac{Z_1 + Z_2}{2Z_1} \tag{3-16}$$

实际气体的绝热循环功为：

$$W_{ad} = p_1 V_1 \frac{k}{k-1} \left[\left(\frac{p_2}{p_1} \right)^{\frac{k-1}{k}} - 1 \right] \frac{Z_1 + Z_2}{2Z_1} \tag{3-17}$$

实际气体的多变循环功为：

$$W_{pol} = p_1 V_1 \frac{k}{k-1} \left[\left(\frac{p_2}{p_1} \right)^{\frac{k-1}{k}} - 1 \right] \frac{Z_2 + Z_1}{2Z_1} \tag{3-18}$$

式中，Z_1、Z_2 分别为吸气及排气状态下的可压缩性系数。可见，实际气体与理想气体的偏差是用 $\frac{Z_1 + Z_2}{2Z_1}$ 来加以修正的。

理想气体与实际气体的区分，一般与气体的性质和状态有关。例如空气在 10MPa 大气压下或氮氢混合气在 4~5MPa 大气压以下可以当作理想气体处理，大于此压力则作为实际气体处理。又如氨气在压力不高的情况下已与理想气体有显著差别，比较合理的判别标准是利用可压缩性系数 Z，当 Z 接近于 1 时，可当作理想气体处理。

三、排气量及影响因素

排气量是压缩机的重要参数之一，不但是生产上的重要指标，也是确定机器驱动功率、机器参数、结构尺寸和形式的重要依据。

压缩机的排气量是指单位时间内，压缩机最后一级排出的气体体积，换算到第一级入口状态的压力和温度下的数值。常用 $\overline{V}_d$ 表示，单位为 m^3/min 或 m^3/s 等。

理论循环时，压缩机的理论排气量等于吸气量也等于活塞的行程容积 V_h。对于单作用压缩机

$$\overline{V}_d = V_h n_f = FSn_f \quad \text{m}^3/\text{s} \tag{3-19}$$

式中 F——活塞面积，m^2；

S——活塞行程，m；

n_f——压缩机转速，Hz。

在压缩机的实际循环中，由于余隙容积等各种因素的影响，使每一转实际吸气总量小于汽缸行程容积。由于泄漏损失，每一转的排气量总是小于实际吸气量。下面分析影响压缩机吸气量和排气量的主要因素。

（一）压缩机的实际吸气量及其影响因素

对于实际循环，余隙容积内的气体膨胀、吸气阀及系统中的阻力损失、气体在汽缸中被加热等都将减少新鲜气体的吸入量，使实际吸气量较理论吸气量小。现用吸气系数 λ_B 来综合考虑诸因素的影响，则有

$$V_B' = \lambda_B V_h = \lambda_V \lambda_p \lambda_T \lambda_h \tag{3-20}$$

式中 V_B'——曲轴旋转一周，汽缸实际吸入气量（指吸入状态下），m^3；

V_h——汽缸行程容积，m^3；

λ_B——吸气系数，$\lambda_B = \lambda_V \lambda_p \lambda_T$；

λ_V——容积系数，反映余隙容积内的气体膨胀对吸入量的影响；

λ_p——压力系数，反映压力损失对吸气量的影响；

λ_T——温度系数，反映热交换作用对吸气量的影响。

下面对这些系数逐一进行介绍。

1. 容积系数 λ_V

为分析和计算方便，可将实际示功图简化为如图 3-17 所示。图中吸入过程线和排出过程线用水平线 4—1 和 2—3 代替，实际的压缩循环近似地用图形 1—2—3—4—1 表示。

由于余隙容积 V_M 膨胀至 V_4，汽缸吸入容积为：

$$V_B = V_h + V_M - V_4 \tag{3-21}$$

为了求出 V_4，用一条假想的指数曲线（图中虚线 3—4）来代表膨胀过程，因为实际压缩过程曲线和膨胀过程曲线的指数是随机器转速、汽缸中的压力比、汽缸尺寸和冷却情况等而变化的，这给压缩机的计算增添了麻烦。为简化计算，假想这条曲线的指数 m 是一个常数，而其两端通过点 3 和点 4。此

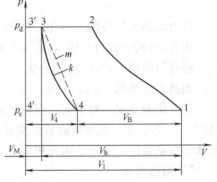

图 3-17 简化的实际示功图

曲线称为等端点多变曲线，而其指数称为等端点多变指数。虚线 3—4 按多变过程处理，其过程方程式为：

$$p_d V_M^m = p_s V_4^m$$

代入式（3-21）并整理，得

$$\lambda_V = \frac{V_B}{V_h} = \left[1 - \frac{V_M}{V_h}(\varepsilon'^{\frac{1}{m}} - 1)\right]$$

令 $\frac{V_M}{V_h} = \alpha$ 称为相对余隙容积，则有

$$\lambda_V = 1 - \alpha(\varepsilon'^{\frac{1}{m}} - 1) \tag{3-22}$$

由式（3-22）可知，容积系数 λ_V 的大小取决于相对余隙容积 α、压力比 ε' 和多变膨胀指数 m 值，分述如下。

(1) 相对余隙容积 α　余隙容积越大，相对余隙容积就越大，容积系数也就越小，表明汽缸有效利用率越低。故在设计中要力求减小余隙容积，提高汽缸容积的利用率。

汽缸的余隙容积可以用图 3-18 所示结构来说明，它由以下几部分组成。

① 活塞位于止点时，活塞端表面与缸盖之间的容积 V_{01}。

② 活塞端面与第一道活塞环间距 L，由汽缸镜面与活塞外圆之间所包围的环形空间 V_{02}。

③ 在气阀至汽缸容积的通道间所形成的 V_{03}，其值取决于气阀在汽缸上的配置形式。

④ 气阀内部形成的剩余容积 V_{04}，其值取决于气阀结构。

这样，余隙容积 V_M 为：

$$V_M = V_{01} + V_{02} + V_{03} + V_{04}$$

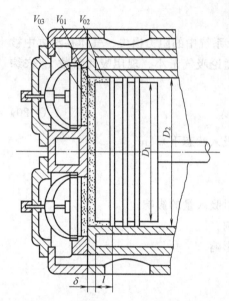

图 3-18　汽缸余隙容积组成部分示意图

据统计，压缩机的相对余隙容积 α 值多在以下范围内：

压力 $\leqslant 20 \times 10^2$ kPa　　$\alpha = 0.07 \sim 0.12$
压力 $> (20 \sim 320) \times 10^2$ kPa　　$\alpha = 0.12 \sim 0.16$
循环压缩机　$\alpha = 0.20$ 或更大
超高压压缩机　α 达 0.25

(2) 压力比 ε'　对于同一汽缸而言，压力比 ε' 越大，容积系数就越小。当 ε' 增至某一定值时，λ_V 等于零，此时压缩后的高压气体将全部存留在余隙容积内，当活塞回行时，这些气体将重新膨胀，使下一循环根本无法吸气，这时的压力比已达到极限值，如图 3-19 中的 1—2‴压缩线所示。

可见压力比越大，容积系数就越小。此外，ε' 值过大还可能使机器排气温度过高，因此过高的压力比是不利的。通常每个级的压力比不超过 4，特别对于化工工艺用压缩机的级压力比都取较低值，而空气压缩机则取较高值。只有在小型单作用或某些特殊压缩机中，ε' 值可达 8 或更高些。

(3) 多变膨胀指数 m　在其他条件相同的情况下，膨胀指数越大则容积系数 λ_V 越大。如图 3-20 所示，膨胀指数增大时，膨胀过程曲线变陡，膨胀所占的容积减小，即吸进的气体量增多。

膨胀过程中，如果汽缸壁传给气体的热量越少，m 值就越大，所以汽缸盖冷却好的压缩机能提高容积系数 λ_V。高转速压缩机，由于膨胀时间极短，膨胀过程趋于绝热，这对提

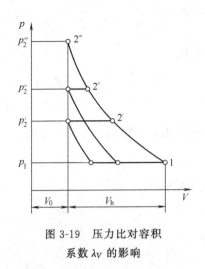

图 3-19 压力比对容积系数 λ_V 的影响

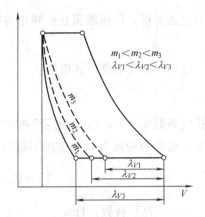

图 3-20 膨胀指数 m 对容积系数 λ_V 的影响

高容积系数是有利的。

一般膨胀过程指数 m 要比压缩过程指数 m' 小。

2. 压力系数 λ_p

在实际吸入过程中,气体通过吸入阀和吸入管道时有阻力损失,所以气体在汽缸中的平均压力 p_s 总是小于名义吸入压力 p_1,气体进入汽缸后由于体积膨胀占去一部分汽缸有效容积,而影响新鲜气体的吸入量,这种影响用压力系数 λ_p 来表示。

λ_p 一般取经验值。对于压缩机的第一级,吸入压力常为大气压力,可取 $\lambda_p = 0.95 \sim 0.98$,其中低值适用于气阀流通截面积较小或气阀弹簧力过大的情况。对于多级压缩机的其余各级,吸气压力较高,气阀阻力相对较小,可取 $\lambda_p = 0.98 \sim 1.0$。

3. 温度系数 λ_T

压缩机经运转后,汽缸、活塞、气阀以及与之接近的气管都将升温,且远高于新鲜气体的温度,因此在吸入过程中,气体被加热。由于温度升高,气体体积膨胀失去了部分有效容积,减少了新鲜气体吸入量。这种影响用温度系数 λ_T 来表示。

λ_T 的取值一般与压力比 ε'、转速 n、汽缸冷却速度、气阀布置方式以及气体性质等因素有关。根据经验,一般 $\lambda_T = 0.94 \sim 0.98$。对于大排气量、冷却好、吸气阻力小、转速高的采用上限值;反之,适用下限值。对于导热性好的(氢气或氮氢混合气)或进气温度低于常温的气体因受热大,λ_T 取低值。

(二) 实际排气量及影响因素

压缩机在压缩与排出过程中,由于吸气阀、填料函、活塞环以及附属设备、管道不严密而造成气体泄漏,使压缩机在一转中的实际排出容积 V_d 总是比实际吸入容积 V_B' 小,这种泄漏用泄漏系数 λ_l 表示,即

$$V_d = \lambda_l V_B' \tag{3-23}$$

气体通过填料函、气阀向大气的泄漏,称为外泄漏,外泄漏使压缩机的生产能力降低。在机器内部的泄漏称为内泄漏,如活塞环不严密引起串漏和一级排气阀不严密使气体倒漏等就属于内泄漏,内泄漏不直接影响生产能力,但降低了吸气量。

λ_l 的大小与汽缸列数、压缩机转速、压力比、气体性质以及元件结构、制造安装质量等因素有关。根据经验,一般取 $\lambda_l = 0.95 \sim 0.98$。

经上述分析，则压缩机在一转中的排气量为：
$$V_d = \lambda_V \lambda_p \lambda_T \lambda_1 V_h = \lambda_0 V_h \tag{3-24}$$

式中 λ_0——排气系数，其值为：
$$\lambda_0 = \lambda_V \lambda_p \lambda_T \lambda_1 \tag{3-25}$$

排气系数 $\lambda_0 = V_d/V_h$，为压缩机排气量与行程容积之比，一般 $\lambda_0 = 0.55 \sim 0.85$。

若压缩机的转速为 n_f，则压缩机的排气量 $\overline{V}_d$ 为：
$$\overline{V}_d = V n_f = \lambda_0 V_h n_f = \frac{\pi}{4} D_1 \lambda_0 S n_f \tag{3-26}$$

式中 n_f——每秒转数，Hz；
　　　D_1——第一级活塞直径，m；
　　　S——活塞行程，m。

式（3-26）称为排气量公式，其意义不仅在于可以计算压缩机的排气量，而且它是设计新型压缩机时确定汽缸工作容积的依据，并能在新机器试验和对旧机器检查时，可根据此式分析排气量发生问题的可能原因，同时在旧压缩机改造中，它是指出提高排气量的可能途径。

（三）排气量公式在实践中的意义

1. 提高压缩机排气量的途径

（1）提高转速 n_f　对于原设计尚有富余能力的压缩机，加转后，其惯性力不超过允许值时，提高转速是一种行之有效的增产措施。例如小氮厂 $L_{3.3}$-13/320 型压缩机，其转速由 375r/min 提高至 428r/min 时，即成为 $L_{3.3}$-15/320 型压缩机，生产能力提高许多。但提高转速时应考虑机器的强度和振动等问题。同时在加转后气阀中的阀片和弹簧的寿命降低，可采用适当加大通道面积、降低阀片的升程及弹簧的剪应力来解决。

（2）镗大缸径　一般采取适当加大缸径（镗缸）的办法。此法也有显著效果，不过改造时应考虑镗缸后机器各列活塞力的平稳以及整机刚度、强度及可靠性等问题，一般不予采用。

（3）其他措施　若有可能，在副十字头前增设辅助汽缸，可以提高打气量。增加一级进口压力和减小一级汽缸的余隙，可增大容积系数。也可考虑改变进气管的长短，以期获得共振增压，使 $\lambda_p > 1$（此法的影响复杂，目前只能用试验的办法确定管道的长度）。

2. 新机器的试验和旧机器的检查

对于一台经过跑合及气密性检查的新机器，有时达不到设计的排气量，可按式（3-26）进行逐个分析，找到问题症结的所在。

如果排气量达不到设计要求，首先检查第一级余隙容积是否符合设计值，一般实际余隙容积大于设计时的选定值，致使实际的容积系数低于理论计算值，这往往是排气量达不到设计要求的原因之一。另外，第一级压力比超过了允许值，也使容积系数降低。

计算时选定的压力损失系数与实际设计的气阀弹簧力不符合也影响排气量。弹簧过硬会使排气阀提前关闭，降低排气量；过软时会使排气阀延迟关闭，排气管中高压气体倒流回汽缸，也会降低排气量。

转速与排气量是成正比关系的，若原动机的转速低于设计转速时，必然降低排气量。

此外，对于一台长期运转的压缩机，特别是小型空压机，打气不足是经常发生的事。这是由于长期失修，致使活塞环过度磨损因而切口间隙增大，串气严重，或因阀片和阀座磨损而不严密，泄漏增加。除这些部位泄漏外还有其他方面的泄漏，空气滤清器的严重阻塞，也会使排气量降低。

四、压缩机的功率和效率

（一）压缩机的功率

压缩机是一种较大的动力消耗机器，它在一些化工厂中所耗的电能，几乎占全厂消耗的 70%。因此，如何提高压缩机的效率，降低其功率消耗就成为生产上的重要问题。

1. 指示功率

压缩机的实际循环功称为"指示功"，以 W_i 表示。单位时间内消耗的指示功称为"指示功率"，以 N_i 表示。确定指示功率有实测法和解析法两种方法。其中前者用于已有的机器，后者用于机器设计过程。

（1）实测法 利用微机或电测法将不同时刻压缩机汽缸内的压力及其相应的活塞位移，同时描绘出来，形成一封闭图形。图形的面积相当于压缩机每一转所消耗的功，乘以转速，即得到该汽缸的指示功率。对于单作用汽缸，指示功率 N_i 为：

$$N_i = \frac{1}{60} n W_i = \frac{1}{60} p_i F S n \tag{3-27}$$

式中 p_i ——缸内平均指示压力，kPa，其值为 $p_i = \frac{f_i}{s_i} \times m_p$，其中 f_i 为指示图的面积，cm²；s_i 为指示图的宽度，cm；m_p 为指示图的压力比例尺，kPa/cm；

F ——活塞面积，m²；

S ——活塞行程，m；

n ——转速，r/min。

若为双作用汽缸，则活塞每往复一次所消耗的功应为两侧功率之和。对于多级压缩机，总功率应为各级缸所消耗指示功率的总和。

（2）解析法 因实际示功图较复杂，常用等功法即等面积法简化，其原则是保持简化前后示功图面积不变，即功不变。

① 用假想的水平线来代替实际的吸、排气线，并保持简化前后总面积不变。

② 按等面积原则将实际的膨胀、压缩过程指数简化为常数，所得膨胀及压缩过程线称为当量过程线。

压缩机任一级汽缸指示功率 N_{ij} 为：

$$N_{ij} = 0.0167 p_s (V_h n) \lambda_V \frac{k}{k-1} \left[\left(\frac{p_d}{p_s} \right)^{\frac{k-1}{k}} - 1 \right] \tag{3-28}$$

式中 p_s, p_d ——缸内实际吸、排气压力，kPa。

总指示功率为各级指示功率的和，即

$$N_i = \sum_{j=1}^{n} N_{ij} \tag{3-29}$$

由式（3-28）可知，影响指示功率的主要因素如下。

① 压缩机的指示功率正比于汽缸的实际吸入压力和排气量，因为排气量与转速成正比，因而指示功率正比于转速。

② 吸、排气过程中的阻力损失不但减少了吸进的气体量，而且增加了功率消耗，阻力

损失越大，也就是实际压力比越大，消耗的功也越大。

③ 压缩过程中，因汽缸冷却效果差，当压缩机转速高时，气体与汽缸壁之间不可能进行充分的热交换，所以压缩过程指数实际上是接近绝热的过程指数，消耗的功较等温循环时大。

④ 吸气过程中，气体被加热，也减少了吸入气体的数量，增加了功的消耗。影响气体被加热的因素很多，其中压力比是主要的。压力比越高，压缩终了温度越高，汽缸壁等的温度越高，因而传给气体的热量越多。

⑤ 不管是内泄漏还是外泄漏都要增加功率的消耗。

⑥ 实际气体对功率的影响有两种情况：一种为临界温度低的气体（如空气、氮气等），高压时分子体积的影响是主要的，因此附加功是正值，即增加了压缩机的功率消耗；另一种是临界温度高的气体（如二氧化碳、石油气等）在一定的压力范围内，分子间的引力影响很大，引力能帮助压缩，所以附加功为负值，这类气体往往能减少功率的消耗。

2. 轴功率

指示功率是压缩机直接对气体所消耗的能量，而轴功率是驱动机传给曲轴的实际功率。轴功率 N_z 除了用来克服压缩气体所需的指示功率 N_i 以外，还必须克服各运动部件的摩擦所消耗的摩擦功率 N_m，即 $Z_z=N_i+N_m$。实际影响摩擦功率的因素很复杂，统计资料和试验表明，在摩擦功率中，消耗于开口活塞环的约占 40%，是主要部分；消耗于曲柄销与主轴颈的约占 15%～20%；此外还有消耗于十字头滑道及填料等处。因 N_m 难以精确计算，工程上常用机械效率 η_m 来表示，即

$$N_z=\frac{N_i}{\eta_m} \tag{3-30}$$

η_m 值的大小与压缩机的结构形式、转速、制造与安装质量等有关。

对于大、中型立式有十字头的压缩机 $\eta_m=0.90\sim0.95$；卧式单级压缩机 $\eta_m=0.85\sim0.93$；小型无十字头及高压循环机 $\eta_m=0.80\sim0.85$。

小型压缩机的摩擦功率所占相对比值较大型的为大，故 η_m 较低；无油润滑压缩机的摩擦损失较大，一般取下限。

3. 驱动功率

确定驱动功率时，需考虑驱动机到压缩机的传动损失，采用传动效率 η_c 来表示，则驱动功率 N_d 为：

$$N_d=(1.05\sim1.15)\frac{N_z}{\eta_c} \tag{3-31}$$

η_c 一般在 0.9～0.95 之间。对于皮带传动 $\eta_c=0.85\sim0.97$；齿轮传动 $\eta_c=0.97\sim0.99$；联轴器直联压缩机 $\eta_c=1$。

考虑到压缩机运转时负荷的波动、进气状态、冷却水温度的变化以及压缩机的泄漏等因素，故在选择压缩机的驱动功率时还保证有 5%～15% 的安全量（即储备功率）。

（二）压缩机的效率

在同样的额定生产能力以及同样的名义吸、排气压力下，各种活塞式压缩机的指示功率不一定相同。这是由于它们在结构上存在差异，使容积系数、阻力损失以及冷却效果等不同。为此，引进"效率"概念来衡量一台压缩机的经济性能。

根据衡量标准的不同，可分为等温效率和绝热效率。

1. 等温指示效率

压缩机的等温理论压缩循环指示功率 N_{is} 与同吸气压力、同吸气量下的实际压缩循环指示功率 N_i 之比，以符号 η_{is} 表示，即

$$\eta_{is}=\frac{N_{is}}{N_i} \tag{3-32}$$

等温指示效率反映了实际循环中热交换以及吸、排气过程阻力造成的损失情况，常用来评价水冷式压缩机的经济性能，η_{is} 在 0.6~0.7 之间。

2. 绝热指示效率

压缩机的绝热理论压缩循环指示功率 N_{ad} 与同吸气压力、同吸气量下的实际指示功率 N_i 之比，以符号 η_{ad} 表示，即

$$\eta_{ad}=\frac{N_{ad}}{N_i} \tag{3-33}$$

对于一般活塞式压缩机，$\eta_{ad}=0.85\sim0.97$。$\eta_{ad}>\eta_{is}$，这说明实际压缩循环比较接近绝热压缩循环。由于等温压缩循环的功耗最小，因此常采用 η_{is} 作为衡量压缩机的经济性的指标。至于小型压缩机，由于冷却较差，实际过程多接近于绝热过程，所以常采用绝热指示效率 η_{ad} 作为衡量指标。

另外，比较同一类型压缩机的经济性时，常采用"比功率"的概念。

比功率 N_r 是指一定排气压力时，单位排气量所消耗的功率。它很直观，特别是动力用空压机，常采用比功率作为评价经济性的指标。

五、多级压缩

所谓多级压缩是将气体的压缩过程分别在若干级中进行，并在每级压缩之后导入中间冷却器进行冷却。如图 3-21 所示为一台三级压缩机的工作示意，其理论工作循环由三个连续压缩的单级理论工作循环组成。为便于分析比较，现设循环中各级压缩都按绝热过程（或多变指数相同的过程）进行；每级气体排出经冷却后的温度与第Ⅰ级的吸气温度相同（即冷却完善）。这样，该理论循环的 p-V 图如图 3-21 所示。

单级压缩机所能提高的压力范围十分有限，当需要更高压力的场合，如合成氨生产要求将合成气加压到 320×10^2 kPa，显然，像这样高的压力，若用单级压缩是根本不可能达到的，必须采用多级压缩。工业上多级压缩的级数有时可达 6~7 级之多。

1. 采用多级压缩的优点

（1）节省压缩气体的指示功 由图 3-21（b）可知，设气体进入汽缸后，从状态 1 开始压缩，若按最理想的单级等温压缩，其过程线为 1—2，压力从 p_1 提高至 p_2；若按单级绝热压缩，过程线为 1—2″；若采用多级压缩，其过程线为 1—a—b—c—e—2′梯形折线，现说明如下。

① 在第Ⅰ级中气体从点 1 开始，若按绝热压缩过程压缩至压力 p_a（压缩过程线 1—a），设经第Ⅰ级中间冷却器完善冷却，所以冷却过程为一水平等压线（a—b）。

② 在第Ⅱ级中气体从点 b 开始，按绝热压缩过程从压力 p_a 压缩至另一中间压力 p_c（压缩过程线为 b—c），经第Ⅱ级中间冷却器后，温度回冷至原来的吸气温度而达到状态 e，冷却过程也为水平等压线（c—e）。

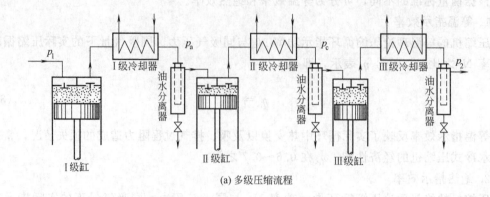

(a) 多级压缩流程

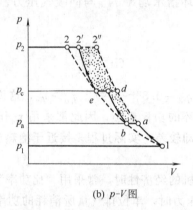

(b) p-V图

图 3-21 多级压缩流程及其 p-V 图

③ 在第Ⅲ级中气体从点 e 开始，按绝热压缩再将压力从 p_e 提高到最终的排气压力 p_2。这样，多级压缩全过程就成为一曲折线 1—a—b—c—e—2′。

由图可知，等温单级压缩过程最理想，功耗最省；单级绝热压缩功耗最大，而多级压缩则介于两者之间，功耗比单级绝热压缩功耗节省了相当于阴影面积 a—b—c—e—2′—2″—d—a 的功量。级数越多，过程线将变成更密的阶梯形折线，即更接近于等温压缩过程线，因此，更能节省压缩气体的指示功。

(2) 降低排气温度　排气温度往往也是限制压缩机压力比提高的主要原因，排气温度可由下式计算：

$$T_2 = T_1 \varepsilon^{\frac{m'-1}{m'}} \tag{3-34}$$

由此可得

$$\varepsilon = \left(\frac{T_2}{T_1}\right)^{\frac{m'}{m'-1}} \tag{3-35}$$

若进气温度为 303K，排气温度限制为 453K，压缩过程指数 $m'=1.4$，则一级允许的压力比 $\varepsilon=4.09$。

对于有油润滑的空气压缩机，排气温度过高会使润滑油黏度降低，润滑性能不良，并造成积炭，甚至可能引起爆炸，发生事故。一般动力用空压机按常规：单级风冷排气温度 T_d ≤478K，单级水冷 T_d ≤458K，双级风冷 T_d ≤458K，双级水冷 T_d ≤433K，而且，排气温度还应比润滑油的闪点低 303～308K。

对于石油裂解气，温度过高易聚合、积炭，其排气温度 T_d 应小于 373K；乙炔气的排

气温度 T_d 一般不得超过 373K；湿氯气的 T_d 不得超过 373K；干氯气的 T_d 不得超过 403K。

在无油润滑压缩机中，密封元件采用自润滑材料。有些自润滑材料的最适宜工作温度也有限制，例如聚四氟乙烯的工作温度不能超过 443K；各种尼龙材料的工作温度不允许超过 373K。

（3）降低作用在活塞上的最大气体力　多级压缩可大大降低活塞上所受的气体力，由此使运动机构质量减轻，机械效率得以提高。

为了说明级数和气体力的关系，假设有两台压缩机，转速、行程、各系数、原始温度都相同，并且从 1×10^2 kPa 压缩至 9×10^2 kPa，一台采用单级压缩［见图 3-22（a）］，另一台采用两级压缩［见图 3-22（b）］。

单级压缩时，活塞面积设为 A_1，在上、下止点时所受的最大气体力（又称活塞力）为：

$$P'_{max}=(9-1)\times10^2A_1=800A_1$$

式中，减去 1 是考虑到活塞背面作用有大气压力之故。

若采用两级压缩，第一级从 1×10^2 kPa 压缩至 3×10^2 kPa，第二级从 3×10^2 kPa 压缩至 9×10^2 kPa。第一级活塞面积仍为 A_1，第二级活塞面积设为 A_2，这时，活塞在止点时所受的最大气体力为：

$$P''_{max}=(3-1)\times10^2A_1+(9-1)\times10^2A_2$$

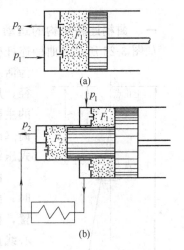

图 3-22　多级压缩对活塞力的影响

若级间冷却是完善的，以 p_1、p_2 分别代表第Ⅰ、Ⅱ级的吸入压力，按等温条件

则 $p_1A_1=p_2A_2$ 或 $A_2=\dfrac{1}{3}A_1$

因此

$$P''_{max}=200A_1+\frac{800}{3}A_1=\frac{1400}{3}A_1$$

这样

$$P'_{max}-P''_{max}=\frac{1000}{3}A_1$$

由此可见，两级压缩较单级压缩能减少活塞力约 40%。

（4）提高容积系数　随着压力比的上升，余隙容积中气体膨胀所占的容积也增大，这就使汽缸的吸气量减少。若采用多级压缩使每一级的压力比下降，使容积系数增高，增加吸气量达到了合理提高汽缸工作容积利用率的目的。

采用多级压缩有很多优点，特别是气体压力较高时，其优点更为突出。但是，多级压缩使机器结构复杂、零件增多，级数过多时还会使机器变得笨重，并且气体流过级间各通道部分的损失甚至还会大于由中间冷却而带来的收益，所以，级数的选择要适当。

2. 级数的选择和压力比的分配

确定级数的原则，首先是从最省功出发，是压缩机总功最小；其次，应使每一级的排气温度在允许范围之内，再次，还应考虑机器价格低廉、运转可靠等。这些原则有时彼此之间会有矛盾，必须根据具体情况做具体分析。

确定级数后，压力比也应合理分配。理论上指出，在同样的级数下，各级压力比相等时功率最小。实际上，在确定各级压力比的分配时还应考虑工艺流程的要求，第一级和最后一级、活塞力的均衡性和切向力的均匀等要求。

第三节 活塞式压缩机的动力基础

一、曲柄连杆机构的运动

如图 3-23 所示为曲柄连杆机构示意。点 O 为曲轴旋转中心，点 D 为曲柄销中心，点 C 为活塞销中心（有十字头时，应为十字头销中心）。OD 为曲柄半径，用 r 表示；CD 为连杆长，用 l 表示。r 和 l 是曲柄连杆机构的主要参数，取 $\lambda=r/l$，λ 值小，意味着连杆的长度较长，机器较高（或较长）；λ 值过大，机器滑道受力较大，磨损严重。在活塞式压缩机中常取 $\lambda=1/4\sim1/6$。

曲柄的瞬时位置以曲柄与汽缸中心线夹角 α 表示。当 $\alpha=0$ 时，曲柄与汽缸中心线重叠，活塞处距曲轴中心最远的点 A 位置，称为上止点（或外止点）。当 $\alpha=180°$ 时，曲柄再次与汽缸中心线重合，活塞处于距曲轴中心最近的点 B 位置，称为下止点（或内止点）。曲柄任意位置的 α 角，由 $\alpha=0°$ 点起沿回转方向度量。

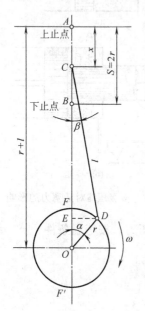

图 3-23 曲柄连杆机构示意

为便于分析，将曲柄连杆机构的运动关系简化为两质点处的简单运动：一是曲柄销点 D 的等速旋转运动；另一是活塞销点 C 处的直线往复运动。

曲柄销点 D 的运动关系如下。

① 曲柄销点 D 的线速度为：

$$v=r\omega \quad \text{m/s} \tag{3-36}$$

② 点 D 的旋转加速度（向心加速度）为：

$$a=r\omega^2 \quad \text{m/s}^2 \tag{3-37}$$

活塞销点 C 的运动关系如下。

（1）活塞的位移　由图 3-23 可知，当曲柄转过 α 角时，活塞相应的位移为 x。x 和 α 的关系可由图中的几何关系求得。

$$x=AO-CO=(L+r)-(L\cos\beta+r\cos\alpha)$$

经简化并整理得

$$x=r\left[(1-\cos\alpha)+\frac{\lambda}{4}(1-\cos2\alpha)\right] \quad \text{m} \tag{3-38}$$

此式即为活塞位移和曲柄转角的关系式。

（2）活塞的速度　将式（3-38）对时间微分，得到活塞的速度 c：

$$c = \frac{\mathrm{d}x}{\mathrm{d}t} = r\omega\left(\sin\alpha + \frac{\lambda}{2}\sin 2\alpha\right) \quad \mathrm{m/s} \tag{3-39}$$

由于活塞在活塞行程中的各点速度不同，因此引入活塞平均速度的概念，即

$$c_\mathrm{m} = 2Sn_\mathrm{f} = \frac{nS}{30} \quad \mathrm{m/s} \tag{3-40}$$

（3）活塞的加速度　将式（3-39）对时间微分，得到活塞的加速度公式：

$$j = \frac{\mathrm{d}c}{\mathrm{d}t} = r\omega^2(\cos\alpha + \lambda\cos 2\alpha) \quad \mathrm{m/s^2} \tag{3-41}$$

二、惯性力分析

（一）运动质量的转化

由前述分析知，压缩机在运行时，活塞、活塞杆、十字头、连杆、曲轴等都在做加速运动，这些机件都将产生惯性力。要计算惯性力，不仅需要知道它们的运动规律，同时，必须知道它们的质量，为了方便地运用质点动力学中的惯性力计算公式 $F=ma$，必须将零件的实际质量用一个假想的、集中在某点的、产生相同惯性力的"当量质量"来代替，这称为质量转化。

曲柄连杆机构的所有零件，按其运动情况简分为以下两类进行研究。

① 一类质量集中在活塞销或十字头销中心点 C 处，且只做往复运动。活塞、活塞杆、十字头等都属于往复运动质量。

② 另一类质量集中在曲柄销中心点 D 处，且仅绕曲轴中心点 O 旋转运动。曲拐部分虽只做旋转运动，但因其重心不在曲柄销中心点 D 处，所以应进行质量转化。

1. 连杆的质量转化

对于连杆整体来说是做复杂的摆动，大头装在曲柄销上，随曲轴做旋转运动；小头装在活塞销或十字头销上做往复运动。为简化计算，将连杆的整个质量假设用一个无质量的杆所连接起来的两个重块来代替，两个重块的质量分别为 m'_1 和 m''_1。也就是说 m'_1 集中在点 C 处做往复直线运动，m''_1 集中在点 D 处做旋转运动。

对于已有的连杆，可以用称量的方法得出连杆的转化质量。将连杆大小头分别搁置在两个磅秤上，同时称出这两点的质量，即为所求的转化质量值 m'_1 和 m''_1，如图 3-24 所示。

根据已有的连杆的统计结果，连杆大小头的质量可按经验分别取为：

$$m'_1 = (0.3 \sim 0.4)m_1$$

$$m''_1 = (0.6 \sim 0.7)m_1$$

2. 曲轴的质量转化

如图 3-25 所示，将曲轴分成各自对称的三部分。其中，围绕在曲轴中心点 O 的质量 m'''_k（包括主轴颈质量在内），相对于中心点 O 来说是对称的，曲轴旋转时不会产生离心力。

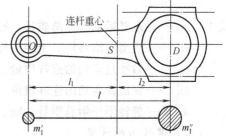

图 3-24　连杆质量转化图

质量 m'_k 和 m''_k 相对于旋转中心点 O 来说是不对称（即不平衡）的，故在旋转时要产生惯性力。

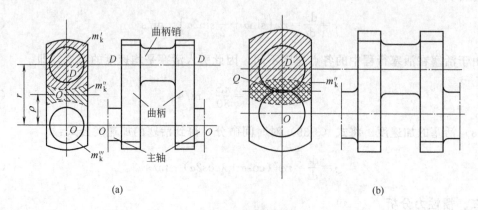

图 3-25 曲拐质量转化图

围绕曲柄销中心点 D 的质量 m_k'（包括曲柄销质量在内），其质心在点 D，可认为其质量均集中在点 D。

曲拐上，除去上述两部分后所余下的质量 m_k''，其质心点 Q 离曲轴中心点 O 的距离为 ρ。将这一部分的质量转化到点 D 为：

$$m_r' = m_k'' \frac{\rho}{r}$$

故曲拐上产生离心力的质量为：

$$m_k = m_k' + m_k'' \frac{\rho}{r} \tag{3-42}$$

在高速短行程的压缩机中，主轴颈和曲柄销的部分质量往往重叠，如图 3-25（b）所示，此时重叠质量 m_k''' 以负值代入式（3-42）中进行计算。

因此，压缩机整个运动机构的往复运动部分的总质量为：

$$m_s = m_s' + m_l' \tag{3-43}$$

旋转不平衡部分的总质量为：

$$m_r = m_l'' + m_k \tag{3-44}$$

式中　m_s——往复运动部件总质量，kg；

　　　m_s'——活塞、活塞杆、十字头等往复运动部件质量的总和，kg；

　　　m_l'——做往复运动的连杆质量，kg；

　　　m_l''——做旋转运动的连杆质量，kg；

　　　m_r——旋转不平衡总质量，kg。

（二）惯性力的计算

1. 作用在十字头销上的往复惯性力

其值等于往复运动质量与活塞加速度的乘积，方向沿汽缸中心线，与加速度方向相反，即

$$I_s = m_s j = m_s r \omega^2 (\cos\alpha + \lambda \cos 2\alpha) \quad \text{N} \tag{3-45}$$

此力可看作是两部分之和，即

$$I_s = I_1 + I_2 \quad \text{N} \tag{3-46}$$

$$I_1 = m_s r \omega^2 \cos\alpha \quad \text{N} \tag{3-47}$$

$$I_2 = \lambda m_s r \omega^2 \cos 2\alpha \quad \text{N} \tag{3-48}$$

式中　I_1——一阶惯性力；

　　　I_2——二阶惯性力。

由式（3-48）及式（3-49）可看出以下几点。

① 一阶、二阶惯性力数值均发生周期性变化，变化规律与加速度变化规律一致，在上、下止点处，惯性力最大。

② 当 $\alpha=0$ 时，$I_1 = m_s r \omega^2$，$I_2 = \lambda m_s r \omega^2 = \lambda I_1$。可见一阶惯性力较二阶惯性力大好几倍。因此，要特别注意一阶惯性力对机器的影响。

③ 惯性力的大小与转速的平方成正比，在改变压缩机的转速时，应该注意惯性力值的变化。设计高转速的机器时应特别注意惯性力的平衡措施。

2. 作用在曲轴上的旋转惯性力

其值等于旋转不平衡质量与旋转加速度的乘积，即

$$I_r = m_r r \omega^2 \quad \text{N} \tag{3-49}$$

此惯性力就是常说的惯性离心力，其作用方向沿曲柄半径方向向外。当转速不变时，其值为定值。

惯性力计算中规定，凡是使活塞杆受拉为正，受压为负。

三、压缩机中的作用力

（一）总活塞力

压缩机中的作用力除惯性力外，还有活塞力和摩擦力。现以单缸单作用压缩机为例，其受力情况如图 3-26 所示。

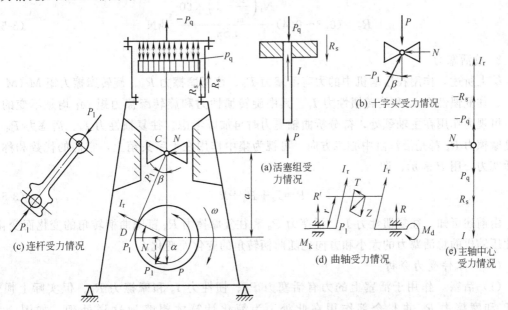

图 3-26　单缸压缩机作用力示意

1. 活塞力

汽缸内的气体对活塞的作用力，称为气体力（又称活塞力）。活塞力的大小随缸内气体压力而变化，其值为：

$$P_q = \sum p_i A_i \quad \text{N} \tag{3-50}$$

式中　p_i——作用在 A_i 上某一瞬时的气体绝对压力，kPa；

　　　A_i——气体力作用的活塞有效面积，m^2。

活塞力的方向按惯性力的规则确定正负。凡是靠近汽缸盖侧的活塞力（简称盖侧活塞力）均使连杆受压，则为负值；靠近曲轴一侧的活塞力（简称轴侧活塞力）均使连杆受拉，则为正值。对于双作用汽缸或列的活塞力，应等于活塞两侧活塞力的差值（或列的活塞力等于轴侧活塞力之和与盖侧活塞力之和的差值）。

活塞力的大小与吸气、压缩、排出、膨胀过程有关，活塞力 P_q 随曲柄转角的变化而变化。

活塞力不仅作用在活塞上，同时还作用在汽缸盖上，两者大小相等，方向相反，且通过活塞杆传到十字头销点 C。

2. 摩擦力

活塞式压缩机的运动机构在工作过程中，在相对运动表面上还存在着滑动摩擦力，其中包括旋转摩擦力 R_r 和往复摩擦力 R_s，其大小是曲柄转角 α 的函数，但因数值相对较小，一般视为常数。大量实践表明，往复摩擦力 R_s 约占摩擦功率的 60%～70%，旋转摩擦力 R_r 约占摩擦功率的 30%～40%。可近似按下式计算：

$$R_s = (0.6 \sim 0.7) \frac{N_i \left(\frac{1}{\eta_m} - 1\right) \times 60}{2Sn} \quad \text{kN} \tag{3-51}$$

$$R_r = (0.3 \sim 0.4) \frac{N_i \left(\frac{1}{\eta_m} - 1\right) \times 60}{\pi Sn} \quad \text{kN} \tag{3-52}$$

3. 总活塞力

综上所述，作用在压缩机中的力有活塞力 P_q、往复摩擦力 R_s、旋转摩擦力矩 M_f（$M_f = R_r r$）、往复惯性力 I_s 和旋转惯性力 I_r。其中旋转惯性力和旋转摩擦力矩 M_f 均是不变的定值，可视为作用在主轴颈处，待分析曲轴受力时再加以考虑。往复惯性力 I_s、活塞力 P_q 和往复摩擦力 R_s 都是沿汽缸中心线方向，可视为集中作用在十字头销上，它们的代数和称为总活塞力，用 P 表示，即

$$P = I_s + P_q + R_s \tag{3-53}$$

由前述可知，往复惯性力 I_s、活塞力 P_q 和往复摩擦力 R_s 都随曲柄转角的变化而变化，因此压缩机的总活塞力的大小和方向也随曲柄转角的变化而变化。

（二）零件受力分析

（1）活塞　作用于活塞上的力有活塞力 P_q、惯性力 I_s 和摩擦力 R_s。但实际上惯性力 I_s 和摩擦力 R_s 并非全部作用在此处，为简化计算才粗略地这样处理，如图 3-26 所示。

(2) 十字头　作用于十字头上的力有由活塞杆传过来的总活塞力 P、连杆传过来的连杆力 P_1 以及十字头滑道对十字头产生的反力 N，如图 3-26 所示，其值为：

$$P_1 = \frac{P}{\cos\beta} \tag{3-54}$$

$$N = P_1\sin\beta = P\tan\beta \tag{3-55}$$

可以认为活塞杆传过来的总活塞力由两个分力来代替：一个是连杆力 P_1，它沿连杆传递；另一个是侧向力 N，它由滑道产生一个反力 $-N$ 和它平衡，保证十字头沿汽缸轴线运动。

(3) 连杆　连杆是一个二力杆件，此力即为大小相等、方向相反的连杆力 P_1，如图 3-26 所示。连杆力与活塞力 P_q 有关，因此连杆力 P_1 也随曲柄转角 α 而变化。

(4) 曲轴　连杆力沿连杆轴线传到曲柄销点 D。在曲柄销上连杆力又分解为两个力，一个为法向力 Z，沿曲柄方向压向轴承；另一个为垂直于曲柄半径的切向力 T，它对曲轴产生旋转阻力矩，又称为切向力矩。

法向力　　　　　　　　$Z = P_1\cos(\alpha+\beta) = P\dfrac{\cos(\alpha+\beta)}{\cos\beta}$　　　　　　(3-56)

切向力　　　　　　　　$T = P_1\sin(\alpha+\beta) = P\dfrac{\sin(\alpha+\beta)}{\cos\beta}$　　　　　　(3-57)

切向力矩　　　　　　　$M_y = Tr = Pr\dfrac{\sin(\alpha+\beta)}{\cos\beta}$　　　　　　　　　　　(3-58)

曲轴除受法向力，还受旋转惯性力 I_r，它们都由轴颈处的支反力 R 予以平衡，如图 3-26 (d) 所示。

压缩机中的阻力矩除切向力矩外，还有曲柄销和主轴颈的摩擦力矩，它们的和构成了压缩机的总阻力矩，其值 M_k 为：

$$M_k = M_y + M_f \tag{3-59}$$

阻力矩由驱动力矩 M_d 来平衡，故主轴颈上还有阻力矩 M_k 和 M_d，如图 3-26 所示。

(5) 机身　如图 3-27 所示，作用在机身上的力如下。

① 汽缸内的气体力 P_q，通过缸盖传到机身，此力与活塞端面所受的气体力大小相等、方向相反，它们是一对沿汽缸中心线方向的作用与反作用力。

② 活塞环与缸壁，十字头与滑道间的往复摩擦力。

③ 十字头对滑道的侧向力 N。

④ 机身主轴承座处由主轴传过来的连杆力 P_1 和旋转惯性力 I_r。

轴承座处的 P_1 可分解为沿汽缸中心线和垂直于汽缸中心线的两个分力。沿汽缸中心线的分力为：

$$p_1\cos\beta = \frac{P}{\cos\beta}\cos\beta = P$$

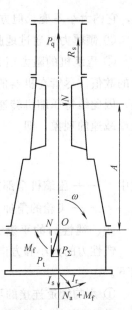

图 3-27　机身受力分析

对于整个机身，在汽缸中心线方向上的总力为：

$$-P_q+(-R_s)+P$$

将式（3-53）代入上式得

$$-P_q-R_s+P_q+I_s+R_s=I_s$$

对于机身而言，只有往复惯性力的作用，它通过机座传给基础，而气体力和摩擦力对于机身而言都是内力，不传给基础。

轴承座处 P_1 沿垂直汽缸中心线方向上的分力为：

$$P_1\sin\beta=\frac{P}{\cos\beta}\sin\beta=P\tan\beta=N$$

此力恰好与十字头对滑道的侧向力大小相等、方向相反，形成一力偶矩。因其有使机身倾倒的可能，所以也称为倾覆力矩。

⑤ 摩擦力矩和主轴上所受的摩擦力矩大小相等、方向相反，它通过轴承传到机身上，其方向与曲轴转向一致。

（6）基础　基础受力有旋转惯性力 I_r 和往复惯性力 I_s 及自重 G 等，力矩有倾覆力矩 N_a 和摩擦力矩 M_f，如图 3-28 所示。

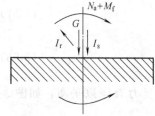

图 3-28　基础受力分析

对以上压缩机零部件进行受力分析可得出以下几点结论。

① 压缩机中的气体力（活塞力）P_q 能够在机器内部自行平衡掉，不传到外界，所以是"内力"，它只是使相应的连接部分产生应力。往复摩擦力 R_s 也是内力。

② 未平衡的往复惯性力 I_s 是"外力"或称"自由力"，它能通过轴承和机座传到基础上去，I_s 的大小和方向都是变化的，因而造成基础和机器的振动。属于外力的还有旋转惯性力 I_r，它的大小不变，但方向变化，所以也会引起机器和基础的振动。

③ 倾覆力矩通过地脚螺钉传给基础，由地基构成的支反力矩与之平衡。

④ 压缩机的阻力矩 M_k 随曲柄转角 α 周期性变化，而原动机驱动力矩 M_d 通常是一个不变的数值。尽管在机器的每一转中，阻力矩所消耗的功率与驱动力矩所提供的功率保持相等，因此维持压缩机转速 n 不变，但是每一个瞬时两者的数值并不相等，这就使机器产生加速或减速的现象，即

$$M_d-M_k=J\varepsilon \tag{3-60}$$

式中　J——压缩机全部旋转质量（主要是飞轮）的惯性矩，$kg\cdot m^2$；

ε——飞轮的角加（减）速度，rad/s^2。

四、惯性力的平衡

惯性力的大小和方向周期性变化，引起机组（包括机器和基础）的振动，振动的危害性如下：

① 影响管道连接的可靠性。

② 加剧运动件中的摩擦和磨损，影响机器和厂房的寿命。

③ 由于地基的阻尼，增加了能量损耗。

④ 影响操作人员的身心健康。

减小机器振动的办法如下。

① 加大基础以减少振动，称为外部法。

② 在压缩机内部使惯性力得到平衡，称为内部法。

前者只有在不得已时方可采用，后者是从引起振动的内因去解决，所以是最有效的办法。

(一) 单列压缩机惯性力的平衡

1. 旋转惯性力的平衡

因为旋转惯性力 I_r 是一种离心力，它是由于旋转不平衡质量绕曲轴中心线旋转产生的。如果在曲轴不平衡质量的旋转轨道的对称位置上，加上一个和不平衡质量相等的另一个物体，并把两物体刚性连接，则两物体旋转时产生的离心力恰好大小相等、方向相反，即

$$m_0 r_0 \omega^2 = m_r r \omega^2 \tag{3-61}$$

式中 r_0——平衡重的重心到曲轴 O 点的旋转半径，m；

r——曲柄销旋转半径，m；

m_0——平衡重的总质量，kg；

m_r——旋转不平衡总质量，kg；

ω——曲轴旋转角速度，rad/s。

采用该方法可使压缩机的旋转惯性力得到平衡，并且由于两平衡重的对称排列（见图 3-29），它们的惯性力矩也相互平衡。

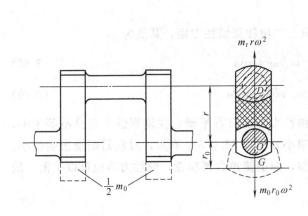

图 3-29 旋转惯性力的平衡

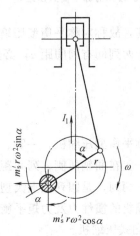

图 3-30 单列压缩机往复惯性力平衡

根据式 (3-61) 确定 r_0 后，可计算每块平衡重的质量：

$$\frac{m_0}{2} = \frac{r}{2r_0} m_r \tag{3-62}$$

2. 往复惯性力的平衡

往复惯性力一般不能用加平衡重的方法来平衡，但它可以使一阶惯性力转向。如图 3-

30 所示，在曲柄相对的方向再设一个质量 m'_s，则沿曲柄方向产生一个离心力 $m'_s r\omega^2$。当 $m'_s = m_s$ 时，此力分解为垂直分力和水平分力。垂直分力为 $m'_s r\omega^2 \cos\alpha$ 与式（3-47）中的一阶惯性力相等、方向相反，得到力平衡。但水平分力 $m'_s r\omega^2 \sin\alpha$ 却成为自由力，在水平方向周期性变化，引起水平方向的振动。所以，在单列压缩机中设置平衡块只能使一阶惯性力在曲轴旋转平面内转向 90° 而不能平衡，实际中因加平衡块的方法简单，常将部分惯性力转向 90°，使不平衡的惯性力均匀些，对于卧式压缩机可减少水平振动，对于立式压缩机可以使轴承的负荷沿四周均衡性好些。

（二）多列压缩机惯性力的平衡

多列压缩机的总惯性力和力矩是各列惯性力和力矩的合成，所以可以通过其结构的合理布置使往复惯性力得到部分或完全平衡。

1. 对称平衡型压缩机

对称平衡型压缩机中的各列对称地排列在曲轴两侧，曲柄错角为 180°，如图 3-31 所示。因其运动方向相反，故两列的往复惯性力恰好相反，都能自己平衡。

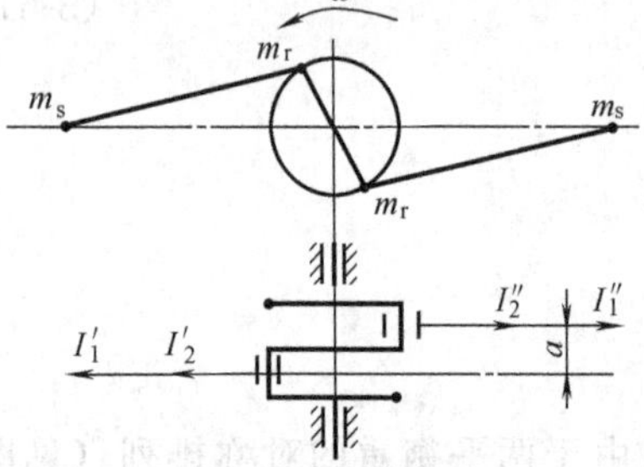

一阶惯性力的合力为：

$$I_1 = I'_1 - I''_1 = (m'_s - m''_s) r\omega^2 \cos\alpha \tag{3-63}$$

二阶惯性力的合力为：

$$I_2 = I'_2 - I''_2 = (m'_s - m''_s) r\omega^2 \lambda \cos2\alpha \tag{3-64}$$

如果两列往复运动质量相等，即 $m'_s = m''_s = m_s$，则 $I_1 = 0$，$I_2 = 0$，这说明一阶惯性力及二阶惯性力均达到完全平衡，故称对称平衡型压缩机。

图 3-31 对称平衡式压缩机

由于两列间有列间距 a，必然存在一阶、二阶往复惯性力矩，其值为

$$M_1 = m_s r\omega^2 a \cos\alpha \tag{3-65}$$

$$M_2 = m_s r\omega^2 \lambda a \cos2\alpha \tag{3-66}$$

对称平衡型压缩机，一阶、二阶往复惯性力均能自行平衡，往复惯性力矩虽不等于零，但汽缸分置在曲轴两侧，列间距可以取得很小，所以 M_1、M_2 不大，对机器振动影响很小。如果不是两列，是四列以上大型对称平衡型，曲柄错角合理布置，惯性力矩也可以平衡，故这种压缩机的惯性力及力矩平衡较好。

2. 角式压缩机

此类压缩机的特点是，一个曲拐上并列有两列或两列以上的连杆，一个连杆对应一列汽缸，各列汽缸中心线互成一定角度，如 45°、60°、90°、120° 等。前述压缩机的汽缸中心线是平行的，其往复惯性合成力可取代数和。然而对于角度式压缩机，由于各列汽缸中心线互成一定的角度，其往复惯性合成力为矢量和。下面主要研究 L 型压缩机的惯性力平衡。

L 型压缩机的两列夹角为 90°，一列水平，一列垂直，两列的连杆共用一个曲柄销，如图 3-32 所示。

垂直列的一阶惯性力为：

$$I_1' = m_s' r\omega^2 \cos\alpha$$

水平列的一阶惯性力为：

$$I_1'' = m_s' r\omega^2 \cos(90°-\alpha) = m_s' r\omega^2 \sin\alpha$$

则一阶往复惯性力的合力为：

$$I_1 = \sqrt{I_1'^2 + I_1''^2}$$

若 $m_s' = m_s'' = m_s$，其值为：

$$I_1 = m_s r\omega^2 \sqrt{\cos^2\alpha + \sin^2\alpha} = m_s r\omega^2 \qquad (3\text{-}67)$$

可见 L 型压缩机的一阶往复惯性力的合力为定值（某一列的最大值），其方向沿曲柄指向外，方位随曲柄一起旋转而定，因此可在曲柄上加装平衡质量予以平衡（同时考虑旋转质量的数值）。此类压缩机，设计时应力求使两列往复质量相等。为此生产实际中，低压列采用较轻的铝制活塞或空心活塞，而高压列需增加活塞质量。

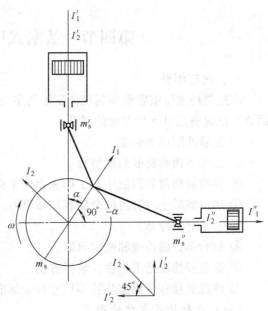

图 3-32 角度式（L 型）压缩机惯性力平衡

垂直列的二阶往复惯性力为：

$$I_2' = m_s' r\omega^2 \lambda \cos\alpha$$

水平列的二阶往复惯性力为：

$$I_2'' = m_s' r\omega^2 \lambda \cos 2(90°-\alpha) = -m_s'' r\omega^2 \lambda \cos 2\alpha$$

若 $m_s' = m_s'' = m_s$，则二阶往复惯性力的合力为：

$$I_2 = \sqrt{I_1'^2 + I_1''^2} = \sqrt{2} m_s r\omega^2 \lambda \cos 2\alpha \qquad (3\text{-}68)$$

可见，二阶往复惯性力的合力大小为周期性变化，而作用方向不变，且始终与水平列成 45°，故不能用加平衡重的方法加以平衡。

由于两连杆均在同一曲柄销上，列间距很小，故往复惯性力矩可忽略不计。

五、转矩的平衡

由前述所知，驱动机提供的功和压缩机所消耗的功在一个周期内（每一转中）是相等的，但是在某瞬时两者并不一定完全相同，驱动力矩 M_d 或大于阻力矩 M_k 或小于阻力矩 M_k。当 $M_d > M_k$ 即输入功率有盈余时，曲轴就会加速；当 $M_d < M_k$ 即输入功有亏缺时，曲轴就会减速，使压缩机的转速极不平稳，主轴转速产生波动。

压缩机的主轴转速波动，与不平衡惯性力一样，对机组的运转起着以下不利的影响。

① 在运动部件的连接处产生附加动载荷，从而降低机械效率和工作的可靠性。

② 机器在垂直于曲轴的平面内引起振动。

③ 如果是电机直接驱动，则要引起供电电网中电压波动。

控制主轴转速周期性波动的基本方法，就是在主轴上设置一个飞轮，即增大旋转质量的转动惯量。当驱动力矩大于阻力矩时，飞轮利用自身巨大的转动惯量，将多余的功积蓄起来；当阻力矩大于驱动力矩时，飞轮转速稍减，放出积蓄的能量。因此，所谓转矩的平衡，实际上就是根据允许的角速度波动幅度，选择适当的飞轮矩——表明飞轮吸收能量本领的量。

第四节　活塞式压缩机的主要零件

一、汽缸组件

汽缸是构成压缩容积实现气体压缩的主要部件，是压缩机主要零部件中最复杂的一个，因此汽缸应满足以下几方面的要求。

① 足够的刚度和强度。
② 工作表面有良好的耐磨性。
③ 在有油润滑的汽缸中，工作表面处于良好的润滑状态。
④ 尽可能减小汽缸内的余隙容积和阻力。
⑤ 有良好的冷却。
⑥ 结合部分的连接和密封可靠。
⑦ 有良好的制造工艺性，装拆方便。
⑧ 汽缸直径和气阀安装孔等尺寸符合标准化、通用化、系列化的要求。

（一）汽缸的基本结构形式

汽缸的结构主要取决于气体的工作压力、排气量、材料、冷却方式以及制造厂的技术条件等。汽缸形式很多，按冷却方式分，有风冷和水冷两种；按缸内压缩气体的作用方式分，有单作用、双作用及级差式汽缸；按汽缸所用材料分，有铸铁、稀土球墨铸铁、钢等。

1. 铸铁汽缸

汽缸因工作压力不同而选用不同强度的材料。一般工作压力低于 6.0MPa 的汽缸用铸铁制造，工作压力低于 20MPa 的汽缸用铸钢或稀土球墨铸铁制造，工作压力更高的汽缸则用碳钢或合金钢制造。

铸铁是制造低压汽缸较理想的材料，因为它具有良好的铸造性能，不但易于制造出各种复杂的形状，而且还易于切削加工，耐磨性也较好，有一定的强度，特别是铸铁对应力集中敏感性很小，因此承受变载能力强。铸铁汽缸形式较多，小型压缩机多为风冷式单层壁汽缸，中型和大型压缩机则多为形状复杂的双层壁或三层壁汽缸。双层壁汽缸具有突起的阀室，其余部分有水套包围着汽缸工作容积，而三层壁汽缸除了构成工作容积的一层壁外，还有形成水套和阀室的第二层壁以及形成连通阀室的气体通道的三层壁。如图 3-33 所示为 4M12-45/210 二氧化碳压缩机的一级缸，其作用是水冷双作用组合铸铁汽缸。组合结构由环形缸体、锥形前缸盖、锥形后缸盖以及汽缸套四部分组成。因这种结构的缸体和缸盖是分段的，所以铸铁应力降低，铸造和机加工都比较方便，但密封比较困难且汽缸的同轴度较差。汽缸盖与缸体是用长螺栓连接在一起的，结合处加有衬垫以防漏气。镶入缸套的目的是可用质量高、耐磨性好的铸铁制造，延长寿命，并可通过更换不同内径的缸套，得到不同的吸入容积，因而更能满足汽缸系列化的要求。为了冷却汽缸壁，缸套与外面一层壁构成的空间通以冷却水，称为水套。进、排气阀配置在前后缸盖上。在左侧前缸盖上设有调节排气量的辅助余隙容积即补助容积，在右侧的后缸盖上因有活塞杆通过，故设有密封用填料函。

如图 3-34 所示为 L3.3-17/320 氮氢气压缩机的一级缸，它为水冷双作用组合式铸铁三层壁汽缸。所谓三层壁汽缸是指除构成工作容积的内缸壁外，还设有一层为了将水道和气道隔开的中间壁。内层空腔为水冷夹套，水夹套包在整个缸体和气阀的周围，外层空腔即为气道，气道又分隔成吸入通道和排气通道，分别与吸气阀和排气阀相通。平缸盖上设有轴向布

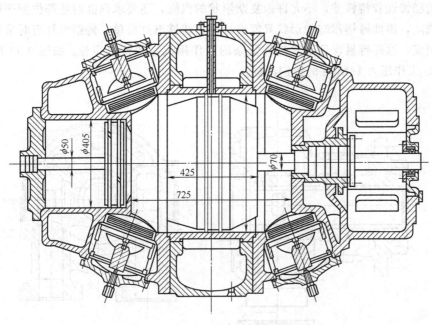

图 3-33　铸铁汽缸

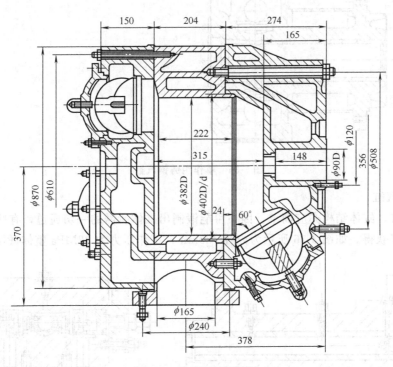

图 3-34　三层壁铸铁汽缸

置的进、排气阀各两个，锥形缸座上设置有倾斜布置（气阀中心线与汽缸轴线呈 60°）的进、排气阀各两个。气阀在汽缸上的布置方式，对压缩机的容积效率和汽缸结构有很大影响。布置气阀的主要要求是，在满足余隙空间最小的条件下，使通道面积最大；结构简单，制造、安装维修方便。

2. 铸钢汽缸

铸钢的浇铸性较铸铁差,不允许做复杂形状的汽缸,还要求汽缸的各部位便于检查和焊补存在的缺陷,因此铸钢汽缸的形状只能设计得比铸铁汽缸简单。铸钢汽缸有时采用分段焊接的方法制成,这样容易保证形状较为复杂的双作用汽缸的铸造质量。如图 3-35 所示为内径 185mm、工作压力 13MPa 的铸钢汽缸。

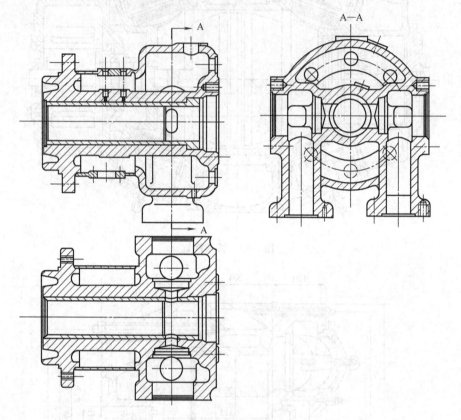

图 3-35　单作用铸钢汽缸

3. 锻制汽缸

锻制汽缸,缸体结构亦应简单。因不可能锻制出缸体所需的一切通道,有些通道只能依靠机械加工来获得。如图 3-36 所示为内径 ϕ80mm,工作压力为 32MPa 整体锻制汽缸。

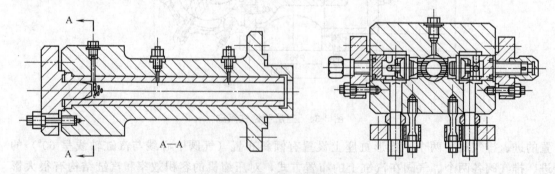

图 3-36　锻制汽缸

为保证工作的可靠性,压缩机列中的所有汽缸以及汽缸与十字头的中心线都要有较高的同心性,为此,汽缸上一般设有定位凸肩。定位凸肩导向面应与汽缸工作表面同心,而其结合面要与中心线垂直。

(二) 汽缸的工作表面

1. 对汽缸工作表面的要求

汽缸中的内圆表面为汽缸的工作表面,供活塞在其中往复运动,并保持滑动部分的气密性,以形成所需的压缩容积。

为了保证活塞对汽缸工作表面的可靠密封,须将活塞环运动时扫过的汽缸工作表面精密加工。工作表面的长度应满足以下要求:即活塞在内、外止点时,相应的最外一道活塞环能超出工作表面 1~2mm,以避免因运行磨损形成台阶。为了便于加工工作表面和安装活塞,应使工作表面两端之外的表面取较大直径,且与工作表面呈锥面过渡,锥面的斜度一般取 1:3 或等于 15° 的斜角。

由于活塞和活塞环在汽缸工作表面上滑行,从而使汽缸表面受到磨损。为了减小磨损,应恰当地选择活塞环和汽缸工作表面的硬度和配合,一般使活塞环的硬度较汽缸工作表面的硬度高 10~20 布氏硬度单位。汽缸工作表面的表面粗糙度对其有很大意义,有时工作表面必须精磨或研磨。

2. 汽缸套

采用汽缸套的原因如下。

① 高压级的锻钢或铸钢汽缸,因钢的耐磨性较差,易于产生将活塞环咬死的现象,为此镶入摩擦性能好的铸铁缸套。

② 高速或高压汽缸以及压缩较脏气体的汽缸,其磨损相当强烈。工作一段时间以后汽缸便要修理,修理时,可重新镗缸壁,然后压入一个缸套。

③ 便于实现汽缸尺寸系列化。

汽缸套有干式和湿式两种。所谓湿式汽缸套,就是汽缸套外表面直接与冷却水接触,一般用于低压级。采用湿式缸套,不仅有利于传热和便于汽缸铸造,而且有利于汽缸系列化。所谓干式缸套,指汽缸套外表面不与冷却水接触,它不过是汽缸内表面附加的一个衬套而已。采用干式汽缸套,即增加了汽缸加工工时,又恶化了工作表面的冷却条件。因干式缸套与缸体的配合要求较高,除压缩脏的气体或腐蚀性强的气体采用以外,一般低压级汽缸不采用,但高压级钢质汽缸中,均采用干式汽缸套。

缸套材料应具有较好的耐磨性,所以常采用高质量的珠光体铸铁,如压力在 (30~40)×100kPa 以下时采用 HT20-40;压力较高时采用 HT30-54。为了改善传热条件,缸套的壁应尽量薄一些,一般中等直径的缸套,壁厚 $\delta = 35 \sim 40$mm。

干式缸套应与缸体贴和为一体,一般采用过盈配合。为了安装时压入方便,将汽缸套外侧及汽缸内表面做成对应的阶梯形式,可分为二段或三段 (见图 3-37)。高压、单作用汽缸,考虑到气体压力沿汽缸轴线方向是变化的,故建议只在接近气阀的 1/3 的缸套长度上采用过盈配合。因为注油点通常都在中间位置,为了防止漏气,所以靠定位凸肩一侧的两端都采用过盈配合,只有离定位凸肩最远的一段取间隙配合 (见图 3-37)。但是在单作用汽缸中,这种结构常常在气阀通道处断裂,以至掉入低压缸。为了避免造成这类情况,将汽缸套的定位面移至气阀通道的内侧 (见图 3-38)。

为了简化汽缸和汽缸套的加工,除定位凸肩以外,其余部分圆表面不加工成阶梯形,只把靠近定位凸肩的一半汽缸长度按过盈配合加工,离定位凸肩较远的另一半长度按间隙配合加工,如图 3-38 所示。

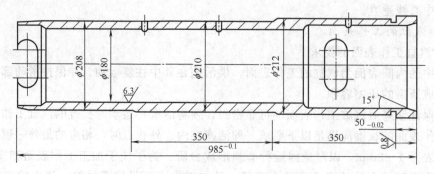

图 3-37 外圆表面呈阶梯形的汽缸套

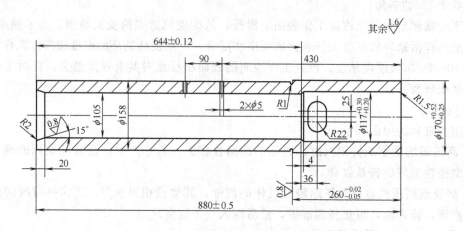

图 3-38 外圆表面平直的汽缸套

(三) 汽缸的润滑与冷却

汽缸润滑的目的是为了改善活塞环的密封性能，减少摩擦功和磨损，并带走摩擦热。汽缸一般都采用压力润滑，压力润滑油总是通过接管引到汽缸工作表面。大多数是将接管直接拧在汽缸上，接管的形式如图 3-39 所示。为了安全，在接管内带有止回阀。

润滑点的布置，卧式汽缸的润滑点应布置在汽缸的最上方，借助于油的重力和活塞环将其分布到整个工作表面。大直径汽缸因润滑表面大，又因石油气有稀释润滑油的作用，为了保证支承表面的可靠润滑，可在汽缸最下部或距下部不远的两侧互成 80°～90°的位置上增加两个补充润滑点。单作用汽缸的润滑点应布置在靠近汽缸压缩容积第一道活塞环扫过距离的中间位置；双作用汽缸则设置在工作表面的中间汽缸部位，润滑点应沿圆周方向均匀布置。根据汽缸直径的大小，可选 1～4 个注油点。

汽缸一般有指示器接管，接管的孔必须通至汽缸的余隙容积内，且不能被活塞所淹没。接管的布置要使同一列中的所有汽缸都能同时测得指示图。

冷却汽缸的目的是为了改善汽缸壁面的润滑条件和气阀的工作条件，消除活塞环的烧结现象，使汽缸壁面温度均匀，减小汽缸变形。

风冷汽缸依靠汽缸壁加散热片来冷却，环形布置的汽缸刚性较差，但冷却较均匀；而纵向布置的汽缸刚性好，但冷却不均匀，背风面的冷却效果较差。通常采用环向布置的散热片。

在水冷汽缸中应特别注意气阀的冷却，一方面要使气阀充分地冷却，另一方面将吸气腔和排气腔隔开,以保证汽缸有较高的吸气系数。

铸铁汽缸的水套可以直接铸出,但应注意清砂和清洗水道,所以应有适当的清洗手孔。铸钢和锻钢汽缸,不能铸出或加工出封闭水道,须外加水套。有些用钢板焊接在汽缸上,有些做成可拆卸的形式。为了避免在水套内形成死角和气囊,并提高传热效率,冷却水最好从水套一端的最低点进入水套,从另一端的最高点引出。为了使大直径的汽缸冷却更加均匀,可设两个进水口和两个出水口。

对于湿度较大的气体,应使水套中冷却水的进口水温较吸气温度高 5~10K,以免在汽缸中析出冷凝液,因此,汽缸的冷却水常从中间冷却器的出水口引来,以控制其流量。压缩石油气一类重碳氢化合物气体时,气体在汽缸中易冷凝,因此,当压力比不高,排气温度不超过 353~373K 时,最好不加水套。

冷却水如果是硬水,则水温最好不超过 313K,否则在水套壁面易沉淀水垢,降低传热效果。冷却水流速一般取 1~1.5m/s。

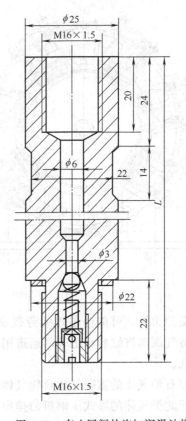

图 3-39　有止回阀的汽缸润滑油接管

(四)气阀在汽缸上的布置形式

气阀在汽缸上的布置形式,对汽缸的结构有很大影响,是设计汽缸所要考虑的主要问题之一。布置气阀的主要要求是,通道截面大,余隙容积小,安装容积小,安装和修理方便。选择气阀数量时,力求统一化,即两级或更多级均采用相同的气阀,而各级所需的通道截面依靠改变气阀数量来实现。

为了简化汽缸的结构,小型无十字头压缩机的气阀可以安装在汽缸盖上。组合阀单个布置能更好地利用端盖的面积,且汽缸的余隙容积也较小。

中、大直径汽缸上的气阀布置在汽缸侧面或汽缸盖上,使气阀的中心线相对于汽缸工作表面的圆周做径向布置,或相对于汽缸中心线做倾斜的(或平行的)布置。径向布置(见图3-40)是最普遍的一种应用方式,气阀与汽缸容积之间的通道有锥形的和圆形的。锥形通道与汽缸容积交接端呈腰形和圆形,后者可以减小汽缸的外径、余隙容积,降低阻力,但增加了汽缸长度。只要汽缸的强度允许,采用这种形式较好。

气阀倾斜地布置在锥形的汽缸盖上,余隙容积小,通道面积大,气体流动损失较小,多列压缩机中还可以缩短列间距离。缺点是汽缸盖的加工复杂,端面密封困难。

气阀中心线与汽缸中心线平行布置,气阀在两个汽缸盖上,这时气阀与汽缸连通通道引起的余隙较小,气流畅通,还可以设置较大直径的气阀。双作用汽缸的气阀常做混合布置。为了减少余隙容积和汽缸长度,盖侧容积的气阀安装在汽缸上,而轴侧容积的气阀在汽缸侧面做径向布置。

在高压下,气阀有时也做径向布置,但是,由于有较大的脉动载荷,在气体通道与汽缸

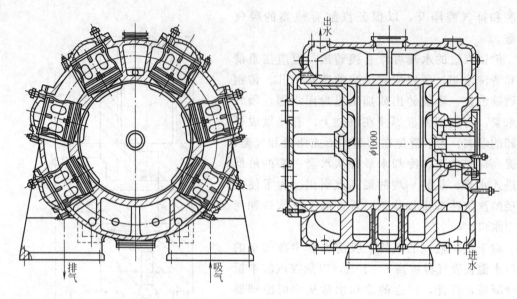

图 3-40 气阀在汽缸上做径向布置

镜面相交的边缘,可能会出现疲劳裂纹。为了提高此处的强度,边缘应当仔细地倒圆、滚压,或将气阀与汽缸容积之间的通道用一系列小孔来代替,更有效的措施是避免在汽缸壁上径向开孔。

压缩石油气类的重碳氢化合物气体时,汽缸内常有冷凝液析出。为了避免液击和便于排液,用于此类气体的卧式压缩机的排出阀和出气管应布置在汽缸的下部。否则,要在下部设置排液阀,定期排出冷凝液。

(五) 汽缸的密封与连接

汽缸与端盖、汽缸与机身以及汽缸与气阀之间都必须密封。一般采用软垫片、金属片、研磨等方法密封。

工作压力低于 4.0MPa 的汽缸,通常采用软垫密封。常用的软垫材料为橡皮和石棉板,也可采用金属石棉垫片,它由铜和石棉制成。常用的密封接口形式如图 3-41 所示,密封面的表面粗糙度 $R_a = 6.3 \sim 3.2 \mu m$。

工作压力较高或密封周长较短的汽缸,采用金属垫片密封。常用的金属垫片材料为铜、铝、不锈钢等。应当注意的是,氨使铜发生分解,而铜与乙炔作用则生成爆炸性的合成物。因此,这些气体或含有这些气体的混合气,不能采用铜垫片。金属垫片对应的密封接口形式如图 3-42 所示。

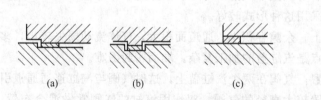

图 3-41 软垫片的密封接口形式

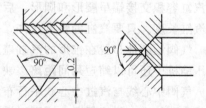

图 3-42 金属垫片的密封接口形式

高压或超高压下常用连接表面直接研磨的方法进行密封,表面粗糙度 $R_a = 0.8 \sim 0.1 \mu m$。安装时,表面涂上少许润滑油或石墨等材料,使气体没有外漏通道。如果密封表面的位置无法进行研磨加工，则在高压时也可用金属垫片进行密封。对于中、低压的密封垫，也可采用塑料制成的垫片。

缸盖与阀盖的固定螺栓，均受交变载荷的作用，因此应当提高其疲劳强度。为此，采用弹性螺栓（见图3-43）。螺杆直径 d 与螺纹内径 d_1 之比，按 $\frac{d}{d_1}=0.9\sim 0.95$ 的范围选择。d 和 d_1 过渡处的半径应按 $(0.2\sim 0.25)d_0$ 的范围选取，此处 d_0 为螺纹外径。

二、活塞组件

在压缩机中，一般将活塞、活塞杆和活塞环称为活塞组件，它是压缩机的重要部件之一。活塞组件的结构取决于压缩机的排气量、排气压力以及压缩气体的性能及汽缸的结构。

（一）活塞

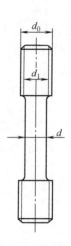

图3-43 汽缸弹性螺栓

活塞与汽缸构成了压缩容积，在汽缸中做往复运动，起到压缩气体的作用。对活塞的基本要求是，活塞必须具有良好的密封性；具有足够的强度、刚度和表面硬度；质量要小并具有良好的制造工艺性等。

1. 活塞的基本结构形式

往复式压缩机中，活塞的基本结构形式有筒形、盘形、级差式等。

(1) 筒形活塞　用于无十字头的单作用压缩机中，如图3-44所示。它通过活塞销与连

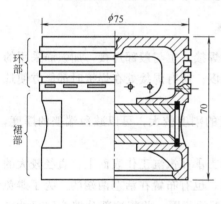

图3-44 筒形活塞

杆小头连接，故压缩机工作时，筒形活塞除起压缩作用外，还起十字头的导向作用。筒形活塞分为裙部和环部。压缩机工作时，侧向力将活塞压向汽缸表面，裙部承受侧向力。在侧向力的作用下，活塞销座附近的裙部壁面发生局部扩张，可能磨坏。为避免发生这一情况，在活塞销座上加筋，同时使销座附近的裙部略向内凹。装有活塞环和刮油环的部分称为环部，一般靠近压缩容积一侧装密封环，靠近曲轴箱一侧的一道或两道装的是刮油环。刮油环通常有两种布置方法，一种是将两道刮油环分别布置在活塞销孔两侧，一种是将两道刮油环都布置在活塞销孔与密封环之间。使用结果表明，后一种布置方法能使支承面得到更好的润滑，刮油效果也较好。

筒形活塞一般采用铸铁或铝制造，主要用于低压、中压汽缸，多用于小型空气压缩机或制冷机。在石油化工厂中，常采用中型、大型压缩机，因此经常遇到的是盘形活塞、级差式活塞、组合式活塞等。

(2) 盘形活塞　如图3-45所示为铸铁盘形活塞。为了减轻质量，一般活塞都做成空心的。为增加其刚度和减少壁厚，其内部空间均带有加强筋。加强筋的数目由活塞的直径而定，为3～8条。为避免铸造应力和缩孔，以及防止工作中因受热而造成的不规则变形，铸铁活塞的筋不能与壳部和外壁相连。

为了支承型芯和清除活塞内部空间的型砂，在活塞端面每两筋之间开有清砂孔，清砂后用螺塞堵死。

直径较大的活塞常采用焊接结构，为了提高刚度和强度，除布置数目较多的加强筋以

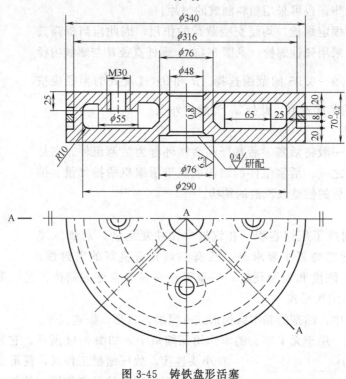

图 3-45 铸铁盘形活塞

外,还需合理选择筋的形状与连接方式。筋不仅与端面焊接,也与毂部焊接。加强筋采用的形式应能保证负荷最大的端面与壳部过渡处具有足够强度;所有焊接处在焊接时都能方便地通达,以保证焊接质量。

在锥形汽缸中,活塞相应地制成锥形。由于锥形壁的刚度较大,可以减薄端壁的厚度,从而减轻活塞质量。

除立式压缩机外,其余各种压缩机的盘形活塞大多支承在汽缸工作表面上,直径较大的活塞专门以耐磨材料制成承压面,一般都设在活塞中间,也有布置在活塞两端的。为了避免活塞因热膨胀而卡住,承压表面在圆周上只占 90°或 120°的范围,并将这部分按汽缸尺寸加工。活塞的其余部分与汽缸有 1～2mm 的半径间隙。承压面两边 10°～20°的部分略锉去一点,而前后两端做成 2°～3°的斜角,以形成楔形润滑油层。

(3) 级差式活塞 用于串联两个以上压缩机级的级差式汽缸中。如图 3-46 所示为大型氮氢混合气压缩机的级差活塞,低压机为铸铁活塞。

级差式活塞大多制成滑动式。为了易于磨合和减小汽缸镜面的磨损,一般都在活塞的支承面上铸有轴承合金。为使距曲轴较远的活塞能够沿汽缸表面自动定位,末级活塞与前一级活塞可以采取滑动连接。在串联三级以上的级差式活塞中,采用球形关节连接(见图 3-46),末级活塞相对于前一级活塞既能做径向移动,又能转动。高压活塞有可能发生弯曲,为了避免活塞与汽缸摩擦,高压级活塞的直径应比汽缸直径小 0.8～1.2mm。

经常向同一方向作用的高压级活塞上的活塞力,在连接关节中会引起很大的摩擦力,这就使径向的自动调节产生困难,因此采用双球形关节连接,这样,通过球形关节中心线的两次曲折,可以不需要很大的力即可得到径向移动力,但其结构不紧凑,采用得不多。

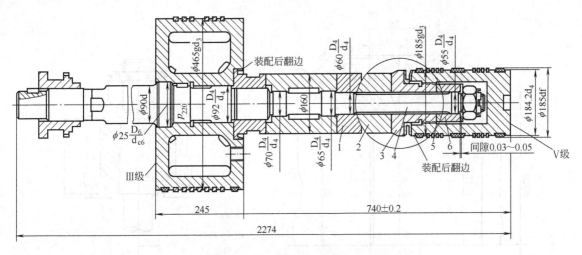

图 3-46 具有两个压缩级的级差活塞
1,6—球面座零件；2,5—球面零件；3,4—连接零件

2. 活塞材料

活塞常用的材料见表 3-1。

表 3-1 活塞常用的材料

活塞结构形式		材 料					
筒形活塞		ZL7	ZL8	ZL10	HT200	HT250	HT300
盘形活塞	铸造	ZL7	ZL8	ZL10	ZL15	HT200	HT250	HT300
	焊接	20钢	16Mn	Q235	ZG25B			
级差活塞	低压部分	HT200	HT250	HT300 或 20钢	16Mn	Q235 焊接结构		
	高压部分	ZG25 或锻钢						
柱塞		35CrMoAlA、38CrMoAlA，均渗氮						
迷宫活塞		一般由三部分组成，上下为铸铁件，中间段为铝合金制						

（二）活塞杆及与活塞的连接

活塞杆是用来连接活塞与十字头的，用来传递活塞力，一般分为贯穿活塞杆与不贯穿活塞杆两种。活塞杆与活塞的连接，通常采用圆柱凸肩连接和锥面连接两种。如图 3-47 所示为活塞杆与活塞为凸肩连接的结构，整个活塞力的传递分别由活塞杆上的凸肩和螺母来承担，所以要求连接可靠。活塞凹槽与活塞杆凸肩的支承面需研磨，以增大有效接触面和改善密封性能。

由于活塞杆承受复杂的交变载荷，为改善受力情况，减少应力集中，活塞杆的连接螺纹制成细牙螺纹，螺纹的根部倒圆，如图 3-47 所示。此外，活塞杆受到载荷后，活塞杆和活塞之间有可能产生轴向间隙。为了防止活塞发生松动，活塞与活塞杆的连接螺母必须有防松措施。防松方法有加开口销或加制动垫圈，以及螺母凸缘翻边等。同时在另一端用键或销钉将活塞周向固定，否则活塞与活塞杆要发生相对转动。锥面连接如图 3-48 所示，其优点是装拆方便，活塞与活塞杆不需要定位销，但锥面的加工复杂，且难以保证锥面间密切贴合，也难以保证活塞与活塞杆的垂直度，故这种方法很少使用。

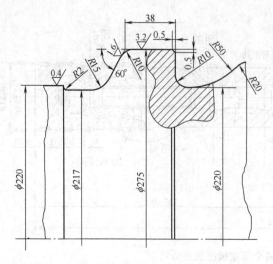
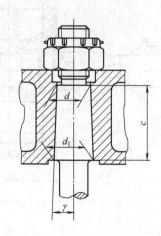

图 3-47　活塞杆与活塞是凸肩连接的结构　　　　图 3-48　活塞与杆的锥面连接结构

（三）活塞环

活塞环是密封汽缸镜面和活塞间缝隙的零件，另外，它还起到布油和导热的作用。对活塞环的基本要求是密封可靠和耐磨损。活塞环是易损件，应尽量选用标准件和通用件。

1. 活塞环的密封原理

活塞装入汽缸时，由于活塞环材料本身的弹性产生一个对汽缸壁的预紧力（见 3-49），气体通过间隙产生节流，压力由 p_1 降至 p_2，于是在活塞前后产生一个压差（p_1-p_2），在此压差的作用下，活塞环被推向压力低（p_2）的一方，即阻止了气体沿环槽端面的泄漏。在环的内表面上作用的气体压力（简称背压）可近似认为等于 p_1。而作用在环的外表面的气体压力是变化的，近似认为沿环轴向上是直线变化的，其平均值等于 $1/2(p_1+p_2)$。于是在环的内、外表面形成压差 $\Delta p = p_1 - 1/2(p_1+p_2) = 1/2(p_1-p_2)$，在此压差作用下，使环压向汽缸工作表面，阻塞了气体的泄漏。

如图 3-50 所示，金属活塞环是一个开口的圆环。在自由状态下，其外径大于汽缸内径，而内径小于活塞外径，因此装入汽缸后产生了预紧力 [见图 3-50（b）]。

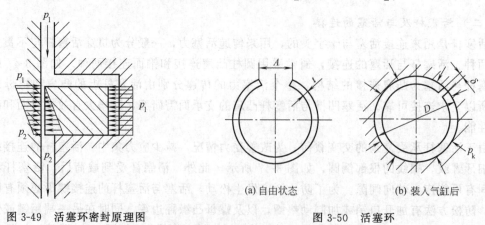

图 3-49　活塞环密封原理图　　　　　　　　　图 3-50　活塞环

2. 活塞环数

气体经过多道活塞环的阻塞和节流作用后，泄漏基本上被堵住，只有微量的泄漏。由

图 3-51 可知，气体从高压侧的第一道环逐级漏到最后一道环时，每道环承受的压力差都不一样。气体经第一道活塞环阻塞节流密封以后，其气体压力约为原压力的 26%；经第二道环密封作用以后，气体压力仅为原压力的 10%；经第三道环以后仅为原压力的 7.6%。由此可知：

① 密封环的密封主要靠前三道，且第一道环承受的压力差最大；

② 三道环以后增加环数所起密封作用不大；

③ 随着转速增加，第一道环承受的压差增加，其次各道依次降低。

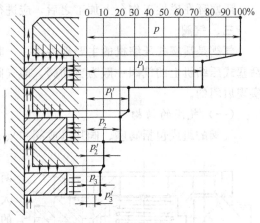

图 3-51 气体通过活塞环的压力变化

所以活塞环数不易过多，过多反而增加磨损和功耗。不过在高压级中，第一道环因压差大，磨损也大。第一道环磨损以后，缝隙增大而引起大量泄漏，即失去了密封作用，此时主要压力差由第二道环承担，第二道环即起第一道环的作用，其磨损也加剧。依次类推，所以高压级中要采用较多的活塞环数。

环数的多少要根据实际情况而定，如高转速，从泄漏上考虑环数可少些；对于易漏气体可多些；采用塑料活塞环时，因密封性能好，环数可比金属少些。另外，活塞环与所密封的压力差、环的耐磨性、切口形式等有关，所以实际压缩机中也不一致，一般选用见表 3-2。

表 3-2 活塞两边的压差与活塞环数的选用

活塞两边的压差/10^2kPa	5	5～30	30～120	120～240
活塞环数 Z	2～3	3～5	5～10	12～20

3. 活塞环的切口形式

活塞环的切口是为了获得弹力。如图 3-52 所示，活塞环的切口形式通常采用直口和 45°斜口两种，搭口的密封性在使用中和直口、斜口无显著差别，且工艺复杂、安装时环端易折断，所以很少使用。斜口比直口的密封效果好，因为泄漏量与切口横截面成正比，直口泄漏量与 A 成正比，斜口泄漏量与 $A\sin\alpha$ 成正比，因此斜口应用广泛。

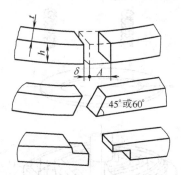

图 3-52 活塞环切口形式

安装时，将不同斜口的活塞环交替安装在活塞上，且将开口位置错开 90°，密封效果更好。

4. 活塞环的技术要求

（1）表面要求 铸铁活塞环的硬度较缸套的硬度高 10%～15% 较为适合。如果采用经硬化处理的钢质缸套，或是超高压压缩机的高硬度碳化钨缸套，则将合金铸铁活塞环的硬度提高到 320～350HB。同一活塞环上的硬度不能相差 4 个布氏硬度单位。

铸铁活塞环的表面不允许有裂痕、气孔、夹杂物、疏松等铸造缺陷，环的两端及外圆柱面上不允许有划痕。

（2）加工精度 活塞环的外径 D 按 gd3 公差加工，高度 h 按 df 公差制造。

活塞环在磁性工作台上加工之后，应进行退磁处理。

三、气阀

气阀是活塞式压缩机的主要部件之一，其作用是控制气体及时吸入和排出汽缸。目前，活塞式压缩机上的气阀一般为自动阀，即气阀不是用强制机构而依是靠阀片两侧的压力差来实现启闭的。

（一）气阀的结构

气阀的组成包括阀座、阀片（或阀芯）、弹簧、升程限制器等，如图3-53所示。

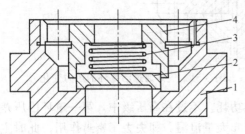

图 3-53 自动阀的组成
1—阀座；2—阀片；3—弹簧；4—升程限制器

气阀未开启时，阀片紧贴在阀座上，当阀片两侧的压力差（对气阀而言，当进气管中的压力大于汽缸中的压力，或对排气阀而言，当汽缸中的压力大于排气管中的压力）足以克服弹簧力与阀片等运动质量的惯性力时，阀片便开启。当阀片两侧压差消失时，在弹簧力的作用下使阀片关闭。

气阀的形式很多，按气阀阀片结构的不同形式可分为环阀（环状阀、网状阀）、孔阀（碟状阀、杯状阀、菌形阀）、条状阀（槽形阀、自弹条状阀）等。其中以环状阀应用最广，网状阀、组合阀次之。

1. 环状阀

如图3-54所示为环状阀的结构，它由阀座1、阀片3、弹簧4、升程限制器5、连接螺栓2、螺母6等零件组成。阀座呈圆盘形，上面有几个同心的环状通道，供气体通过，各环之间用筋连接。

当气阀关闭时，阀片紧贴在阀座凸起的密封面（俗称凡尔线）上，将阀座上的气流通道盖住，截断气流通路。

升程限制器的结构和阀座相似，但其气体通道和阀座通道是错开的，它控制阀片升起的高度，成为气阀弹簧的支承座。在升程限制器的弹簧座处，常钻有小孔，用于排除可能积聚在这里的润滑油，防止阀片被黏在升程限制器上。

阀片呈环状，环数一般取1~5环，有时多达8~10环片。环片数目取决于压缩气体的排气量。

弹簧的作用是产生预紧力，使阀片在汽缸和气体管道中没有压力差时不能开启。在吸气、排气结束时，借助弹簧的作用力能自动关闭；此外，它还使阀片在开启、关闭时避免剧烈冲击，延长了阀片和升程限制器的作用。

气阀依靠螺栓将各个零件连在一起，连接螺栓的螺母总是在汽缸外侧，这是为了防止螺母脱落进入汽缸的缘故。吸气阀的螺母在阀座的一侧，排气阀的螺母在升程限制器的一侧。在装配和安装时，应注意切勿把排气阀、吸气阀装反，以免发生事故。

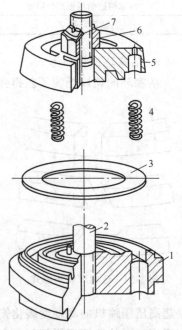

图 3-54 环状阀的结构
1—阀座；2—连接螺栓；3—阀片；
4—弹簧；5—升程限制器；
6—螺母；7—开口销

如图 3-55 所示为一个四通道的环状阀，用于低压级的进气侧。阀片由装在升程限制器中的弹簧压住，因而升程限制器的通道与阀座的通道处在不同的直径上。

2. 网状阀

如图 3-56 所示为网状阀的结构图。阀片呈网状，相当于将环状阀片连成一体。阀片本身具有弹性，自中心数起的第二圈上将径向筋条铣出一个斜口，同时在很长弧度内铣薄时，即能在升程内上下运动。网状阀的优点是，

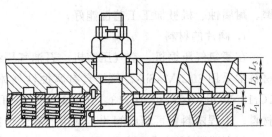

图 3-55 环状阀的结构图

当阀片中心圈被夹紧而外缘四周作为阀片时，各环阀片起落一致，阻力较环状阀小；设计缓冲片，阀片对升程限制器的冲击小；弹簧力能适应阀片启闭的需要；无导向部分摩擦。网状阀的缺点是，阀片结构复杂，气阀零件多，制造困难，技术条件要求高，应力集中处多，运行容易损坏。它在进口压缩机上应用较多，特别适用于无油润滑压缩机。

（二）对气阀的要求

气阀工作的好坏，直接影响压缩机的排气量、功率消耗和运转的可靠性，故气阀工作时要注意以下几点。

(1) 阀片启闭应及时　若开启不及时，压力损失增加，增加功耗，对吸气量也有影响。若关闭不及时，使气体倒流，不仅影响排气量，而且阀片对阀座的撞击大，降低阀片寿命。

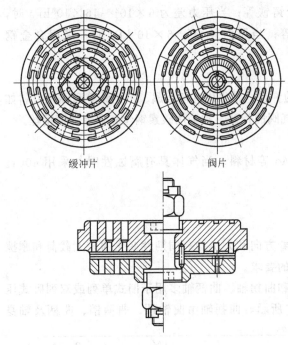

图 3-56 网状阀的结构

(2) 气体通过气阀的阻力要小　由于气阀的节流作用所引起的功耗较大，有时竟达到指示功率的 15%～20%，其大小与采用的气阀形式、气阀结构参数及阀片运动规律有关。

(3) 气阀的寿命要长　气阀中最易损坏的元件是阀片和弹簧，而弹簧和阀片的寿命不仅与所用材料、工艺过程有关，而且和阀片对升程限制器和阀座的反复撞击速度有关，要求阀片在反复撞击下，不致过早的磨损和破坏。

(4) 气阀关闭时严密不漏　为使气阀严密不漏，密封元件应具有较高的加工精度，阀片与阀座的密封口应完全贴合。密封性能在装配后用煤油试漏，从阀座侧注入煤油 5min 之内，只允许有少量的滴状渗漏。

此外，还要求气阀余隙容积要小，噪声小，结构简单，制造维修方便，以及气阀零件（特别是阀片）的标准化、通用化水平要高。

（三）气阀的材料

气阀是在冲击载荷条件下工作的，所以对气阀的材料有较高要求，强度高、韧性好、耐

磨、耐腐蚀、机械加工工艺性能好。

1. 阀片的材料

在氮氢气压缩机、空气压缩机、石油气压缩机中，由于被压缩的气体没有腐蚀性，阀片材料常采用 30CrMnSiA。压缩具有腐蚀性气体（如 CO_2、氧气）的压缩机阀片材料常采用 1Cr18Ni9Ti、3Cr13、2Cr13、1Cr13 等，还可采用 30CrMoA、20CrNi4VA、37CrNi3A 等材料。工程塑料也可制成阀片，常用的有纯聚四氟、填充聚四氟乙烯、浇铸尼龙 6 等。

超高压压缩机气阀阀芯常采用高强度的轴承钢 GCr15、合金钢 35CrMo、35CrMoVA 等材料。

2. 阀座和升程限制器的材料

阀座和升程限制器的材料是根据气阀两侧不同压力差选取的。压力差大于 40×10^2 kPa 时，采用优质碳钢 35、40、45 或合金钢 40Cr、35CrMo 等；当压力差为 $16 \times 10^2 \sim 40 \times 10^2$ kPa 时，采用锻钢、稀土球墨铸铁、合金铸铁等；当压力差为 $6 \times 10^2 \sim 16 \times 10^2$ kPa 时，采用 HT30-54、稀土球墨铸铁、合金铸铁等；当压力差小于 6×10^2 kPa 时，采用合金钢 33CrNiMoA。

3. 气阀弹簧材料

压缩腐蚀性气体的压缩机和氧气压缩机的弹簧，常采用有色金属、不锈钢等耐腐蚀材料如 4Cr13、1Cr18Ni9Ti、Qsi3-1 等。一般压缩机气阀的弹簧，常采用碳素钢丝和合金弹簧钢丝。

4. 连接螺栓螺母的材料

螺栓材料一般采用 35、40、45、35CrMo 等材料。当气体具有腐蚀性时，采用 40Cr。螺母材料一般采用 A2、A3。

四、传动机构

（一）曲轴

曲轴是压缩机中主要的运动件，它承受着方向和大小均有周期性变化的较大载荷和摩擦磨损。因此，对疲劳强度与耐磨性均有较高的要求。

压缩机曲轴有两种基本形式，即曲柄轴和曲拐轴。曲柄轴多用于旧式单列或双列卧式压缩机，这种结构已被淘汰。曲拐轴如图 3-57 所示，曲拐轴由曲轴颈、曲柄销、曲柄及轴身

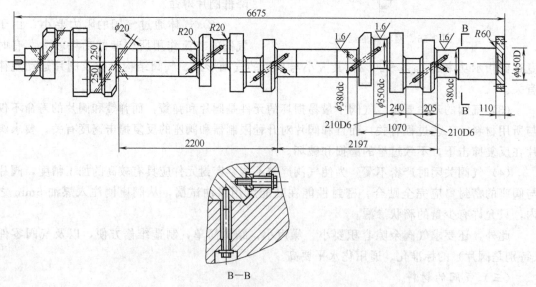

图 3-57 曲拐轴

等组成。现在大多数压缩机采用这种结构，它广泛应用在对称平衡式、角度式、立式等压缩机中。

压缩机曲轴通常都设计成整体式，在个别情况，例如在制造和安装方面有要求时，也可以把曲轴分成若干部分分别制造，然后用热压配合、法兰、键销等永久或可拆的连接方式组装成一体，构成组合式曲轴。

机器运转时曲轴上所需润滑油通常是由主轴承处加入的，通过曲轴钻出的油路通往连杆轴承。轴颈上的油孔一般有斜油孔和直油孔两种形式，可根据曲轴形状和供油方式而定。

压缩机采用得较多，制造经验较成熟的是中碳钢锻造曲轴。近年来由于铸造技术的发展，采用滑动轴承时，曲轴的轴向定位一般由端部一只主轴承来完成；采用厚臂轴瓦时，轴瓦具有起止推作用的翻边；采用薄壁轴瓦时，在定位主轴承座的两个端面上，镶有由耐磨材料制成的半环状止推环。相应于翻边或止推环，在曲轴上布置有定位台肩。

另外，近几年来大多数压缩机的曲轴常被做成空心结构，经过力学计算和分析，这种空心结构的曲轴非但不影响曲轴的强度，反而能提高其抗疲劳强度，降低有害的惯性力，减轻其无用的质量。经实践证明，空心曲轴较实心曲轴抗疲劳强度约提高50%。

压缩机曲轴一般采用45和40优质碳素钢锻造，或用QT600-03稀土镁球墨铸铁铸造。

（二）连杆

连杆是将作用在活塞上的推力传递给曲轴，将曲轴的旋转运动转换为活塞的往复运动的机件。连杆本身的运动是复杂的，其中大头与曲轴一起做旋转运动，而小头则与十字头相连做往复运动，中间杆身做摆动。

1. 连杆的结构

连杆分为开式和闭式两种。闭式连杆（见图3-58）的大头与曲柄轴相连，这种连杆应用较少。现在普遍应用的是开式连杆，如图3-59所示。开式连杆包括杆体、大头、小头三部分。大头分为与杆体连在一起的大头座和大头盖两部分，大头盖与大头座用连杆螺栓连接，螺栓上加有防松装置，以防止螺母松动。在大头盖和大头座之间加有垫片，以便调整大头瓦与主轴的间隙。杆体截面有圆形、矩形、工字形等。圆形截面杆体加工方便，但在同样强度下，其运动质量最大。工字形的运动质量最小，但加工不方便，只适于模锻或铸造成型的大批生产中应用。

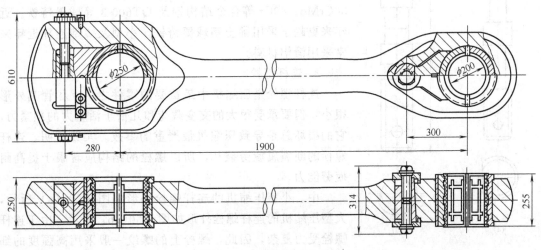

图3-58　大头为闭式的连杆

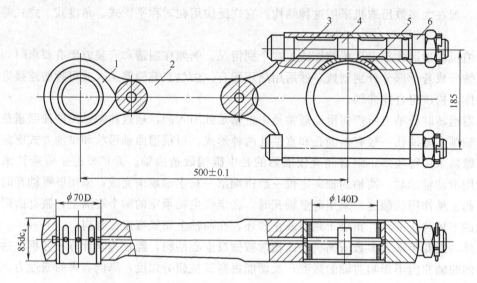

图 3-59 连杆
1—小头；2—杆体；3—大头座；4—连杆螺栓；5—大头盖；6—连杆螺母

对于连杆小头常采用整体铜套结构，该结构简单，加工、拆装都方便。为使润滑油能达到工作表面，一般都采用多油槽的形式。材料采用锡青铜或磷青铜。有时，希望小头轴瓦磨损后能够调整，则常采用如图 3-58 所示的结构，依靠螺钉拉紧斜铁来调整磨损后的轴与十字头销间的间隙。

有些压缩机的连杆从材料合理利用的角度出发，常把大小头的外形制成偏心圆，这种形状适于铸造的连杆。微型压缩机的连杆在材料为锻铝或球墨铸铁时，通常不用大小头轴瓦，直接在连杆大小头孔内制出油槽，而连杆大头顶端锻有打油针，可实现飞溅润滑。还有连杆的小头是球形的，便于活塞自动调心，也消除了从活塞销漏气的可能；大头则制成三部分，借垫片来调整汽缸的余隙。

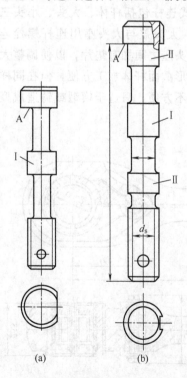

图 3-60 连杆螺栓的结构

2. 连杆的材料

连杆一般采用 30、40、45 等优质碳素钢，也可采用 30CrMo、40Cr 等合金结构钢及 QT600-3 等球墨铸铁。近年来更趋于采用稀土镁球墨铸铁，小型及微型连杆近年来常采用锻铝材料。

3. 连杆螺栓

连杆螺栓是压缩机中最重要的零件之一。尽管其外形很小，但要承受很大的交变载荷和几倍于活塞力的预紧力，它的损坏总是导致压缩机最严重的事故。实践证明，连杆螺栓的断裂属疲劳破坏，所以螺栓的结构应着眼于提高耐疲劳能力。

中、小型压缩机的连杆螺栓外形如图 3-60（a）所示，大型压缩机的连杆螺栓外形如图 3-60（b）所示。由于连杆螺栓受力复杂，因此，螺栓上的螺纹一般采用高强度的细牙螺纹，精度不低于二级，螺纹底部不允许有尖角，螺纹

杆部粗糙度不低于 $R_a=0.8$。

连杆螺栓的材料为优质合金钢，如 40Cr、45Cr、30CrMo、35CrMoA 等。

在安装连杆螺栓前，要严格检查螺栓的精度，相互表面位置精度，务必保证螺栓头部底面与螺栓轴线相垂直，还要对螺栓进行磁粉探伤与超声波探伤检查。扭紧连杆螺栓时，用力不能过大，一般需采用扭力扳手来拧紧，所用扭矩不得超过规定值。

（三）十字头

十字头是连接活塞杆、连杆，并承受侧向力的零件，它也具有导向的作用。它借助连杆，将曲轴的旋转运动转变为活塞的往复直线运动。对十字头的要求是，有足够的强度、刚度、耐磨损、质量轻，工作可靠。

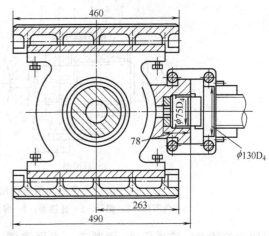

图 3-61 闭式十字头

1. 十字头的结构

十字头由十字头体、滑板、十字头销等组成。按十字头体与滑板的连接方式，可分为整体式和可拆式两种。整体式十字头多用于小型压缩机，它具有结构轻便、制造方便的优点，但不利于磨损后的调整。高速压缩机上为了减轻运动质量也可采用整体十字头。大、中型压缩机多采用可拆式十字头结构，它具有便于调整间隙的特点。

十字头与连杆小头的连接方式可分为开式和闭式两种。开式结构配以叉形连杆，连杆小头叉装在十字头外侧。闭式结构中，连杆小头在十字头体内与十字头销连接，这种结构具有刚性好、连接结构简单等优点，应用较为广泛（见图 3-61）。

十字头与活塞杆的连接主要有螺纹连接、连接器连接以及法兰连接和楔连接等。各种连接方式均应采取防松措施，以保证连接的可靠性。螺纹连接结构简单、质量轻、使用可靠，但每次检修后要重新调整汽缸与活塞的余隙容积。如图 3-62 所示为目前采用的螺纹连接形式，它大多采用双螺母拧紧后，用防松装置锁紧。有些结构有调整垫片，在每次检修后不必调整汽缸余隙容积，弥补了螺纹连接的缺点。

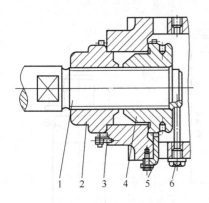

图 3-62 十字头与活塞杆用螺纹连接的结构

1—活塞杆；2—螺母；3—防松齿形板；4—螺母；5—防松齿形板；6—防松螺钉

如图 3-63 所示为连接器和法兰连接的结构，这两种结构使用可靠、调整方便，使活塞杆与十字头容易对中，不受螺纹中心线与活塞杆中心线偏移影响，而直接由两者的圆柱面配合公差来保证。其缺点是结构笨重，故多用于大型压缩机。

楔连接结构是利用楔容易变形的特点，把楔作为整个运动系统的安全销使用，防止过载使损坏其他机件。其缺点也是不能调整汽缸余隙容积。这种结构常用于小型压缩机。

2. 十字头销

十字头销是压缩机的主要零件之一，它传递全部活塞力，因此要求它具有韧性、耐磨、

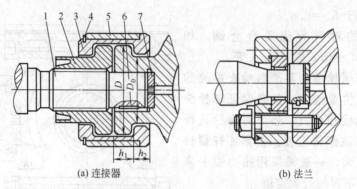

图 3-63 十字头与活塞杆用连接器和法兰连接的结构

1—活塞杆；2—螺母；3—连接器；4—弹簧卡环；5—套筒；6—键；7—调整垫片

耐疲劳的特点。常采用 20 钢制造，表面渗碳、淬火，表面硬度 HRC55～62，表面粗糙度 R_a 值为 $0.4\mu m$。

十字头销有圆柱形（见图 3-64）、圆锥形（见图 3-65）及一端为圆柱形另一端为圆锥形（见图 3-66）三种形式。

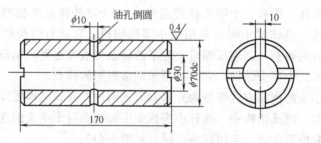

图 3-64 圆柱形十字头销

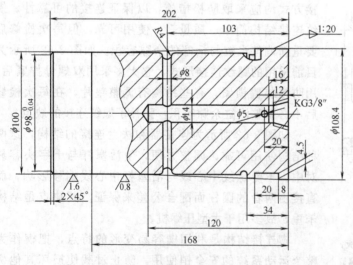

图 3-65 圆锥形十字头销

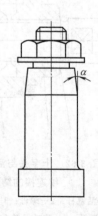

图 3-66 一端为圆柱形另一端为圆锥形的十字头销

圆锥形十字头销一般与十字头销孔装配为固定式，适用于大、中型压缩机，锥度取 1/10～1/20。锥度大，装拆方便，但过大的锥度将使十字头销孔座增大，以致削弱了十字头体的强度。

圆柱形十字头销与十字头的装配为浮动式，能在销孔中转动，具有结构简单、磨损均匀等优点，但冲击较大，适用于小型压缩机。

五、密封元件

压缩机中除用来密封活塞与汽缸之间间隙的活塞环以外，另外一种重要的密封元件是填料函。填料函用于密封汽缸内的高压气体，使气体不能沿活塞杆表面泄漏的组件，其基本要求是密封性能良好且耐用。

填料是填料函中的关键零件，其密封原理与活塞环类似，利用"阻塞"和"节流"作用实现密封。最常用的是金属填料。

在填料函中目前采用最多的是自紧式填料，它按密封圈结构的不同，可分为平面填料和锥面填料两类，前者用于中低压，后者用于高压。

（一）平面填料

1. 平面填料的组成

如图 3-67 所示为低压三瓣斜口密封圈，其结构简单，易于制造。由于它对活塞杆的比压是不均匀的，锐角一方的比压较大，因此其内圆磨损也不均匀，主要发生在锐角一方。密封圈磨损后，在相邻两瓣接口处不可避免地留有缝隙，无法阻挡气体的泄漏，故只适用于低压级。

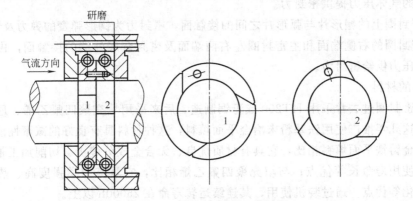

图 3-67　低压三瓣斜口密封圈

压力在 10MPa 以下的中压密封，多采用三瓣、六瓣密封圈（见图 3-68）。密封圈安装在填料函内的密封盒中，每个盒中都装有两个密封圈（见图 3-69）。六瓣圈为主密封圈，安装

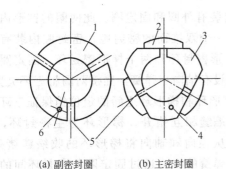

(a) 副密封圈　(b) 主密封圈

图 3-68　三瓣、六瓣式平面密封圈
1—扇形片；2—帽形片；3—弧形片；
4—定位销；5—收缩缝；6—定位孔

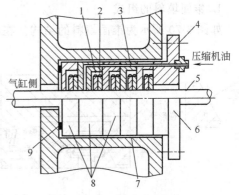

图 3-69　平面填料及填料函
1—副密封圈；2—主密封圈；3—油道；4—螺栓；
5—活塞杆；6—压盖；7—填料函；
8—密封盒；9—垫片

在密封盒内的低压侧，它是防止气体沿活塞杆做轴向泄漏的主要元件。主密封圈由三块弧形片及三块帽形片组成，并在外圈的周向槽内装有镯形小弹簧将此六片箍紧，使三块弧形片抱紧活塞杆而产生密封作用。为使弧形片在内圈受到磨损后仍能抱紧活塞杆，在三块弧形片之间留有三条 1.5～2mm 的径向收缩缝。由于这三条收缩缝的存在，气体就可能沿其轴向及径向泄漏。三块帽形片从径向堵住了气体的泄漏。从轴向堵住泄漏气体的任务由设置在密封盒内高压侧的副密封圈完成，副密封圈由三块扇形片组成，它同样用镯形弹簧从外圈箍紧。在三块扇形片之间也留有三条供扇形内圆磨损后收缩用的收缩缝，主、副密封圈上还有保证主、副圈上收缩相互错开的定位销定位孔。

2. 平面填料的密封面和密封力

平面填料的密封面有以下五处。

① 密封盒的盒口与相邻密封盒的盒底接触面，其上的密封力由压盖螺栓提供。

② 填料函的底端面与最里面的密封盒底面的接触面，该密封面一般垫有软金属片，密封压力为压盖螺栓的紧固力。

③ 主、副密封圈的内圆面与活塞杆的外表面的接触面，由镯形弹簧的弹力及主、副密封圈外圆上的气体压力提供密封力。

④ 主密封圈上的帽形片与弧形片之间的接触面，密封力为镯形弹簧的弹力及气体力。

⑤ 副密封圈的右侧端面和主密封圈左右两端面及密封盒底外端的接触面，由密封圈高压侧的气体压力供给密封力。

3. 填料的材料

主、副密封圈过去常采用 HT200 或青铜制造，后来采用填充聚四氟乙烯、尼龙等工程塑料制造，这几年推广使用铁基粉末冶金平面填料，这种材料具有良好的减摩性能和自润滑性能。与合金铸铁平面填料相比，它具有材质优良、无合金成分偏析、切削加工量少、材料利用率高、使用寿命长等优点；与填充聚四氟乙烯相比，它具有力学强度高、热膨胀系数小、不易老化等优点。通过装机使用，其连续运转寿命在 25000h 以上。

（二）锥面填料

在最大密封压差小于 10MPa 的情况下，常采用平面填料，当最大密封压差大于 10MPa 时，填料函内常设置锥面填料。

1. 锥面填料的组成

如图 3-70 所示为锥面填料的结构。在密封盒内装有外圈和固定圈。此两圈的锥形内口合成一个双锥面的密封腔，密封腔内装有一个 T 形密封环和两个梯形密封环。固定圈高压侧设有轴向小弹簧，推挤两圈将三环夹紧。在 T 形环和梯形环之间的定位销保证三环上的收缩缝相互错开。梯形环为主密封环，T 形环从径向和轴向将梯形环的收缩缝堵死。轴向弹簧的推力通过固定圈与密封环间的锥面传递给各密封环。锥面与活塞杆轴线之间的夹角为 β，β 一般为 60°、70°、80°。

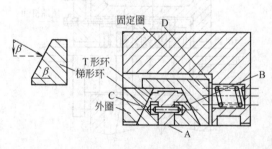

图 3-70 锥面填料的结构

根据不同的密封压差，调整夹角 β 即可得到适宜的密封力，既不使磨损加剧，又具有良好的密封性能，这是它较之平面填料的优点。锥面填料加工困难，应用不如平面填料多。

2. 锥面填料密封面

锥面填料的结构包括以下密封面。

① 梯形环与 T 形环内圆与活塞杆之间的摩擦面 A 是主密封面。

② 固定圈和外圈与梯形、T 形环之间的接触面 B、C 是密封面。

③ T 形环与梯形环之间的接触面是密封面。

④ 外圈左侧平面与其左邻密封盒外底面之间的接触面是密封面。

⑤ 各密封面与其相邻盒底接触面是密封面。

这些密封面的预紧力是轴向弹簧的弹力，自紧力是压缩机工作时产生的气体压力。

3. 锥形填料的材料

外圈和固定圈用碳钢或合金钢制造。T 形环和梯形环常用青铜 ZQSn8-12（压力大于 27.4MPa）或巴氏合金 ChSnSb11-6（压力小于 27.4MPa）。

除了上述几种填料外，尚有活塞环式的密封圈，如图 3-71 所示。该密封圈的结构和制造工艺都很简单，内圈可按动配合 2 级精度或过渡配合公差加工，现已成功地应用于压差为 2MPa 的级中。

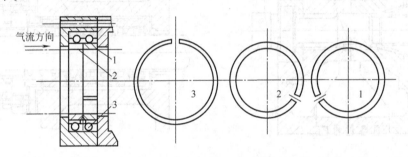

图 3-71 活塞环式密封圈

（三）自润滑材料与无油润滑压缩机

在压缩机压缩的气体中，有许多是不允许被润滑油污染的，比如食品、生物制品、制糖业等部门，若在压缩气体中夹带有润滑油，不仅影响产品质量，并且可能引起某些严重事故，如爆炸、燃烧等。另外，如果被压缩的气体温度很低，如乙烯为 -104℃，甲烷为 -150℃或更低时，润滑油早已冻结硬化，失去正常的润滑性能。因此，目前越来越多的压缩机采用无油润滑技术。在无油润滑技术中，取消了用于润滑汽缸和填料函的注油器及管路，从而结构简化。

实现无油润滑的关键是研制适合的自润滑材料来制造活塞环、填料以及阀片等密封元件。目前使用最多的是填充聚四氟乙烯，其次是尼龙、金属塑料。填充聚四氟乙烯是将聚四氟乙烯与一种或数种填充物如玻璃纤维、青铜粉、石墨、二硫化钼等按一定比例组成的混合物，经压制、烧结后加工成所需的活塞环、密封圈和阀片等。

1. 自润滑材料活塞环

自润滑材料活塞环如图 3-72 所示，其形状与铸铁活塞环相似，多为直切口开口。与金属环相比其结构特点如下。

① 由于塑料活塞环弹性差，为了保证有一定的预紧压力，在环的内径处装上一金属弹性膨胀环或波状弹簧片等。

② 由于材料的强度低，故环的轴向高度较金属环大，甚至大到 1 倍左右。

③ 由于导热性差、线膨胀系数大，所以轴向和切口间隙都留得远比金属环大，有时可大 3~4 倍左右。

④ 为防止活塞环与汽缸镜面接触，不论卧式或立式压缩机均要设导向环（见图 3-72），导向环紧抱在环槽底面，不留径向间隙，以免由压力气体产生的背压将环紧贴缸壁而加剧磨损。

2. 自润滑材料密封圈

如图 3-73 所示为无油润滑填料函的结构，密封圈材料为填充聚四氟乙烯，塑料密封圈可制成整体的半锥形或 V 形密封圈，也可与金属密封圈一样，制成单切口的、三瓣或三瓣、六瓣的平面密封圈。

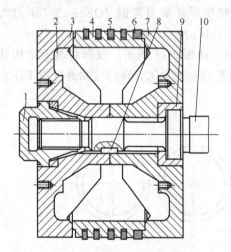

图 3-72 组合盘型无油润滑活塞
1—螺母（H62）；2—垫环（3Cr13）3—活塞上盖（4 号铝合金）；4—活塞体（磷青铜）；5—活塞环（填充聚四氟乙烯）；6—导向环（填充聚四氟乙烯）；7—活塞下盖（4 号铝合金）；8—键（3Cr13）；9—垫环（3Cr13）；10—活塞杆（3Cr13）

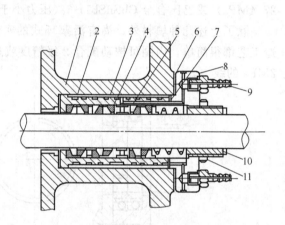

图 3-73 无油润滑填料函的结构
1—衬套；2—水隔套；3—内密封环；4—外密封环；5—散热漏气垫圈；6—弹簧座；7—弹簧；8—填料压盖；9—水接头；10—调节螺丝；11—螺母

由于塑料的导热性差，无油润滑填料函的散热与冷却问题必须充分考虑。填充聚四氟乙烯具有冷流性，为了防止密封圈冷流，可在密封圈旁边设置阻流环。

第五节　活塞式压缩机的辅助装置

一台完整的压缩机机组的辅机部分主要指气路系统、冷却系统和润滑系统中的装置。如图 3-74 所示为化工厂常用的对称平衡型活塞式压缩机气路、冷却系统。

一、缓冲器

由于压缩机工作的运转特性，决定它所排气体必然产生脉动现象，缓冲器即起到稳定气流的作用，它实际上是一个气体贮罐，如图 3-75 所示。缓冲器具有一定的缓冲容积，气体通过它以后，气流速度比较均匀，从而减少了压缩机的功率消耗和振动现象。同时由于气流速度在缓冲器内突然降低和惯性作用，部分油水被分离出来，所以缓冲器也起一定的油水分离作用。

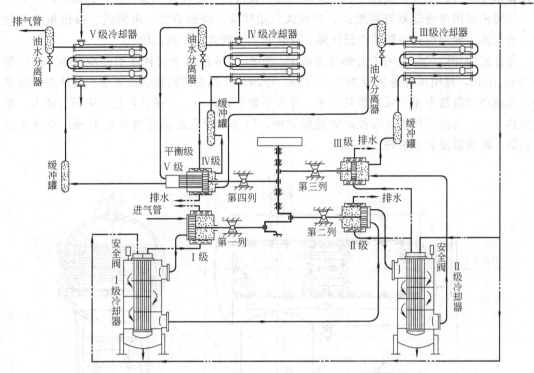

图 3-74 对称平衡型活塞式压缩机气路、冷却系统

气体通过缓冲器后的稳定程度取决于缓冲容积的大小及压缩机汽缸的工作特点。缓冲容积大小与连接导管的长度、截面积、压缩机的转速、气流脉动的频率、所需压力不均匀度及导管中气体的声速有关。

缓冲器的结构形式有圆筒形和球形,分别用于低压和高压情况,也有在缓冲器内加装芯子进一步构成声学滤波器。

缓冲器最好不使用中间管道而直接配置在汽缸上,如果不能这样,则连接管道的面积应比汽缸接管的面积大 50% 左右。管道应保证气体平稳流动,转折处取较大的弯曲半径。汽缸至缓冲器间的管段长度应限制在基频波长的 8% 以内,以避免该段产生气柱共振。如果一级有几个汽缸时,最好共用一个缓冲器,以保证气流更均匀,且缓冲器的容积也可以较小。

二、冷却器

气体被压缩后,其温度必然会升高。因此,在气体进入一级压缩前必须用冷却器将气体温度冷却至接近气体吸入时的温度。在压缩机各级间对气体进行冷却的目的是,降低气体在下一级压缩时所需的功,从而减少压缩机的功耗;使气体中的水蒸气凝结出来,将其在油水

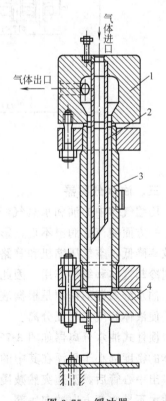

图 3-75 缓冲器
1—上体;2—内管;3—中体;4—下体

分离器中分离掉；使气体压力在下一级压缩后不致过高，使压缩机保持良好的润滑。

压缩机采用的冷却器有列管式、套管式、元件式、蛇形管式、淋洒式、螺旋板式等结构。列管式、螺旋板式一般用于低压级，套管式、淋管式用于高压级。

元件式冷却器广泛应用于 L 形压缩机中。如图 3-76 所示为元件式中间冷却器，排气量为 $20m^3/min$，使用压力通常为 $35×10^2 kPa$，冷却器外壳采用钢板焊接而成。气体在管间流动，为清洗和拆装方便，采用两只芯子，并水平置于壳体内。芯子元件是一束钢管插入一组大散热片中。为保证散热片与换热管接触紧密，散热片管孔断面常冲压成 L 形，以减小接合热阻，通常需浸锡或浸锌。

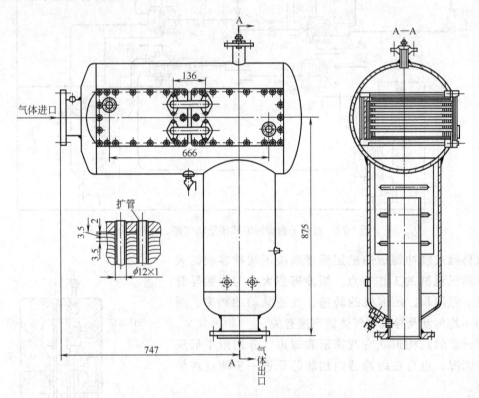

图 3-76 元件式中间冷却器

三、油水分离器

压缩气体中的油和水蒸气经冷却后凝结成水滴和油滴，如果不分离掉而进入下一级汽缸，一方面使汽缸润滑不良，影响气阀工作；另一方面，降低气体的纯度，化工生产中使合成效率降低，空气压缩机和管路中油滴大面积聚积则有引起爆炸的危险。此外油水分离器还起到冷却气体和缓冲作用，因此，各级汽缸均配置油水分离器。

油水分离器的作用是根据液体和气体的密度差别，利用气流速度和方向改变时的惯性作用，使液体和气体相互分离。

惯性式油水分离器如图 3-77 所示。气体从顶部进入，沿中心管向下较快地流动，由于气体的密度远小于悬浮在其中的油、水滴的密度，惯性也比油和水滴的小，因此容易改变方向。出中心管后，流速突然减慢下来，折流向上，由底部上升自出口管排出；而油、水滴因惯性大不易改变方向冲向底部，其中的油滴和水滴就被分离出来。分离出来的油从分离器底部经阀门汇集到集油器内，再送至废油回收处进行处理。

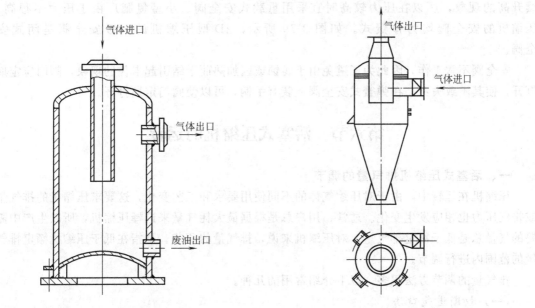

图 3-77 惯性式油水分离器　　图 3-78 离心式油水分离器

离心式油水分离器如图 3-78 所示。气体进口是切向的，根据旋风分离的原理，使油滴和水滴在离心力的作用下，被甩在器壁上，沿壁流至底部。在压缩机运转过程中需定时将废油排出。

四、安全阀

压缩机每级的排气管路上无其他压力保护设备时，都需装有安全阀。当压力超过规定值时，安全阀能自动开启放出气体；待气体压力下降到一定值时，安全阀又自动关闭。所以安全阀是一个起自动保护作用的器件。

安全阀按排出介质的方式分为开式和闭式两种。开式安全阀是把工作介质直接排向大气且无反压力，该安全阀适用于空气压缩机。闭式安全阀是把工作介质排向封闭系统的管路，适用于稀有气体、有毒或有爆炸危险的气体压缩机装置。

压缩机中常用的安全阀有弹簧式与重载式两种。弹簧式的结构紧凑，但其缺点是阀门从开始开启至完全开启，压力要升高 10%～15%；重载式结构没有弹簧式紧凑，但其特点是阀门从开始开启到完全开启的时间内，不发生压力继

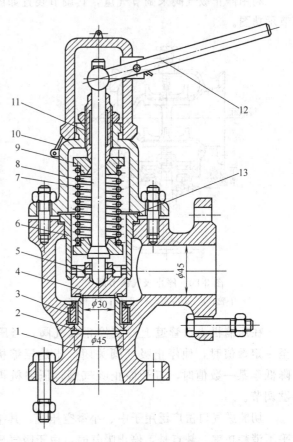

图 3-79 闭式安全阀
1—阀体；2—阀座；3—固定圈；4—阀瓣；5—销子；
6—导向套；7—弹簧；8—阀杆；9—弹簧座；
10—铅封；11—调节螺丝；12—手柄；13—垫圈

续升高的现象，所以在压力较高时宜采用重载式安全阀。小型氮肥厂由于压力不很高，压缩机的安全阀均为弹簧式。如图 3-79 所示，2D 型压缩机的一级安全阀是闭式安全阀。

安全阀不常工作，因此为了避免由于腐蚀或因加热而干结引起卡住的现象，阀门应定期打开，使其不致失灵。在弹簧式安全阀上装有手柄，可以使阀门定期打开。

第六节 活塞式压缩机的运转

一、活塞式压缩机排气量的调节

压缩机在运转中，由于对压缩气体的不同使用要求和工艺变化，这要求压缩机的排气量或排气压力也相应发生变化。通常，用户总是根据最大耗气量来选择压缩机，所以生产中需要的气量总是低于额定排气量。对压缩机来说，排气量的调节，是指在低于压缩机额定排气量的范围内进行调节。

排气量的调节方法很多，以下介绍常用的几种。

（一）切断进气口法

利用停止吸气阀来调节气量，其调节装置如图 3-80 所示，如图 3-81 所示为停止吸气调节示功图。

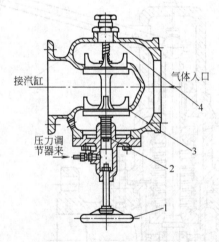

图 3-80 停止吸气调节阀
1—手轮；2—小活塞；3—阀板；4—阀体

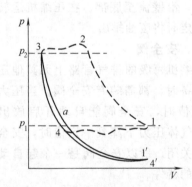

图 3-81 停止吸气调节示功图

在压缩机进口管道上安装停止吸气阀，当压缩机排气量大于耗气量，排出压力升高至一定数值时，使停止吸气阀关闭，于是压缩机停止吸气，进入空转状态。当排出压力降低至某一数值时，打开停止吸气阀，压缩机再次进入正常工作状态。这种方法属于间歇调节。

切断进气口法广泛用于中、小型空压机，其结构简单、工作可靠，由于压缩机空转，几乎不消耗功率。缺点是，停止吸气时，由于吸气压力下降，汽缸内会出现很高的压力比，使活塞力突变；随着压力比增高，会使排气温度急剧增高；由于汽缸中形成真空，所以对某些不允许漏入空气的压缩机严禁使用；对无十字头压缩机不能使用，否则有使大量润滑油吸入汽缸的危险。

(二) 顶开吸气阀法

此法的调节原理是在压缩机部分或全部行程中,设法将吸气阀打开,因而在压缩时,气体将返回吸入管,从而达到调节气量的目的。

顶开吸气阀法调节的方法有两种。

1. 全程开启法

使吸气阀完全开启,气体从吸入阀进入汽缸不经压缩就排出汽缸,使机器空转,达到调节气量的目的。吸入阀的强制顶开装置,可用自动控制机构来实现,如图 3-82 所示为全程开启吸入阀调节装置,如图 3-83 所示为全程开启的指示图。由于机器空转,仅消耗气体进、出吸入阀的功率,所以此法很经济,但只能间歇调节,连续调节需采用下述方法。

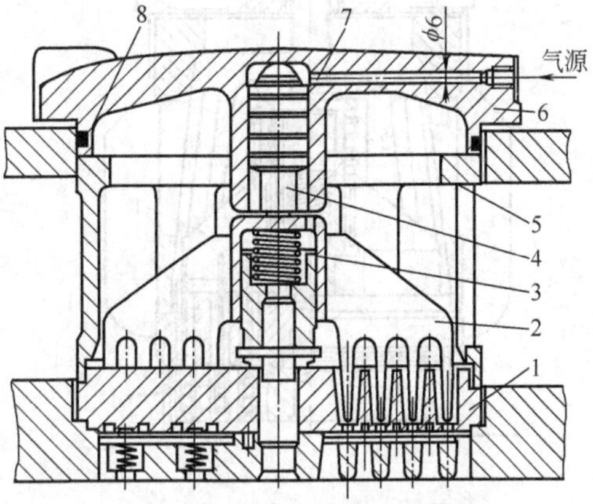

2. 部分行程顶开吸入阀法

在压缩机吸气终了时,吸入阀片在弹簧力的作用下仍保持开启状态。活塞反向运动时,缸内气体通过吸入阀倒流回吸入管内,当作用于阀片的气体压力升高并达到能克服弹簧压力时,阀片即关闭,最后只剩下部分气体经压缩后排出,从而起到定量调节的作用。

图 3-82 全程开启吸入阀调节装置
1—阀座;2—压叉;3—弹簧;4—小活塞;5—压罩;
6—气阀压盖;7—密封槽;8—密封圈

由图 3-84 可知,当吸气终了时,活塞反向运动中分为两步进行,一是 1—2 为吸气阀开启状态,此时部分气体倒流回吸入管并被压缩;二是 2—3 为吸气阀关闭状态,因为气体压力升至 2 点时,恰好能克服弹簧压力而使阀片关闭,所以 2—3 才是真正的压缩过程。3—4 为排出过程,4—6 为膨胀过程,实际吸气量仅为 V_s'。

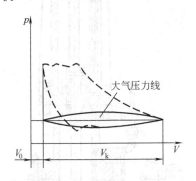

图 3-83 吸入阀全程开启的指示图
---- 正常工作时；—— 全程开启时

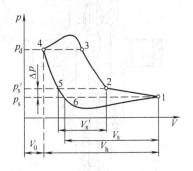

图 3-84 部分行程顶开吸入阀的指示图

部分行程顶开吸入阀的装置,若作为启动时卸掉负荷用,可采用手动式;若用来调节气量,则采用气动式。如图 3-85 所示为一种气动部分行程顶开吸入阀的装置。旋转手柄 5 压紧弹簧 2,弹簧 2 压向顶开压叉 1 产生对阀片上的力大于所调节的弹簧 2 的顶开力,阀片被顶开阀座而自动关闭吸气阀。因此用手柄 5 调节弹簧 2 弹簧力的大小,即可控制吸入阀关闭的时间,从而可以连续地调节排气量。

由于此法结构简单，功耗较小，能连续地调节排气量，所以应用广泛，但是会降低气阀的寿命。

（三）补充余隙容积法

在汽缸中除余隙容积外，另补充一固定空腔与汽缸相连，补充容积使余隙内存有的已压缩气体，在膨胀时压力降低，体积增加，从而使汽缸中吸入气体减少，排气量降低。

补充容积常采用补充余隙调节器，其结构有固定和可变容积两种，如图 3-86 和图 3-87 所示。前者可实现分级调节，后者可实现连续调节。这种调节器可以安装在汽缸盖上或安装在汽缸侧面。

利用补充余隙调节排气量基本上不消耗功率，因为该法只是增加了膨胀过程，膨胀过程是气体放出能量而对活塞做功，所以这种方法是很经济的，但结构复杂一些。

利用补充余隙调节气量时，整个压缩机的工况是变化的（如压力比等），特别是在多级压缩机中更应考虑这些影响。

另外还有停止运转和改变转速等方法，对于大型压缩机这种方法有一定的局限性，这里不再详述。

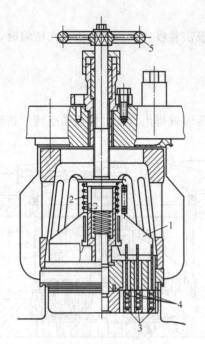

图 3-85　气动部分行程顶开吸入阀的装置

1—顶开压叉；2—弹簧；3—阀片弹簧；4—阀片；5—手柄

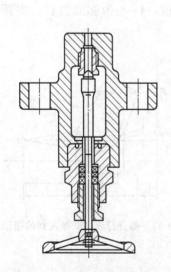

图 3-86　固定容积补充余隙调节器

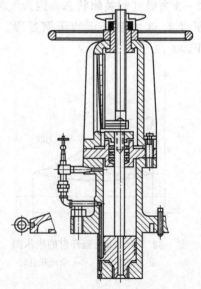

图 3-87　可变容积补充余隙调节器

二、活塞式压缩机的润滑

活塞式压缩机的润滑，要求在所有做相对运动的表面上注入润滑油，形成油膜，以减少磨损，冷却摩擦面，防止温度过高和运动件卡住，同时还起到油膜密封的作用。

根据压缩机结构特点的不同，大致分为以下两种润滑方式。

（一）飞溅润滑

一般用于小型无十字头单作用压缩机。曲轴旋转时，装在连杆上的打油杆将曲轴箱中的润滑油击打形成飞溅，形成的油滴或油雾直接落到汽缸镜面上。也可用于有十字头的压缩机中，如图 3-88 所示为最简单的一种飞溅润滑系统，润滑油依靠连杆大头上装设的勺或棒，在曲轴旋转时打击曲轴箱中的润滑油，因此使油溅起并飞至那些需要润滑之处。润滑油经过连杆大、小头特设的导油孔，将油导至摩擦表面。

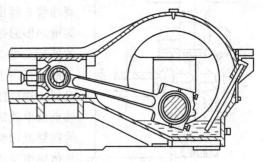

图 3-88　飞溅润滑系统

飞溅润滑的优点是简单，缺点是润滑油耗量大，润滑油未经过滤，运动件磨损大，散热不够，汽缸和运动机构只能采用同一种润滑油。

使用飞溅润滑的压缩机，运行一段时间后油面降低，溅起的油便减少，油面过低会造成润滑不足，故应有保证润滑的最低油面，低于此面便要加油。

（二）压力润滑

所谓压力润滑就是通过注油器加压后，强制地将润滑油注入到各润滑点进行润滑，常用于大、中型有十字头的压缩机。一般为两个独立的润滑系统，即汽缸和填料函润滑系统和传动部件润滑系统。

1. 汽缸和填料函润滑系统

它由专门的注油器供给压力油，如图 3-89 所示为真空滴油式注油器，该注油器实际上是一组往复式柱塞泵，每个小油泵负责一个润滑点。

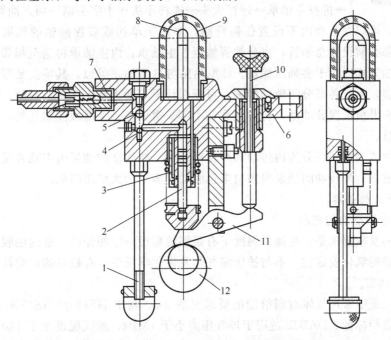

图 3-89　真空滴油式注油器

1—吸入管；2—柱塞；3—油缸；4—进油阀；5—排油阀；6—泵体；7—接管；
8—滴油管；9—示滴器；10—顶杆；11—摆杆；12—偏心轮

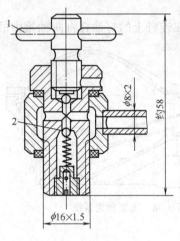

图 3-90 注油止逆阀
1—检查开关；2—钢球

柱塞 2 由偏心轮 12 经摆杆 11 带动，当柱塞下行时，油缸内形成真空，润滑油通过吸入管 1 吸入，经示滴器 9 中的滴油管 8 滴出，通过进油阀 4 进入油缸 3，当柱塞上行时，润滑油即通过排油阀 5 经接管 7 输送至润滑点。旋转顶杆 10 的外套，可以调节柱塞的行程，借以调节油量。在压缩机启动前，可用手按顶杆或转动手柄，先将油注入汽缸后再启动机器。这种注油器由单独的电动机通过减速器驱动，每一注油点由单独的油管供油，一般每分钟注油 7～15 滴，注油点的接管处均设有止逆阀（见图 3-90），以防油管破裂时发生气体倒流事故。

汽缸与填料处注入的油量必须适当。过少达不到润滑目的；过多会使气体带油过多，结焦后加快磨损并影响气阀及时启闭，影响气体冷却效果，在空压机中，有时会导致爆炸。

2. 传动部件润滑系统

它依靠齿轮泵或转子泵将润滑油输至摩擦面，油路是循环的，循环油路上设有油冷却器和油过滤器。

润滑油路有以下几种类型。

（1）A 型油路　油泵→曲轴中心孔→连杆大头→连杆小头→十字头滑道→回入油箱（主轴承靠飞溅润滑）。

（2）B 型油路　油泵→机身主轴承→连杆大头→连杆小头→十字头滑道→回入油箱。

（3）C 型油路 {→十字头上滑板、十字头下滑板→回入油箱
　　　　　　　　→机身主轴承→连杆大头→连杆小头→十字头销→回入油箱

A 型油路，可以在机身内不设置任何管路，多用于单拐或双拐曲轴的压缩机。B 型油路，在机身内部必须设置总管，由分油管输至各主轴承，由主轴承再送至相邻曲拐连杆大头处，此种给油方式适用于多列压缩机。C 型油路与 B 型油路类似，其特点是考虑到润滑油经过的部位过多，由于各部分间隙的泄漏，可能保证不了油送至十字头滑板处，因而在总管处单独给十字头滑板设置分油路，但应注意在十字头滑道上、下滑板注油孔处，应设置调节阀，以控制油量。

根据油泵的传动方式可分为内传动和外传动两种。内传动的油泵由主轴直接带动，多用于中、小型压缩机；外传动的油泵单独由电机驱动，多用于大型压缩机。

（三）润滑油的选择

1. 汽缸部分润滑油的选用

对润滑油的基本要求是，在操作温度下有足够的黏度，以便保持一定的油膜强度；在操作条件下有良好的氧化安定性，不与被压缩气体发生化学反应；有较好的水溶性；闪点较排气温度高 20～30℃。

石油化工工业中常用气体对润滑油的要求见表 3-3。其中 HS13 和 HS19 的标准系列不完善，产品质量指标低。DAB32 适用于排气压力小于 1MPa，排气温度小于 160℃的两级水冷空压机。DAA68、DAA100、DAA150 三种油适用于排气温度为 140～200℃时使用，尤其是 DAA68 和 DAA100 在高温时不易积炭。DAA68 一般用于低压压缩机，特别对于飞溅润滑压缩机，考虑到节能，采用 DAA68 为宜。DAA100 用于中压及较高压力的压缩机。

表 3-3 石油化工工业中常用气体对润滑油的要求

气 体	对润滑油的要求及原因	应用润滑油	代 用 油
空气	应有较好的抗氧化能力,油的闪点较最高排气温度高 40℃	HS13、HS19 单级用 DAA100、DAA150 两级用 DAA68、DAA100 低压用 DAB32	11# 柴油机油,10# 汽油机油,30#、40#、50# 机械油
氮气、氢气、氮氢混合气	被压缩气体对润滑油具有化学惰性,可用压缩机油	HS13、HS19 DAA68、DAA100、DAA150	低压 HG-11 饱和汽缸油 高压 HG-24 饱和汽缸油
氧气	使矿物油剧烈氧化而引起爆炸,故不能用矿物油	蒸馏水加 6%～8% 的甘油无油润滑	
氯气	在一定条件下与润滑油中的烃类作用生成氯化氢,对钢铁有腐蚀	浓硫酸	
乙烯	为防止乙烯被润滑油污染,不用润滑油	80% 甘油加 20% 蒸馏水 白油	
石油气	对润滑油有溶解作用,用高黏度润滑油	HS19 DAA100、DAA150	
二氧化碳	水分溶解二氧化碳生成酸,恶化润滑油性质,应干燥除水	HS13、HS19、DAA68、DAA100、DAA150	40# 机械油
氨	要求润滑油的凝固点低	13# 冷冻机油	
氟里昂	要求润滑油的凝固点低	18#、25# 冷冻机油	

2. 运动机构润滑油的选用

无十字头压缩机运动机构用润滑油与汽缸油相同。有十字头压缩机运动机构的润滑除了对润滑油的性质有要求以外,还应有一定的油量。

运动机构相互摩擦表面处的温度一般低于 70℃,且又不直接与压缩介质接触,所以运动机构的润滑通常采用机械油。运动机构的润滑油是循环使用的,在循环系统中使用的润滑油通常半年更换一次,或黏度变化超过原黏度的 2%、酸值达 0.6mg/g 以上即要更换。

三、气流脉动及管路振动

活塞式压缩机在运动过程中,由于吸气、排气的间歇性使管路中的气流压力和速度呈周期性变化,这种现象称为气流脉动。气流脉动会给压缩机的工作带来不利的影响。例如,可能使级的指示功率增加,降低气阀使用的可靠性和寿命,引起排气量的增大或减小,破坏安全阀的严密性以及造成管路和设备的振动等。

管路振动会影响管道连接的强度和密封性,导致管道及支架的疲劳和破坏,甚至引起建筑物的振动等。引起管路振动的原因主要是气流脉动,此外压缩机动力平衡性能差或基础设计不良也会引起管路振动。

(一) 气柱共振与管路机械共振

气流脉动如同任何振动一样,也会出现共振,而且有两种危险的共振。

1. 气柱共振

管路系统内所容纳的气体称为气柱,因为气柱具有一定的质量,可以压缩、膨胀,具有一定的弹性,所以气柱本身就是一个类似于弹簧的振动系统,在一定的激发力下会形成振动。如果压缩机装在管路的始端,由于压缩机周期性地吸气、排气,对管路气柱就是一个激发,引起气柱振动,气柱是一个连续的弹性体,在接受激发后,就把所形成的振动以声速向远方传播。

2. 管路机械共振

由管子、管件构成的管路本身也是一个弹性系统,只要在管道上有激振力作用,就会引起管道机构振动。当气流脉动时,由于压力的脉动变化,在管道拐弯处就会有周期性的激振力作用,造成管道振动。管路系统根据配置情况、支承类型和位置,以及边界条件也有自身的一系列固有频率。如果激发主频率等于管路的基本固有频率,则发生管路机械共振。此时管路振动很厉害,管道内产生很大的应力,导致管道疲劳破坏。

（二）减小气流脉动的措施

活塞式压缩机系统,由于吸、排气的周期性,气流脉动是不可避免的。减小气流脉动有以下几种措施。

① 设置缓冲罐,如同一支柔性弹簧,起到隔离振源的作用。

② 设置声学滤波器消振。

③ 在管道上安装孔板使气流脉动缓和。

④ 改变管道长度,提高系统刚度即提高固有频率。

（三）减小管路振动的措施

减小气流脉动是减小管道振动的主要措施,除此之外,还应注意以下几点。

① 避免管路的机械共振。在设计管路时,最好算出管路系统机械振动的固有频率,应使管段的基本固有频率较激发主频率高30%或低30%。较有利的情况是把管段的基本固有频率设计成低于激发主频率。

② 管道拐弯处是激振力作用的地方,为了减小管道振动,应尽量减少弯头,特别要避免急转弯,在必须转弯的地方,曲率半径要大一些,并配以适当的支撑。

③ 加强管路的支撑。管道中要安装中间支座或将振动段挂在弹性支座上,在振动段,管道与支座之间要加装石棉胶板、石棉、木质或其他材料制成的减振垫圈,以及阻止振动发展的制动器,以防止管道因振动出现过大的磨损。

四、活塞式压缩机故障及排除

压缩机发生故障的原因常常是很复杂的,因此必须经过细心的观察研究,甚至要经过多方面的试验,并依靠丰富的实践经验,才能判断出产生故障的真正原因。压缩机运转中的故障及处理见表3-4。

表3-4 压缩机运转中的故障及处理

序号	发现问题	故障原因	处理方法
1	排气量不足	1. 气阀泄漏 2. 活塞杆与填料处泄漏 3. 汽缸余隙过大,特别是一级汽缸余隙过大 4. 汽缸磨损(特别是单边磨损),间隙增大漏气 5. 活塞环磨损,间隙大而漏气	1. 检查气阀,清洗、修理或更换气阀 2. 先拧紧填料函盖螺栓,仍泄漏时则修理或更换 3. 调整汽缸余隙容积 4. 用锉削或研磨的方法进行修理,严重时更换缸套 5. 更换活塞环
2	功率消耗超过设计规定	1. 气阀阻力大 2. 吸气压力过低 3. 排气压力过高	1. 检查气阀弹簧力是否恰当,通道面积是否足够 2. 检查管道和冷却器,若阻力过大,采取相应措施 3. 降低系统压力

续表

序号	发现问题	故障原因	处理方法
3	某级压力高于正常压力	1. 第一级吸入压力过高 2. 前一级冷却器的冷却能力不足 3. 后一级的吸排气阀漏气 4. 后一级活塞环泄漏引起排气量不足 5. 到后一级的管道阻力增加	1. 检查并消除 2. 检查冷却器 3. 检查气阀,更换损坏件 4. 更换活塞环 5. 检查管道使之通畅
4	某级压力低于正常压力	1. 第一级吸、排气阀不良,引起排气漏气 2. 第一级活塞环泄漏过大 3. 前一级排出后或后一级吸入前的机外泄漏 4. 吸入管道阻力过大	1. 检查气阀,更换损坏件 2. 检查活塞环,予以更换 3. 检查泄漏处,并消除泄漏 4. 检查管路使之通畅
5	汽缸发热	1. 润滑油质量不好或油量过少甚至供应中断 2. 冷却水供应不充分 3. 曲轴连杆机构偏斜,使个别活塞摩擦不正常,过分发热而咬住 4. 汽缸与活塞的装配间隙过小	1. 选择适当的润滑油并注意润滑油的供应情况 2. 检查冷却水的供应情况 3. 调整曲柄连杆机构的同心性 4. 调整汽缸间隙
6	十字头滑道发热	1. 配合间隙过小 2. 滑道接触不均匀 3. 润滑油油压过低或供应中断 4. 润滑油质量低劣	1. 调整间隙 2. 重新研刮滑道 3. 检查油泵、油路的情况 4. 更换润滑油
7	吸、排气阀发热	1. 气阀密封不严,形成漏气 2. 吸、排气阀弹簧刚性不适当 3. 吸、排气阀弹簧折断 4. 汽缸冷却不良	1. 检查气阀,研刮接触面或更新垫片 2. 检查刚性,调整或更换适当的弹簧 3. 更换折损的弹簧 4. 检查冷却水流量及流道,清理流道或加大水流量
8	轴承发热	1. 轴颈与轴瓦贴合不均匀,或接触面过小,单位面积上的比压过大 2. 轴承偏斜或曲轴弯曲 3. 润滑油过少 4. 润滑油质量低劣 5. 轴瓦间隙过小	1. 用涂色法刮研,或改善单位面积上的比压 2. 检查原因,设法消除 3. 检查油泵、输油管的工作情况 4. 更换润滑油 5. 调整其配合间隙
9	汽缸内发生异常声音	1. 汽缸内有异物 2. 缸套松动或断裂 3. 活塞杆螺母松动或活塞弯曲 4. 支撑不良 5. 曲轴-连杆机构与汽缸的中心线不一致 6. 汽缸余隙过小 7. 油过多或气体含水量过多	1. 清除异物 2. 消除松动或更换 3. 紧固螺母,或校正、更换活塞杆 4. 调节支撑 5. 检查并调整同心度 6. 增大余隙 7. 减少油量,提高油水分离效果
10	曲轴箱振动并有异常的声音	1. 连杆螺栓、轴承盖螺栓、十字头螺母松动或断裂 2. 主轴承、连杆大小头轴瓦、十字头滑道等间隙过大 3. 各轴瓦与轴承座接触不良,有间隙 4. 曲轴与联轴器配合松动	1. 紧固或更换损坏件 2. 检查并调整间隙 3. 刮研轴瓦瓦背 4. 检查并采取相应措施
11	吸排气时有敲击声	1. 气阀阀片断裂 2. 气阀弹簧松软 3. 气阀松动	1. 更换新阀片 2. 更换适合的弹簧 3. 检查拧紧螺栓

续表

序号	发现问题	故 障 原 因	处 理 方 法
12	飞轮有敲击声	1. 配合不正确 2. 连接键配合松弛	1. 进行适当调整 2. 注意使键的两侧紧紧贴合在键槽上
13	管道发生不正常振动	1. 管卡过松或断裂 2. 支撑刚性不够 3. 气流脉动引起共振 4. 配管架子振动大	1. 紧固或更换 2. 加固支撑 3. 用预流孔改变其共振面 4. 加固配管架子
14	循环油油压降低	1. 油压表有故障 2. 油管破裂 3. 油安全阀有故障 4. 油泵间隙大 5. 油箱油量不足 6. 油过滤器阻塞 7. 油冷却器阻塞 8. 润滑油黏度降低 9. 管路系统连接处漏油 10. 油泵或油系统内有空气 11. 吸油阀有故障	1. 更换或修理油压表 2. 更换或焊补油管 3. 修理或更换安全阀 4. 检查并进行修理 5. 增加润滑油量 6. 清洗或更换过滤器 7. 清洗油冷却器 8. 更换新的润滑油 9. 紧固泄漏处 10. 排出空气 11. 修理故障阀门,清理堵塞的管路
15	注塞油泵及系统故障	1. 注油泵磨损 2. 注油管路堵塞 3. 止回阀漏、倒气 4. 注油泵或油管内有空气	1. 修理或更换 2. 疏通油管 3. 修理或更换 4. 排出空气

第七节 活塞式压缩机的选择

活塞式压缩机的类型很多,选择时需要掌握基本工艺数据及其他一些条件。

一、活塞式压缩机的选择

(一) 基本工艺参数的确定

活塞式压缩机的基本工艺参数主要包括:压缩介质的组成;压缩介质的分子量;处理量;压缩机吸入压力;压缩机排出压力;压缩机吸入温度;公用工程规格:冷却水的入口压力、入口温度及出口温度,供电主机、辅助润滑油泵、仪表控制系统。

(二) 初选压缩机

1. 选择压缩机的原则

(1) 安全可靠 石油化工生产具有高度的连续性,要求压缩机除必要的计划检修外,必须正常运转。

(2) 较好的适应性 压缩机在工艺参数改变的条件下仍能适应要求。

(3) 易损件寿命长 易损寿命是考核压缩机性能的主要指标之一,它直接影响主机的运转率、维修费用和经济效益。

(4) 能耗低 能耗包括压缩气体时的电耗、冷却水耗、润滑油耗等。机型选取不当与泄漏是能耗高的主要原因。

(5) 寿命周期费用低 寿命周期费用主要包括初始投资、运行人工费、电费、水费、油费和修理费。

(6) 自动化水平高　有较完整的控制系统，完成对吸气压力、排气压力、温度、润滑油压等的检测和修理费。

(7) 安装维修方便

2. 选择压缩机的种类

根据压缩机所处理的介质和吸气压力、排气压力和处理量，确定选择活塞式压缩机的类型。例如处理介质为空气时，从空气压缩机系列产品中选取；处理介质为其他工艺气体时，则从各种气体压缩机系列产品中选取。

3. 选择压缩机的结构形式

对于相同的吸气压力、排气压力和排气量，可以选择不同活塞行程、曲轴转速及结构形式的压缩机。

当压缩机的排气量一定时，转速高，则压缩机质量轻、空间尺寸小。目前，活塞式压缩机趋向采用适当高的转速，使结构紧凑。因为过高的转速会带来以下问题：往复惯性力大，导致不平衡的惯性力和惯性力矩增大；气阀阻力损失增加，压缩机效率低。

结构形式的选择，需要综合考虑各方面的因素，其中主要是要适应具体的使用条件和有较好的动力特性。

常见基本形式压缩机的应用范围如下。

① 立式压缩机不宜做成大型，主要用于中小型和级数不多的压缩机，转速可较高，达 150r/min。

② 普通卧式压缩机，仅在小型高压的场合采用，趋于淘汰。

③ 对称平衡型压缩机适用于大中型，特别是对于大型压缩机，优越性更为显著。最高排出压力可达 100MPa，最大排气量为 200m³/min。

④ 对置式压缩机，在超高压时，惯性力的影响处于次要地位，但切向力曲线均匀，故多用于大型超高压场合。

⑤ 角式压缩机，如 V 型、W 型、扇形多为无十字头的压缩机，结构简单、紧凑。一般用作排气量为 3～12m³/min、压力为 0.8MPa 的移动式，风冷空压机以及制冷用氨气压缩机。

此外，选择压缩机时，应根据石油化工工艺用途、吸、排气压力等条件及石油化工生产对压缩机的要求，调查相同类型压缩机的使用特点、运转特点、操作维修费用等，对比不同结构形式压缩机的优缺点、动力特点，由《机械产品目录》或《气体压缩机产品样本》等初步确定压缩机的型号和台数。

除间歇运转的压缩机外，为保证可靠的连续性生产和操作条件变化的适应性，还应考虑备用压缩机，备用机的型号应与使用机相同。

(三) 排气量和能耗核算

1. 核算排气量

选用压缩机的规格时，一般应考虑 5%～10% 的超载能力。对于高原使用的压缩机，尤其要注意这一点。可用下式核算排气量：

$$\overline{V}_d = \overline{V}_{d0} \left(0.72 + 0.28 \frac{p_h}{p_0} \right) \tag{3-69}$$

式中　$\overline{V}_d$，$\overline{V}_{d0}$——分别为高原用压缩机的排气量和额定排气量，m³/min；

p_h，p_0——分别为高原大气压（吸气压力）和标准大气压，Pa。

当 $\overline{V}_d$ 以工艺设计提供的排气量代入时，所选压缩机的排气量值（不一定是单台压缩机的排气量）不应小于上式计算所得$\overline{V}_{d0}$的值，以确保所需的处理量。

2. 核算轴功率

对于已经使用的压缩机，应校核其指示功率。对于被选压缩机，采用工艺设计提供的排气量，利用下式可估算待选压缩机的指示功率：

$$N_{ii} = (1.67 \sim 1.9) \times 10^4 p_{s1} V_d \frac{k}{k-1}(\varepsilon_i^{\frac{k-1}{k}} - 1) \tag{3-70}$$

式中　N_{ii}——第 i 级的指示功率，W；

p_{s1}——第 1 级的吸气压力，MPa；

V_d——压缩机的排气量，m³/min；

ε_i——第 i 级的实际压力比。

对于有凝气、大压力比，式（3-70）中的系数取小值；小压力比取大值。多级压缩机，N_i 应为各级的 N_{ii} 之和，即可计算待选机的轴功率。

也可采用下式计算指示功率：

$$N_i = \frac{N_t}{\eta_i} \tag{3-71}$$

式中　η_i——指示效率，一般取 $\eta_i = 0.9 \sim 0.94$；

N_t——理论指示功率，W。

$$N_t = 1.67 \times 10^4 Z p_{s1} V_d \frac{k}{k-1}(\varepsilon^{\frac{k-1}{Zk}} - 1) \tag{3-72}$$

式中　ε——总名义压力比；

Z——级数。

其余代号与式（3-70）相同。

二、石油化工常用压缩机结构示例

化工用压缩机的种类繁多，按被压缩气体的种类可分为以下几种。

(1) 空气压缩机　供仪表控制、动力和工艺过程（如空气分离、氧化脱沥青）用。

(2) 氮氢气和氢气压缩机　供合成氨及油加氢等反应过程用。

(3) 石油气压缩机　供裂解、焦化、聚合、合成等用于碳氢化合物原料气。

(4) 氧气压缩机　供空气分离、裂解和充瓶用。

(5) 二氧化碳压缩机　供尿素、聚酯用。

(6) 循环压缩机　供合成、加氢、聚合、橡胶增压和循环用。

此外，还有压缩有毒气体（如 Cl_2）和稀有气体如（Ar、He 等）及制冷用压缩机。下面介绍几种典型压缩机的结构。

（一）L3.3-17/320 氮氢混合气压缩机

L 型压缩机，高低压侧汽缸布置如图 3-91 所示。L3.3-17/320 压缩机高、低压侧和汽缸装配图如图 3-92 所示。

1. 主要技术参数

排气量 17m³/min，压力、温度和汽缸直径见表 3-5；活塞杆直径 ϕ45mm；活塞行程 200mm；曲轴转速 500r/min；轴功率 293kW；电机功率 320kW；外廓尺寸 2500mm×3500mm×2300mm；冷却水量 30t/h；润滑油量 0.4kg/h。

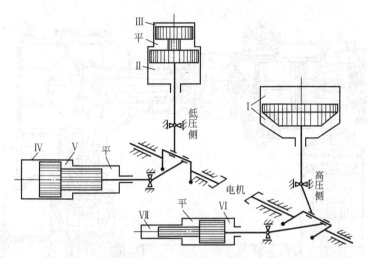

图 3-91　双 L 型压缩机方案图

表 3-5　L3.3-17/320 压缩机压力温度与汽缸直径

级数	压力/kg·cm^{-2}		温度 T/K		汽缸	
	吸气	排气	吸气	排气	形式	直径/mm
Ⅰ	1.2	3.8	303	420	双作用	362
Ⅱ	3.8	5	313	377	单作用	300
Ⅲ	5	12	308	396	单作用	244
Ⅳ	12	27	313	395	单作用	155
Ⅴ	27	62	313	397	级差式	155/115
Ⅵ	62	128	313	382	单作用	82
Ⅶ	126	321	293	381	单作用	48

2. 主要结构特点

(1) 汽缸布置

低压侧　垂直列——Ⅱ、Ⅲ级，平衡缸（接回气管）；

　　　　水平列——平衡室（接回气管）Ⅴ、Ⅳ级汽缸。

高压侧　垂直列——Ⅰ级缸；

　　　　水平列——Ⅵ级缸，平衡缸（接回气管）Ⅶ级缸。

由图 3-92 可知，L3.3-17/320 氮氢混合气压缩机除高压侧Ⅰ级缸为双作用外，其余几级均为级差式汽缸，在列中均设置平衡缸。在平衡缸上不设吸、排气阀，只有一个进、出口与某一定压力的吸气管道相连通。平衡缸的作用是为了平衡活塞力，在平衡缸内没有压缩过程。

(2) 传动机构　高、低压侧机身上各装一曲柄轴，用联轴器与安装在两侧中间的同步电机连接。曲轴两轴颈各装一个滚动轴承，配有平衡铁两块。在曲拐上装有两个连杆，两列曲柄错角为 90°，高压侧超前低压侧 108°。因此，整机的动力平衡较好。

(3) 汽缸组　Ⅰ、Ⅱ级缸由缸座、缸体和缸盖三者组成，均为铸铁件，具有气道及冷却水双层夹套，缸盖上吸、排气阀平装。Ⅰ级缸座上吸、排气阀斜装（呈 60°），经气道与缸体上吸、排气管相连。缸座下端装填料，Ⅲ级缸也为铸铁件。Ⅱ级缸上吸、排气阀轴向安装，Ⅲ级缸上吸、排气阀径向安装。

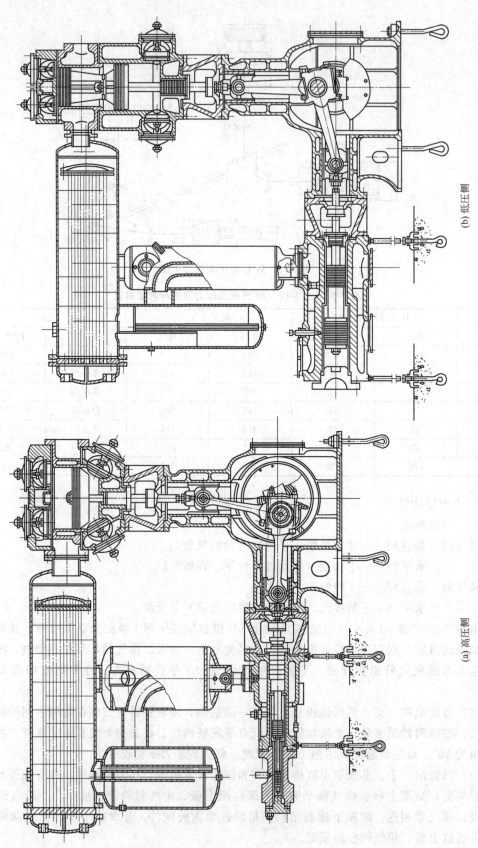

图 3-92 L 型压缩机结构
(a) 高压侧 (b) 低压侧

Ⅳ、Ⅴ级为铸铁汽缸（差动），Ⅵ级也为铸铁汽缸，Ⅶ级为锻钢汽缸。Ⅳ～Ⅶ级均有铸铁耐磨缸套，除Ⅶ级外均有冷却水夹套。吸、排气阀均在汽缸两侧径向安装，进、排气管口及冷却水进口均在汽缸下方。

Ⅰ级活塞为铝制盘形活塞，用锥面与活塞杆配合；Ⅱ、Ⅲ级活塞均为铝制（有些改善为铸铁件）单端面活塞，有加强筋增加刚度。活塞与活塞杆依靠圆柱面配合，由端面螺母压紧。Ⅳ、Ⅴ级活塞为空心圆筒形级差活塞（铸铁件），Ⅳ级活塞外圆上镶有两圈巴氏合金，活塞与活塞杆依靠圆柱面配合。Ⅵ级活塞为圆筒形铸铁件，Ⅶ级为组合式碳钢件。

Ⅰ～Ⅴ级活塞杆为优质钢锻件，Ⅵ、Ⅶ级活塞杆为合金钢锻制。

Ⅰ～Ⅳ级填料为三瓣斜口平面铸件密封环填料，Ⅵ级填料为径向平口斜面楔紧巴氏合金密封环填料。

（二）二氧化碳压缩机——4M12-45/210 二氧化碳压缩机

如图 3-93 所示为 4M12-45/210 二氧化碳压缩机的各列布置图；如图 3-94 所示为 4M12-45/210 二氧化碳压缩机的装配图。

1. 主要技术要求

排气量 45m³/min；排气压力 21MPa；各级汽缸直径：Ⅰ级 625mm；Ⅱ级 365mm；Ⅲ级 215mm；Ⅳ级 165mm；Ⅴ级 65mm；行程 300mm；转速 300r/min；压缩机轴功率 550kW；电机功率 630kW；冷却水用量 100t/h。

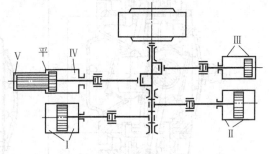

图 3-93　4M12-45/210 二氧化碳压缩机的各列布置图

2. 主要结构特点

（1）形式　四列对动式 M 型五级压缩机。

（2）传动机构　机身与中体均为铸铁件，机身每侧固定两个中体。机身上均有横梁和拉紧螺栓，加强机身刚度。电动机为悬挂结构，安装在机身一端。曲轴为优质钢锻造。相对两列（Ⅰ列与Ⅱ列，Ⅲ列与Ⅳ列）曲柄错角为180°，两个相对列（Ⅰ、Ⅱ相对列和Ⅲ、Ⅳ相对列）间曲柄又错开90°，连杆大头瓦为钢背巴氏合金薄壁轴瓦，小头用磷青铜衬套。十字头体为铸钢件，滑道上挂巴氏合金。

（3）汽缸组　Ⅰ、Ⅱ级汽缸各为一列配置在一相对列上；Ⅲ级汽缸为一列；Ⅳ、Ⅴ级汽缸共同为一列，这两列汽缸配置在另一相对列上。Ⅰ～Ⅲ级均为双作用铸铁汽缸，Ⅳ、Ⅴ级为级差式铸钢汽缸。Ⅰ级缸镶湿式铸铁缸套，Ⅱ～Ⅳ组成缸镶干式铸铁缸套，Ⅴ级缸镶氮化钢缸套。Ⅰ级缸为锥形组合结构，并在Ⅰ级缸盖上设有调节气量的余隙阀。每个汽缸都由中体与机身连接。Ⅳ、Ⅴ级缸间为平衡段，与Ⅲ级排气侧相通，使该列前后行程气体力均匀。

Ⅰ级活塞为钢板焊接活塞，活塞杆与十字头为螺纹法兰连接。Ⅱ、Ⅲ级活塞为铸铁件；Ⅳ级为钢制活塞，挂巴氏合金；Ⅴ级为组装的固定中心浮动柱塞，进、排气阀为环片阀。

（4）机身与中体的定位　机身与中体的定位不靠止口，而是依靠安装找正后打定位销的方式来保证十字头滑道中心线与主轴中心线的垂直度。滑道中心线的高低依靠中体法兰（六方形）的下底面与机身上专门设置的定位台肩保证，中体的另一端与六面形的中间接筒连接。在中间接筒前部放置填料，检查和更换填料较为方便。

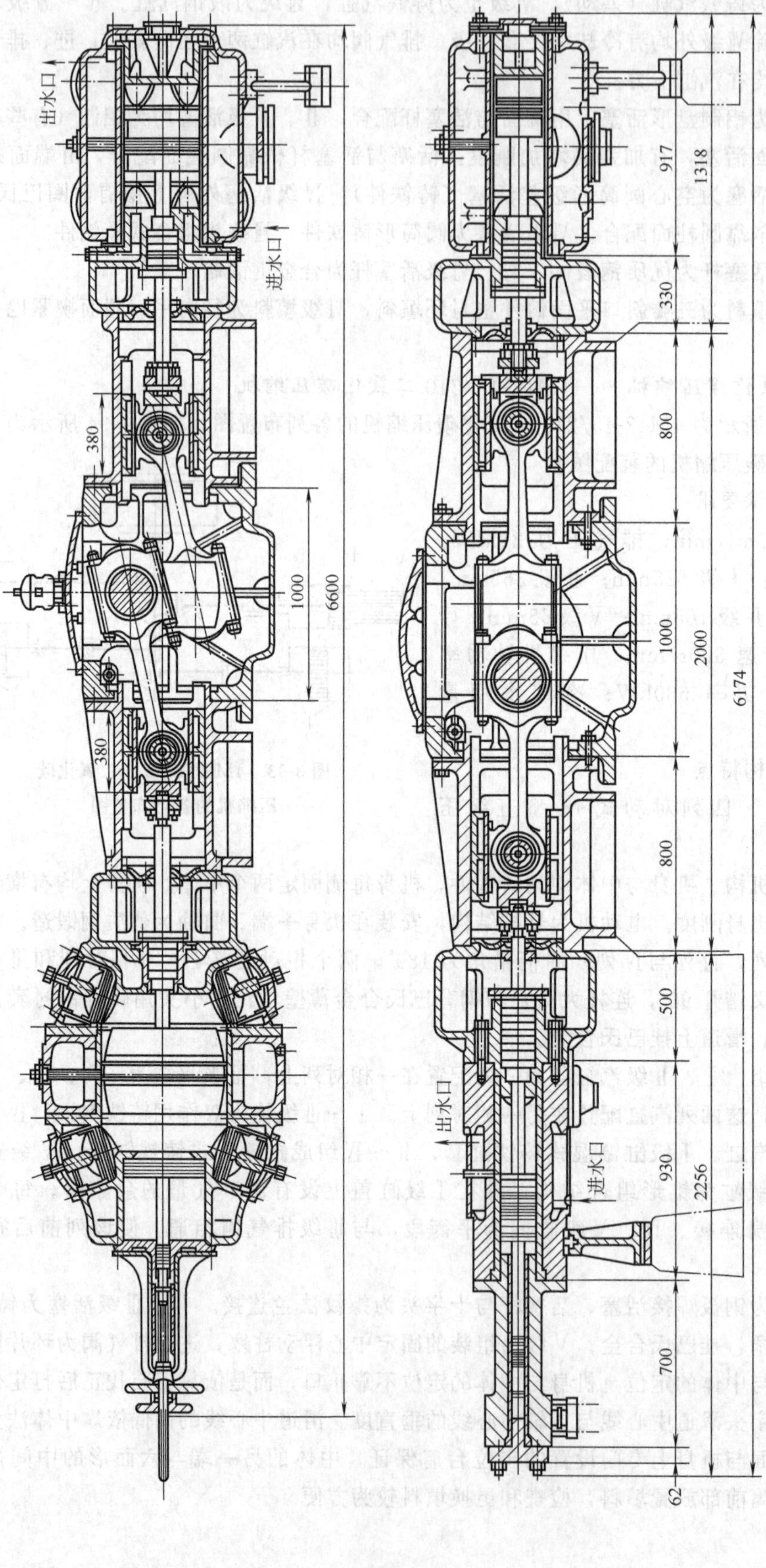

图 3-94 4M12-45/210 二氧化碳压缩机的装配图

三、应用实例

某炼油厂干气制氢原料气压缩机(沈阳气体压缩机厂),其型号为2D-12/5.5-31-BX,其结构示意如图3-95所示。

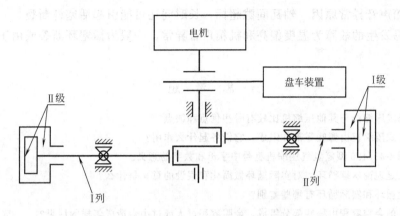

图3-95 2D-12/5.5-31-BX压缩机结构示意

1. 主要性能参数

容积流量　12m³/min(吸入状态)
吸气压力　一级:0.55MPa;二级:1.402MPa
排气压力　一级:1.402MPa;二级:3.1MPa
吸气温度　一级:45℃;二级:40℃
排气温度　一级:104℃;二级:94℃
转速　495 r/min
轴功率　270kW
汽缸直径　一级:ϕ330mm;二级:ϕ230mm
行程　220mm
冷却水量　循环水 85t/h
润滑油压力　0.3~0.4MPa

2. 主要结构特点

(1) 形式　本机为两列对称平衡式,两级,双作用,冷却方式为水冷,无油润滑,电机驱动。

(2) 汽缸组件　两列汽缸均为双作用铸铁汽缸,汽缸的缸体、缸套、Ⅰ级缸座和缸盖材质为合金铸铁 JT25-47C,Ⅱ级缸盖和缸座材质为35钢。汽缸均设干式汽缸套。

(3) 气阀　本机气阀为网状闭式结构。

(4) 液压十字头连接器　十字头连接器由一个剖分式(两半)的止推环、螺纹内圈、带凹槽的调节环及液压紧固装置组成,液压紧固装置由压力体、环形活塞、紧固螺母及密封圈组成。

(5) 活塞部件　由活塞体、活塞杆、活塞环和支承环等零件组成。活塞的材料为JT25-47C,活塞环和支承环均由聚四氟乙烯制成。

3. 易出故障

(1) 温度偏高原因　活塞环断裂卡在活塞环槽内;气阀损坏(主要是进气阀损坏);管

路堵塞。

(2) 汽缸声音异常原因　排气阀损坏，不能及时关闭，高压气体又倒流回来。

(3) 排气量有所降低原因　填料泄漏。

(4) 机箱声音异常原因　轴瓦间隙超标，长时间还可能引起活塞杆断裂。

此机最易发生的故障为温度偏高和机箱声音异常，一般为活塞环断裂或由于磨损轴瓦间隙增大引起。

思 考 题

3.1　活塞式压缩机与其他压缩机比较有哪些优点和缺点？

3.2　活塞式压缩机由哪些零部件组成，它们各起什么作用？

3.3　说明 4-45/120 型氮氢气压缩机型号中字母和数字的意义。

3.4　什么是理论压缩循环，对实际循环做简化和假设的意义是什么？

3.5　理论循环和实际循环有哪些差别？

3.6　汽缸的余隙容积由哪些部分组成，余隙容积过大或过小会造成怎样的后果？

3.7　影响压缩机排气量的主要因素有哪些？

3.8　为什么采用多级压缩？

3.9　在往复惯性力中，一阶往复惯性力和二阶往复惯性力有何不同？

3.10　对称平衡型压缩机有什么结构特点，为什么可以提高转速？

3.11　压缩机的飞轮矩有什么作用？

3.12　试说明铸铁、铸钢、锻钢汽缸的结构特点与使用场合。

3.13　为何要采用汽缸套，有哪几种类型，各用在什么场合？

3.14　活塞环在汽缸与活塞中是怎样密封的？

3.15　在高压锥形填料函中为什么靠近汽缸的密封圈 α 角取得小些，而后面的 α 角取得大些？

3.16　气阀常用结构形式有哪些，影响阀片寿命的因素有哪些？

3.17　曲轴的结构形式有哪些，常用的材料有哪些？

3.18　活塞式压缩机排气量调节方法有哪些？

3.19　压缩机为什么要进行润滑和冷却？

3.20　压缩机的润滑方式有哪几种？

3.21　何为气柱共振，什么是管路机械共振？

3.22　减少气流脉动和管路振动的措施有哪些？

3.23　选用压缩机时需要哪些工艺参数？

3.24　为什么压缩机装置中要设置缓冲器？

第四章

离心式压缩机

第一节 概 述

一、离心式压缩机在化工生产中的应用

离心式压缩机是速度式压缩机的一种。早期,离心式压缩机只用于压缩空气,且只适用于中、低压力及气量很大的场合。随着石油、化工生产规模的扩大和机械加工工艺的发展,从 20 世纪 60 年代开始,离心式压缩机在我国石油化工生产中应用越来越广泛。近几十年来新建的大型合成氨厂、乙烯厂均采用离心式压缩机,并实现了单机配套。例如年产 30×10^4 t 的合成氨厂用合成气压缩机(带循环级),只使用一台由 2×10^4 kW 汽轮机驱动的离心式压缩机,从而节约了大量投资,降低了氨的成本。在年产 30×10^4 t 的乙烯厂中,裂解气压缩机、乙烯压缩机和丙烯压缩机均采用汽轮机驱动的离心式压缩机,从而使乙烯的成本显著降低。在天然气液化方面已有采用流量 48.2×10^4 m^3/h 的超低温(-160℃)离心式压缩机,其生产规模可提高到 100×10^4 t/a。

此外,离心式压缩机还广泛应用于制氧、尿素、酸、碱等工业以及原子能工业的惰性气体的压缩和核工业特殊元素的制取方面。

由于设计和制造水平的提高,离心式压缩机已跨入了由活塞式压缩机所占据的高压领域,迅速地扩大了它的应用范围。近几年来,离心式压缩机已成为石油、化工等部门用来强化生产过程的关键设备。

二、离心式压缩机的特点

目前,在生产中除了流量较小(<100m^3/min)和超高压(>750MPa)的气体输送外,大多数倾向采用离心式压缩机,离心式压缩机趋向于取代活塞式压缩机。实践证明,离心式压缩机特别是用汽轮机驱动的离心式压缩机与活塞式压缩机相比,具有以下的特点。

① 生产能力大,供气量均匀,结构紧凑,占地面积小,土建投资少。

② 结构简单,易损零件少,便于检修,运转可靠,连续运转周期长,一般能连续运转 1~2 年以上,所以不需要备机。操作及维修所需的人力、物力较活塞压缩机少得多。

③ 转子和定子之间,除轴承和轴端密封之外,没有接触摩擦的部分,在气缸内不需要加注润滑油,消除了气体带油的缺点,有利于化学反应和提高合成率,使催化剂的寿命相应增长。这对于压缩不允许与油接触的气体(如氧气)特别适宜。

④ 离心式压缩机是高速旋转的机器,适于采用汽轮机或燃气轮机直接驱动。对大型石化厂来说,在生产过程中大多都有副产的蒸汽或烟气。如果利用这些副产品作能源的汽轮机

直接驱动离心式压缩机,就能提高生产过程中的总热效率,从而节约动力投资,降低产品成本。

⑤ 对于具有同样容量的离心式压缩机和汽轮机组,较活塞式压缩机和电动机的价格低得多,所以建厂费用低。

离心式压缩机虽然具有以上的优点,但也存在以下缺点。

① 离心式压缩机的效率一般比活塞式压缩机的效率低,这是因为离心式压缩机中气流的速度较高,能量损失较大。

② 离心式压缩机只有在设计工况下工作时才能获得最高效率,离开设计工况点进行操作时,效率就会下降。更为突出的是,当流量减小到一定程度时压缩机会产生"喘振",如果不及时处理,可导致机器的损坏,而活塞式压缩机就没有这种现象。

③ 离心式压缩机不容易在高压比的同时得到小流量。离心式压缩机的单级压力比很少超过 3,而在活塞式压缩机中每级的压力比可能达到 2~4 以上。

④ 对于高压力比、小流量的离心式压缩机,由于流量小,气流通道变窄,因此制造加工困难且流动损失较大,压缩机的效率降低。

⑤ 操作的适应性差,气体的性质对操作性能有较大影响。在装置开车、停车和正常运转时介质的变化较大时,负荷的变化也较大,驱动机应留有较大的功率裕量,但在正常运转时空载消耗较大。

三、离心式压缩机的分类与型号

1. 离心式压缩机的分类

按结构和传动方式可分为水平剖分型、垂直剖分型(又称筒型)和等温型压缩机等。按用途和输送介质的性质可分为空气压缩机、二氧化碳压缩机、合成气压缩机、裂解气压缩机、氨冷冻机、乙烯压缩机及丙烯压缩机等。

2. 型号表示法

离心式压缩机的型号能反映出压缩机的主要结构特点、结构参数及主要性能参数。

国产离心式压缩机的型号及意义如下。

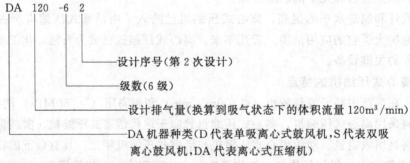

也有以被压缩气体的名称来编制型号的,例如:

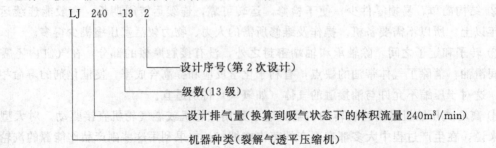

制冷机常用如下的型号编制。

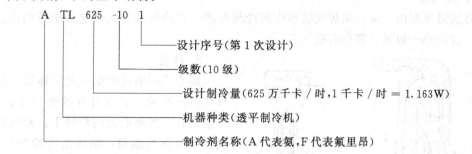

第二节　离心式压缩机的总体结构及工作特性

一、离心式压缩机的总体结构

（一）离心式压缩机的组成

如图 4-1 所示为 DA120-61 离心式压缩机纵剖面构造，由图可知，压缩机由转子、定子、轴承等组成。转子由主轴、叶轮、平衡盘、推力盘、联轴器等组成。定子由机壳、扩压器、弯道、回流器、蜗壳等组成，定子又称为固定元件。除这些组件以外，为了减少机器的内、外泄漏，还有轴端密封装置和级间密封装置。

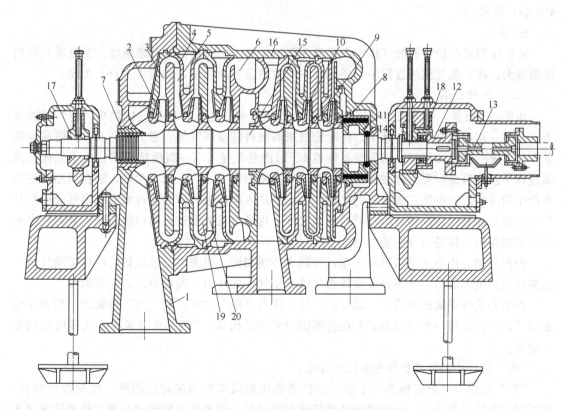

图 4-1　DA120-61 离心式压缩机纵剖面构造

1—吸气室；2—叶轮；3—扩压器；4—弯道；5—回流器；6—蜗室；7，8—轴端密封；9—隔板密封；
10—轮盖密封；11—平衡盘；12—推力盘；13—联轴器；14—卡环；15—主轴；
16—机壳；17—支持轴承；18—止推轴承；19—隔板；20—回流器导流叶片

1. 吸气室

将所需压缩的气体，由进气管或中间冷却器的出口均匀地导入叶轮去进行增压。因此，在每一段的第一级进口都设有吸气室。

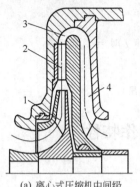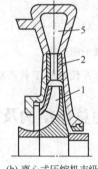

(a) 离心式压缩机中间级　　(b) 离心式压缩机末级

图 4-2　离心式压缩机的中间级和末级结构
1—叶轮；2—扩压器；3—弯道；4—回流器；5—蜗壳

2. 叶轮

离心式压缩机中惟一对气体做功的部件。气体进入叶轮后，在叶片的作用下，随叶轮高速旋转，在离心力的作用下，对气体做功，增加了气体的能量，使流出叶轮的气体压力和速度均得到提高，如图 4-2（a）所示。

3. 扩压器

由于气体从叶轮中流出时具有较高的速度，为了利用这部分速度能，通常在叶轮后设置有流通截面积逐渐扩大的扩压器，以便将速度能转变为静压能，以提高气体的压力，如图 4-2（a）所示。

4. 弯道和回流器

将扩压器后的气体，由离心方向改变为向心方向再均匀地引入下级叶轮的进口，如图 4-2（a）所示。

5. 蜗壳

将扩压器或叶轮后面的气体汇集起来并引出机外。由于蜗壳外径逐渐增大及流通截面的逐渐增大，在汇集气流的过程中它还起到一定的降速扩压作用，如图 4-2（b）所示。

（二）工作过程

由图 4-1 可知，气体先由吸气室 1 吸入，流经叶轮 2 时，叶轮对气体做功，使气体的压力、温度、速度提高，比容减少。经叶轮出来而获得能量的气体，进入扩压器 3，使速度降低，压力进一步得到提高，最后经过弯道 4、回流器 5 导入下一级继续压缩。由于气体在压缩过程中温度升高，而气体在高温下压缩，功耗将会增大。为了减少功耗，故在压缩过程中采用中间冷却，即由第三级出口的气体，不直接进入第四级，而是通过蜗室和出气管引到外面的中间冷却器进行冷却，冷却后的低温气体，再经过吸气室进入第四级压缩，最后，由末级出来的高压气体经出气主管输出。

由此可知，离心式压缩机的工作过程同离心泵相同。机壳内高速旋转的叶轮带动气体一起旋转而产生离心力，从而把能量传给气体，使气体的压力、温度升高，比容缩小。

在离心式压缩机的术语中，除"级"外、还有"段"、"缸"和"列"的概念。所谓压缩机的"级"就是由一个叶轮及其相配合的固定元件所构成，"级"是组成离心式压缩机的基本单元。

"段"是以中间冷却器作为分段的标志。

"缸"是将一个机壳称为一个缸，多机壳的压缩机即称为多缸压缩机。叶轮数目较多，如果都装在同一根轴上，会使轴的临界转速变得很低，结果使工作转速与第二临界转速过于接近，这是不允许的。另外，为使机器设计得更合理，压缩机各组需要采用一种以上转速时，也需分缸。

压缩机的"列"就是压缩机缸的排列方式，一列可由一至几个缸组成。

（三）主要性能参数

对于离心式压缩机，其主要性能参数有以下几个。

(1) 排气压力　指气体在压缩机出口处的绝对压力，也称终压，单位为 kPa 或 MPa。

(2) 转速　压缩机转子单位时间的转数，单位为 r/min。

(3) 功率　压缩机运转时需要供给的轴功率，单位为 kW。

(4) 排气量　指压缩机单位时间内能压送的气体量。有体积流量和质量流量之分，体积流量常用符号 Q 表示，单位为 m^3/s。一般规定排气量是按照压缩机入口处的气体状态计算的体积流量，但也有按照压力 101.33kPa、温度 293K 时的标准状态下计算的排气量。质量流量常用符号 G 表示，单位为 kg/s。

(5) 效率　是衡量压缩机性能好坏的重要指标，可用下式表示：

$$\text{压缩机的效率} = \frac{\text{气体净获得的能量}}{\text{输入压缩机的能量}}$$

二、离心式压缩机的基本原理

由离心式压缩机的工作过程可知，其工作原理同离心泵一样，机壳内高速旋转的叶轮带动气体一起旋转而产生离心力，从而把能量传给气体，使气体的压力、温度升高，比容减小。

在压缩过程中，由于气体具有可压缩性，流道形状较为复杂（有气流摩擦损失和边界层分离损失），所以气体的压力、温度、速度、比容以及气体的体积流量等状态参数均要发生变化。气流参数不仅沿流道截面变化，而且在同一截面上的各点参数也是不相同的，所以气体实际上是随叶轮的切向、径向和轴向而变化的三元不稳定流动。详细讨论这样的过程非常复杂，工程中通常要做些简化处理。即假设叶轮是由无限多个很薄的叶片所组成的，叶片间的间隙非常小；所输送的气体假设为理想气体；流动损失忽略不计。由此可以近似认为，气体是沿叶片的切线方向运动，在同一截面上各点的气流参数是相同的，并可用平均值来计算。这就把气体当作一元流动来处理，同时又认为气体流动时各截面上的气流参数不随时间变化，属稳定流动。实践证明，经过这样处理以后，便于讨论级中气体的流动情况，讨论结果也是有价值的。

（一）无限多叶片时的叶片功

当气体在叶轮中的流动做了一元稳定流动的假设后，离心泵中用来计算理论能量头的欧拉方程式和与其有关的一些内容对离心式压缩机来说，也是适用的。所以对于无限多叶片的离心式压缩机的叶片功为：

$$h_{h\infty} = u_2 c_{2\infty} \cos\alpha_2 - u_1 c_{1\infty} \cos\alpha_1 \tag{4-1}$$

由速度三角形可以将式 (4-1) 写为：

$$h_{h\infty} = u_2 c_{2u\infty} - u_1 c_{1u\infty} \tag{4-2}$$

一般气体进入叶片时 $\alpha_1 = 90°$，所以式 (4-2) 又可写为：

$$h_{th\infty} = u_2 c_{2u\infty} \tag{4-3}$$

或 $h_{h\infty} = u_2 c_{2\infty} \cos\alpha_2 \tag{4-4}$

利用速度三角形余弦定理推导 $h_{th\infty}$ 也可表示为：

$$h_{th\infty} = \frac{u_2^2 - u_1^2}{2} + \frac{c_{2\infty}^2 - c_{1\infty}^2}{2} + \frac{w_{1\infty}^2 - w_{2\infty}^2}{2} \tag{4-5}$$

由以上各式可知，离心式压缩机的叶片功 $h_{th\infty}$ 只与气体进、出叶片间流道的速度三角形有关。

（二）有限叶片的叶片功 h_{th}

$h_{th\infty}$ 是假定叶轮叶片数为无限多的情况下，理想气体的理论叶片功。但实际叶轮的叶片数目是有限的，气流也不是沿叶片安装角 β_{2A} 的方向流出的，因而气体流经叶片间的流道时，将要产生轴向涡流或称为环流。

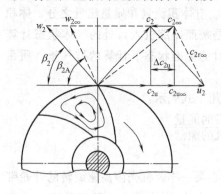

图 4-3 有限叶片数对叶轮出口速度三角形的影响

产生轴向涡流是由于气体本身具有一定的惯性，其黏度又很小，只是随着叶轮做平行移动，这样气体在叶轮流道中，出现了一个与叶轮旋转方向相反的轴向涡流。轴向涡流的流动方向与叶轮圆周速度方向相反，因此使气体流出叶轮的出口速度三角形形状发生了变化，使得气体不能沿叶片出口角的方向离开叶轮，其变化如图 4-3 所示。图中实线表示有限叶片速度三角形的情况，虚线表示无限多叶片时的情况。

由于有限叶片有轴向涡流产生，致使叶轮出口的相对速度 $w_{2\infty}$ 变为 w_2，而 β_{2A} 变为 β_2，显然 $\beta_2 < \beta_{2A}$。叶轮的出口绝对速度 $c_{2\infty}$ 变为 c_2，圆周分速度 $c_{2u\infty}$ 变为 c_{2u}，显然 $c_{2u\infty}$ 变小，所以叶轮产生的能量头即叶片功将减小。

在离心式压缩机中，也可用环流系数 K 来修正有限叶片的叶片功，即

$$h_{th} = K h_{th\infty} \tag{4-6}$$

环流系数 K 值的确定是十分重要的，它直接影响到压缩机的各项参数。K 值的计算方法也较多，并有一定的局限性。

三、功率和效率

前述所讨论的是不考虑任何损失的理想气体的理论功及其计算，但实际上气体在叶轮和压缩机的机壳中流动时，存在着各种损失，这些损失的存在必然要引起压缩机无用功的增加和效率的下降。因此，在讨论功率和效率之前，首先来讨论一下压缩机的损失情况。

（一）流道损失

流道损失是指气体在吸气室、叶轮、扩压器、弯道和回流器等元件中流动时产生的损失，包括流动损失和冲击损失。流动损失又包括摩擦损失、边界层分离损失、二次涡流损失和尾迹损失。

(1) 摩擦损失　因气体有黏性，在压缩机的流道中气体流动时就会产生摩擦，造成流动摩擦损失。如图 4-4 所示为气体在流道中某截面上流动时的速度变化情况。由图可知，壁面上的气体流速最小，离开壁面的气体主流速度最大，在主流和壁面间气体速度是不相同的，若把这部分气流分成许多层，则气流层之间、气流层与壁面之间就产生摩擦，使气体消耗一部分能量变成无用的热能，这就是摩擦损失。

(2) 边界层分离损失　由于气体在叶轮和扩压管道内流动时，如无外界能量的加入，当气体做扩压流动时，其速度下降，压力升高，因此主流的动能沿流动方向是下降的，于是主气流将其动能传给边界层中的气流的能力便大为减小。同时沿流动方向气流压力增加，便有阻碍整个气流前进的趋向。因此边界层中气流的减速比主气流快，这不但使边界层沿流动方向增厚而且在沿流动方向流过一段距离后，边界层中与壁面紧挨着的那层气体就会停滞不前，再沿扩压流道流下去，还会因气体压力的不断增大而使边界层中发生局部倒流现象，这

就是所谓的边界层分离（见图 4-5）。当边界层发生分离时，必定在壁面处产生旋涡区，因而造成很大的能量损失，即边界层分离损失。

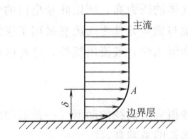

图 4-4　接近物体壁面的气流速度分布

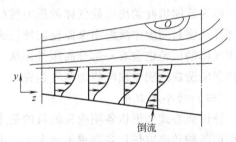

图 4-5　在扩压通道中旋涡区的产生

（3）二次涡流损失　气体流经叶轮叶道时，由于叶道是曲线形的并存在轴向涡流，因此叶道中气体流速和压力分布是不均匀的。如图 4-6 所示，工作面一侧速度低、压力高；非工作面一侧恰好相反，于是两侧壁边界层中的气体受到压力差作用，就会产生由工作面向非工作面的流动。这种流动的方向与主气流的方向大致相互垂直，所以称为二次涡流。它的存在干扰了主气流的流动，造成了能量损失。

（4）尾迹损失　当气体从叶道流出时，由于叶片尾缘有一定的厚度，气体通流面积突然扩大，就使叶片两侧的气流边界层发生分离，在叶片尾部处形成充满旋涡的尾迹区，从而引起能量的损失，如图 4-7 所示。

（5）冲击损失　是指气体进入叶轮或叶片扩压器的叶道时，气流的方向和叶道进口处叶片安置角方向不一致而产生的能量损失。离心式压缩机的叶轮和叶片扩压器叶道进口处的叶片安置角一般是按设计流量下气流进入叶道时的方向确定下来的，所以在设计流量下，气流的进入方向与叶片安置角的方向是一致的，基本上无冲击损失。但当气量大于或小于设计流量时，因为气流进入叶轮和扩压器时与叶片安置角不一致，所以气流与叶轮和扩压器发生冲击，引起边界层分离，从而造成强烈的旋涡并产生很大的损失。压缩机叶片的进口安装角 β_{1A} 与气流角 β_1 之间的夹角称为冲角，用 δ_i 表示，冲角越大，损失越大，如图 4-8 所示。

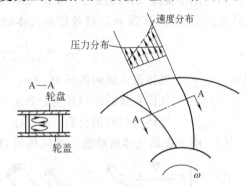

图 4-6　叶轮流通道中二次涡流的产生

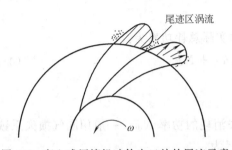

图 4-7　离心式压缩机叶轮出口处的尾迹示意

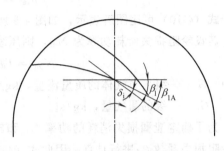

图 4-8　叶轮进口冲角

（二）轮阻损失

压缩机的叶轮在气体中做高速旋转运动，所以叶轮的轮盘和轮盖两侧壁与气体发生摩擦

177

而引起的能量损失，这部分无用功的损耗称为轮阻损失。

（三）漏气损失

因为压缩机叶轮出口处气体的压力较叶轮进口处气体的压力高，所以叶轮出口的气体有一部分从密封间隙中泄漏出来而流回叶轮进口。在转轴与固定元件之间虽然采用了密封，但由于气体的压差也会有一部分高压气体从高压级泄漏到低压级，或流出机外，这种内部或外部泄漏所造成的能量损耗称为漏气损失。

（四）功率及效率

分析离心式压缩机各项损失的目的是为了考虑这些损失所消耗的功率。一般通用的方法是引用各种效率以估计各项损失的大小，最终确定压缩机的总功耗。

压缩机级的总功耗包括三部分：叶片功 h_{th}，气体泄漏所消耗的功 h_l 和轮阻损失所消耗的功 h_{df}。

叶片功 h_{th} 是叶轮传给气体的功，它包括以下三部分。

(1) 用于提高气体的压力　假设气体从级的进口到级的出口按多变过程进行，对于 1kg 气体压力由 p_1 升高到 p_2，叶轮传给气体的多变压缩功为：

$$h_{pol} = \frac{m'}{m'-1} p_1 v_1 \left[\left(\frac{p_2}{p_1} \right)^{m'} - 1 \right] \tag{4-7}$$

式中　p_1——气体进入级时的压力，Pa；
　　　p_2——气体在级的出口压力，Pa；
　　　v_1——气体进口时的比容，m³/kg。

(2) 用于提高气体的动能　设气体进口速度为 c_1，级出口的气体速度为 c_2；由于速度增加，叶轮传给气体的功为：

$$h_m = \frac{1}{2}(c_2^2 - c_1^2) \tag{4-8}$$

一般 c_2 及 c_1 相差不大，故此项常忽略不计。

(3) 用于克服流动阻力　以 h_s 表示流道损失所耗功，则

$$h_{th} = h_{ol} + h_m + h_s \tag{4-9}$$

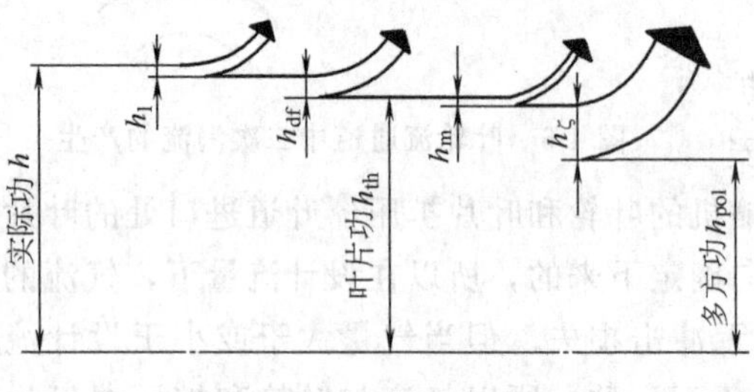

图 4-9　压缩机级的耗功分配图

对 1kg 气体而言，其总功为：

$$h_{tot} = h_{th} + h_l + h_{df} \tag{4-10}$$

式 (4-10) 可用图解表示，如图 4-9 所示。

若设轮阻损失所耗功率为 N_{df}，则压缩机级的实际总耗功率为：

$$N_{tot} = G h_{th} + G_l h_{th} + N_{df} \tag{4-11}$$

式中　G——级出口气体的质量流量，kg/s；
　　　G_l——级的漏气量，kg/s。

为了确定泄漏损失消耗的功率 N_l 和轮阻损失消耗的功率 N_{df}，一般用漏气损失系数 β_l 及轮阻损失系数 β_{df} 进行计算，因此式 (4-11) 表示为：

$$N_{tot} = (1 + \beta_l + \beta_{df}) G h_{th} \tag{4-12}$$

式中　β_l——漏气损失系数，表示泄漏情况的好坏程度；
　　　β_{df}——轮阻损失系数，表示轮阻损失所耗功率大小。

由式（4-12）计算出来的总耗功率是压缩机级的功率，整个压缩机的功率为 $\sum N_i$（i 为压缩机的级数），并称为内功率。以 N_s 表示驱动压缩机的电动机或汽轮机所需的轴功率，以 N_m 表示压缩机由于机械损失所消耗的功率，则离心式压缩机所需轴功率为：

$$N_s = \sum_{i=1}^{n} N_i + N_m \tag{4-13}$$

离心式压缩机在提高气体压力的过程中，由于不可避免地存在损失，机械能不能全部转变成使气体压力升高的有效能量或有效功。离心式压缩机或级的效率便是用来说明传递给气体的机械能的利用程度，常采用多变效率 η_{pol}、水力效率 η_h 和机械效率 η_m 等。

多变效率是多变功 h_{pol} 与实际消耗功 h 的比值，即

$$\eta_{pol} = \frac{h_{pol}}{h} \tag{4-14}$$

它反映了压缩机的内部性能。

水力效率是在离心式压缩机中，将级的多变功 h_{pol} 与叶片功 h_{th} 进行比较，其比值即为水力效率，以 η_h 表示，即

$$\eta_h = \frac{h_{pol}}{h_{th}} = \frac{\eta_{pol} h}{h_{th}} = (1 + \beta_1 + \beta_{df}) \eta_{pol} \tag{4-15}$$

水力效率是评价压缩机气流流动情况好坏的一个重要指标。

机械效率是指内功率 $\sum N_i$ 与离心式压缩机轴功率之比，用 η_m 表示，即

$$\eta_m = \frac{\sum N_i}{N_s} \tag{4-16}$$

四、离心式压缩机的性能曲线

（一）离心式压缩机级的性能曲线

离心式压缩机由级组成，所以离心式压缩机的性能曲线决定于级的性能曲线，反映离心压缩机性能最主要的参数为压力比、效率、功率及流量等。为了便于将压缩机级的性能清晰地表示出来，常将压缩机在不同流量时级的压力比 ε、效率及功率 N 随该级的进口气量 Q_j 而变化的关系用 ε-Q_j、η-Q_j 及 N-Q_j 的曲线形式表示出来，这些曲线便是级的性能曲线。与离心泵相同，离心式压缩机级的性能曲线也是通过实验测定的，它反映各参数之间的变化规律。如图 4-10 所示为某压缩机级在叶轮圆周速度 $u=270$m/s、设计点效率 $\eta_{pol}=0.81$、压力比 $\varepsilon=1.54$、设计点的气体流量 $Q_{j设计}=67.6$m³/min 时所得到的级性能曲线 ε-Q_j 及 η_{pol}-Q_j。

对于大多数离心式压缩机而言，ε-Q_j 曲线是一条在气量不为零处有一最高点、呈驼峰状的曲线。在最高点右侧，压缩比随流量的增大而急剧降低，离心式压缩机的功率 N 和效率 η 随流量 Q_j 的增大而增大，但当增至一定限度后，都随流量增大而减小。

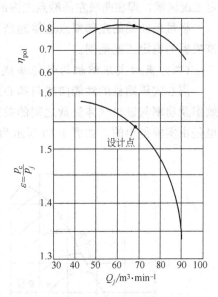

图 4-10 级性能曲线

离心式压缩机的级性能曲线，除反映级的压力比和流量、效率和流量的关系外，也可反映出压缩机级的稳定工作范围。当流量小于设计流量到一定程度时，离心式压缩机就会出现

不稳定的工作状况。因为当实际运转的流量小于设计流量时，气流进入叶片的方向与叶片进口的角度不一致，即冲角 $\delta_i > 0$ 时在叶片的工作面产生气流分离现象，且气流沿着与叶轮旋转相反的方向移动而形成一个气流分离区，如图 4-11 中的黑点部分。如气量愈小，则分离现象愈严重，气流的分离区域愈大。此时如果气量减小到最小值，则整个叶片流道不但没有气体流出，而且还会形成旋涡倒流，气流从叶轮的出口倒流回叶轮的进口，此时级出口的压力下降，倒流回来的气体弥补了流量的不足，从而维持正常工作，重新把倒流回来的气体压出去，这样又造成级中流量的减小，机器及排气管中产生低频高振幅的压力脉动，并产生噪声，叶轮应力增加，整机发生剧烈振动，如果机器在这种情况下持续工作将导致机器的损坏，这种现象称为"喘振"。

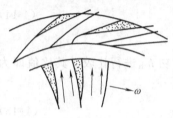

图 4-11 气流分离现象

实验证明，喘振一般是由叶片扩压器中气流边界层分离，并扩及整个流道所引起的。离心式压缩机在喘振时的工作状态称为喘振工况。当离心压缩机运转的实际流量大于设计流量 Q_j设计，并达到某一最大流量 $Q_{j\max}$ 的情况下，则叶片扩压器的最小通流截面处的气流速度将达到声速，此时叶轮对气体所做的功 h_{th} 都消耗在克服流动损失上，而气体的压力并不升高，级的这种工况称为"滞止工况"。喘振工况与滞止工况之间为稳定工况范围。

一般衡量压缩机一个级的性能好坏，不仅要求在设计流量下效率最高，而且要求稳定工况范围要宽。

如图 4-12 所示为压缩机在各种不同转速下测得的一组 ε-Q_j 曲线，每条曲线都有自身的稳定工况区域，即在曲线左部端点之内的范围，如果流量再小于这个范围，机器将发生喘振。

将每条曲线的左部端点连接起来，即可得出一条喘振的边界线，边界线右侧部分就表示该机器的稳定工况范围。

（二）离心式压缩机的性能曲线

离心式压缩机的性能曲线与离心式压缩机级的性能曲线相类似，也是将整机的压力比、效率及功率与进口气体流量之间的关系用性能曲线表示在坐标图上，而且这些主要性能参数也是由实验得出的。如图 4-13 所示为 DA350-61 离心式压缩机的性能曲线。压缩机的性能

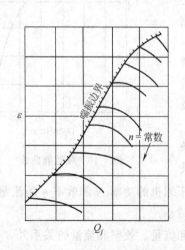

图 4-12 离心式压缩机在不同转速下 ε-Q_j 曲线

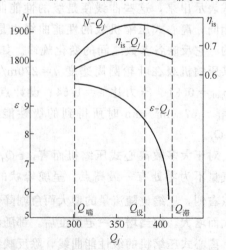

图 4-13 DA350-61 离心压缩机的性能曲线

曲线不论是多级的或是有中间冷却的，都与单级性能曲线大致相同，都具有流量增加而ε下降的特性，功率随流量的增加而增加，则流量增加到某一程度后出口压力或压力比很快下降，这时功率也随之下降。

多级压缩机同样也有最小流量和最大流量，与单级情况一样，当气体流量小到某一定值时，机器开始喘振，此时的气体流量为喘振工况的流量 Q_{min}，当流量增加到某一定值时，就不可能再增加，这时的流量称为滞止工况的流量 Q_{max}。多级压缩机的性能曲线实际上是由单级的性能曲线串联叠加而成的，但由于多级离心式压缩机的压力比ε较高，所以气体的密度有较大的改变，其性能曲线就有所不同。一般情况下多级压缩机的性能曲线稳定工况的范围较单级窄些，如图4-14所示。

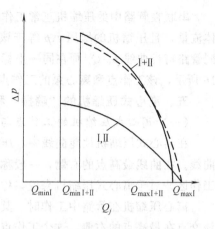

图 4-14 二级串联后的性能曲线

（三）管路特性曲线及工作点

实际上压缩机总是与管路联合工作的。管路是压缩机前面及后面气体所经过的管道及设备的总称。若管路装在前面，则压缩机就成为抽气机或吸气机了，一般管路大多在后面。化工用压缩机往往前后均有管道和容器设备等。为分析方便，这里一律将管路放在压缩机后面来讨论。

1. 管路特性曲线

气体在管路中流动时，需要足够的压力用来克服沿程阻力和各种局部阻力。每一种管路都有自身的特性曲线，亦称管路阻力曲线，它是指通过管路的气体流量与保证该流量通过管路所需的压力之间的关系曲线，即 $p_e = f(Q_j)$ 曲线。该曲线决定于管路本身的结构和用户的要求，它有三种形式，如图4-15所示。如图4-15（a）所示的管路阻力与流量大小无关，例如压缩机后面仅经过很短的管道即进入容积很大的贮气罐或通过一定高度的液体层，此即为忽略沿程阻力，而局部阻力为定值的情况。如果管端的压力 p_r 变化，管路特性曲线位置的高低也会因此而改变。图4-15（b）中的特性曲线可用 $p_e = AQ_j^2$ 表示，大部分管路都属于这种形式，如输气管道、流经塔器、热交换器等；若将管路中的阀门加以调节，则阻力系数将随之改变，管路特性曲线也将改变它的斜率。如图4-15（c）所示特性曲线为上述两种形式的混合，其管路特性曲线表示为 $p_e = p_r + AQ_j^2$。

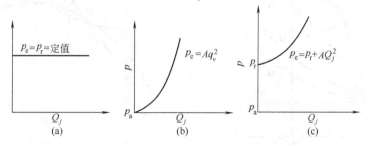

图 4-15 三种管路特性曲线

如改变管路中的阀门开度，管路特性曲线的倾斜度将发生改变。如管端压力 p_r 改变，则特性曲线的位置亦改变。

2. 离心式压缩机在正常工作时的工作点

串联在管路中的压缩机正常工作时,流过压缩机的气体流量 Q_j 应等于通过该管路的气体流量,且压缩机的增压 Δp 等于该管路的压力降 Δp_{tub}。如果将压缩机的性能曲线 p_k-Q_j 同管路特性曲线 p_e-Q_j 画在同一坐标上,则两曲线的交点 M 即为压缩机的工作点,如图 4-16 所示,该工作点和离心泵的工作点具有相同特性。

五、离心式压缩机的"喘振"和不稳定工况

(一) 离心式压缩机的工作点与喘振的关系

在离心式压缩机性能曲线中,压缩机的 ε-Q_j 曲线是一条在气量不为零处有一最高点的曲线。在曲线最高点的右侧,一般称为稳定工作区;在曲线最高点的左侧,一般称为不稳定工作区,对于离心式压缩机来说,称为"喘振区"。

离心压缩机在管路中工作时,其工作点是压缩机性能曲线与管路特性曲线的交点,如果该交点在最高点的右侧,这个工作点便是稳定工作点,如果该交点在最高点的左侧,这个工作点就是一个不稳定的工作点。

如图 4-17 所示,如两曲线交于点 M' 时,则点 M' 即为不稳定的工作点,如果管路出口阀门关小,压缩机的工作点就要向小流量方向移动,阀门继续关小到一定程度后,则管路的特性曲线将移到图中曲线 II 的位置。例如,机器的工作点移到点 A 时,由图可知,此时压缩机的出口压力将小于管路所需的压力。从能量平衡的角度来说,压缩机的流量就要进一步下降,从而导致工作点继续向左移动,直至流量为零。这时由于压缩机出口压力较管路压力小,因此气流要从管路倒流回到压缩机,一直到管路中压力下降到低于压缩机出口压力时为止,压缩机才能再向管路中送气。这时流量又逐渐增加,而工作点又开始向点 A 移动。管路压力又恢复到点 A 还是不能稳定下来,这样流量又开始下降,管路中一定量的气体又开始向压缩机倒流。如此反复周期性的工作点跳动,使压缩机及管路中的气体流量和压力周期性地变化,因此,压缩机和管路产生了周期性的气流脉动,亦即"喘振"。如果管路的容量愈大,则喘振的振幅也就愈大,频率愈低;反之,管路的容量愈小,则喘振的振幅也愈小,频率就愈高。喘振会使压缩机及管路发生强烈振动和噪声,将引起机器的损坏,因此压缩机运转时,喘振现象是不允许存在的。

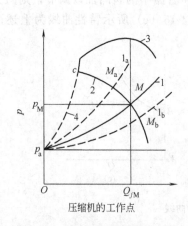

图 4-16 压缩机与管网联合工作

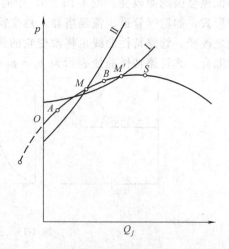

图 4-17 不稳定工况

如果压缩机的工况暂时偏离点 M,如向点 B 方向移动,由图 4-17 可知,此时机器给出的压力大于管路中所需的压力,这个多余出来的能量必然要使管路中的流量增大,这样工作

点就要从点 B 向第二个交点 M' 方向移动。虽然在点 M' 处暂时趋于稳定，但点 M' 仍然处于曲线最高点 S 的左侧，所以该工作点也是不稳定的。

上述对喘振时工况点变动情况的分析是极为粗略的，但（对离心式压缩机）总的来讲，在 $\varepsilon\text{-}Q_j$ 曲线最高点的左侧，不会有稳定的工作点。因此，离心式压缩机性能曲线的最高点所对应的气量即为该压缩机喘振的最小气量 $Q_{j\min}$。

（二）影响喘振的因素

离心式压缩机在改变工作转速时，$\varepsilon\text{-}Q_j$ 曲线和 $N\text{-}Q_j$ 曲线随转速减小而向左下方移动。由图 4-18 可知，随转速的减小，喘振工况点向坐标左侧小流量方向移动，即转速变小，则离心式压缩机的工况范围变宽。

离心式压缩机的性能曲线随气体的分子量 M 的大小也要发生变化。例如当操作气体

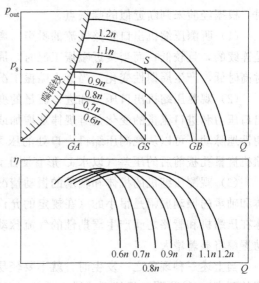

图 4-18 不同转速时的性能曲线

的成分改变时，则气体的分子量也发生改变，这样工作点也将随分子量 M 的改变而改变。如图 4-19 所示，当分子量减小时，则压缩机的性能曲线将向左下方移动，如果压缩机出口压力不变而分子量由 25 变为 20 时，工作点 A 就移到点 A'，该点已进入了喘振区。所以压缩机在运转过程中，对气体分子量变动的范围要加以限定。

离心式压缩机吸气温度的增高或吸入压力的降低都将引起喘振，如图 4-20 所示，吸入气体温度升高使性能曲线向左下方移动。在吸入温度升高、操作压力不变的情况下，压缩机很容易进入喘振区。

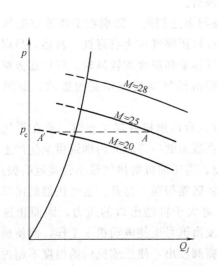

图 4-19 不同分子量的气体对性能曲线的影响

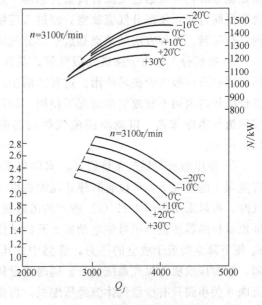

图 4-20 性能曲线与温度的影响

（三）喘振现象的判断

离心式压缩机的喘振目前尚不能从理论上准确地计算出来，只能在压缩机的性能测试时，根据经验来判断近似的喘振点。

(1) 听测压缩机出口管路气流的噪声　离心式压缩机在稳定工况范围内运行时，其噪声是连续的，且较低；而当接近喘振工况时，周期性的气流振荡，会使排气管道中发出的噪声时高时低，产生周期性变化。当进入喘振工况时，噪声立即增大，甚至有爆声出现。

(2) 观测压缩机出口压力和进口流量的变化　离心式压缩机在稳定工况范围内运行时，出口压力和进口流量的变化是有规律地增加或减少，因此压缩机的出口压力和流量都发生周期性地脉动。可以从观测压缩机出口处的压力表或水银 U 形管测压计的压力波动情况和压缩机流量孔板前后的压差（以水 U 形管测压计测量）或流量计测得的流量波动情况来判断。

(3) 观测压缩机的机体和轴承的振动情况　离心式压缩机在稳定工况范围内运行时，机体和轴承的振动振幅是很小的（在规定的允许值范围内）。当接近喘振工况运行时，由于气体在压缩机和管路之间产生周期性的气流脉动，引起机组的强烈振动，因此机体、轴承的振动振幅将显著增大。

当上述三种现象之一发生时，就不要轻易增加管路阻力（相当于关小压缩机出口管路闸阀的开度），这说明已经接近或进入喘振工况了，制造厂所提供的离心式压缩机的性能曲线，一般都是按上述判断方法来确定近似的喘振点。

(4) 防止喘振的措施　在离心式压缩机的使用中，有时生产上需要减少供气量，当供气量减少到低于喘振点所对应的气量时，必将导致喘振的发生。故一般在离心式压缩机的管路中常装有放空阀门或在压缩机出口的管道之间装有旁通管路，并在旁通管路上装有旁通阀门，这样当生产中需要供气量减小时，可将压缩机出口的一部分气体放空，或将一部分气体经旁通管路回流到压缩机的进口。这样可以保证压缩机内仍有足够的气量通过，使进入压缩机的气量 Q_j 不小于 $Q_{j\min}$，防止喘振的发生。常用的防止喘振的措施如下。

① 将一部分气体经防喘振阀放空。如图 4-21 (a) 所示，当机器的排气量降低到接近喘振点流量时，气流通过文氏管流量传感器 1 发出讯号传给电动机，这时电动机开始运转而将防喘振阀打开，使部分气流放空，使进入压缩机的气量 Q_j 维持在喘振气量以上的规定范围内进行运转。这种方法的缺点是放空部分气体造成浪费。

② 将部分气体由旁路送往吸气管。其作用原理与上述相同，区别在于将放空的气体送回机器的进口吸气管循环使用。这种防喘振的措施在被压缩气体为有毒性、易燃、易爆或经济价值较高因而不宜放空的情况下使用。如送回的气体量和温度均较高时，可以在旁路中安装回流气体冷却器，以减小回流气体的温度对压缩机排气温度及功耗的影响，如图 4-21 (b) 所示。

③ 使压缩机与供气系统脱开。当供气系统中有几台压缩机并联工作时，或在供气系统容量很大的情况下，可以暂时停止压缩机供气，而在很短的一段时间内继续供给生产上的用气时，可以采用如图 4-21 (c) 所示的措施较为方便。当压缩机的排气量小到接近喘振点时，则流量传感器便发出讯号使电动机 2 开始工作，并将防喘振阀 3 打开。这时机器的出口压力 p_k 便下降至接近于放空的压力，管路中的压力 p_e 将大于机器出口的压力，因而止逆阀关闭，这时压缩机与供气系统脱开。同时流量传感器发出讯号也使电动机 5 工作，而使进气节流阀 6 关小到只有少量气体流经压缩机，再由防喘振阀放出，使压缩机内的温度不超过允许数值。供气管路中的压力 p_e 由于储气量的减小而下降，当 p_e 下降到规定的最低允许压力

时，则压力传感器 7 发出讯号使电动机 2、5 工作，将防喘振阀 3 关闭，使进气节流阀 6 开启。这时机器的出口压力 p_k 便开始逐渐升高，p_k 升高至稍大于 p_e 最低值时，则止逆阀 4 被打开，压缩机又重新与供气系统接通而正常工作。

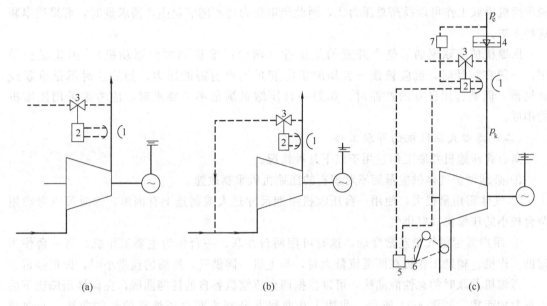

图 4-21　防止喘振措施

1—文氏管流量传感器；2，5—电动机；3—防喘振阀；4—止逆阀；6—进气节流阀；7—压力传感器

第三节　离心式压缩机的运转

一、离心式压缩机的串联与并联

（一）离心式压缩机的串联工作

如果一台压缩机的工作压力不能达到用户要求，可以将两台压缩机串联工作，如图 4-22 所示，在串联使用时，如果两台压缩机性能完全相同，串联后两机总的 ε_{I+II}-Q_j 曲线的最小气量 $Q_{j\min}$ 将比单机时有所增大，而最大气量 $Q_{j\max}$ 则比单机减小，所以串联后稳定工况会有所缩小。为了保证较大的稳定工况区，应将稳定工况区宽的压缩机放在后面串联。

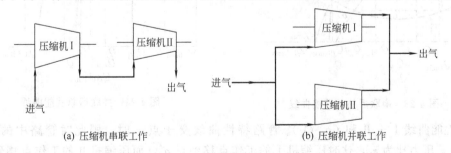

(a) 压缩机串联工作　　　　(b) 压缩机并联工作

图 4-22　压缩机的串联及并联工作

如图 4-23 所示为两台压缩机串联后的总性能曲线。ε_I-Q_{jI}、ε_I-Q_{jII} 和 ε_I-Q_{jI+II} 分别是第一台、第二台和两台串联后的性能曲线，$(p_e$-$Q_j)_a$ 为生产管路的特性曲线。由图可知，两台压缩机单独工作时的性能曲线 ε_I-Q_{jI}、ε_I-Q_{jII} 和 $(p_e$-$Q_j)_a$ 均没有交点，这说明两台

机器各自单独工作时提供的压力比 ε 不能满足生产需要，所以在这个管路中只用一台压缩机是无法进行工作的。两机串联后性能曲线 $\varepsilon_{I}\text{-}Q_{jI+II}$ 与管路特性曲线 $(p_e\text{-}Q_j)_a$ 有交点 a，这说明两机串联工作时管路中有气量 Q_{ja}，总机压力比为 $\varepsilon_a=\varepsilon'_a\varepsilon''_a$，满足生产需要。这一变化说明两机串联工作可以提高总压力比，因此当单压力比不能满足生产需求量时，可采用串联这种方法。

压缩机的串联增加了整个装置的复杂性（两台压缩机和两台原动机），因此很少采用。一般在设计时，就应该使一台压缩机能满足用户所需的压力。如果这时不是重新设计机器，而是选用已有的产品时，如果一台压缩机满足不了要求时，应考虑采用压缩机的串联。

（二）离心式压缩机的并联工作

离心式压缩机并联工作适用于以下几种情况。

① 必须增加气体供应量而不对现有的压缩机做重新改速。

② 气体需用量很大，使用一台压缩机可能尺寸过大或制造上有困难，这时可以考虑用两台较小的压缩机并联供气。

③ 用户需用供气量经常变动，这时可用两台并联，一台作为主要工作机，另一台作为辅助工作机。辅助工作机在所需流量大时，与主机一同供气，所需的流量小时，即可停机。

压缩机并联时的总性能曲线，可以根据两台压缩机各自的性能曲线，在同样压缩比下的流量叠加而得，如图 4-24 所示。曲线 Ⅰ 和曲线 Ⅱ 分别为两台压缩机的性能曲线，而曲线 Ⅰ+Ⅱ 为并联后的总性能曲线，$(p_e\text{-}Q_j)_a$ 为管路特性曲线。

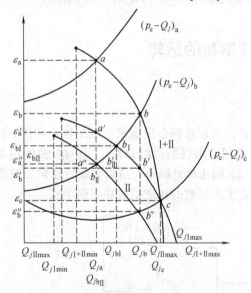

图 4-23　串联后的总性能曲线

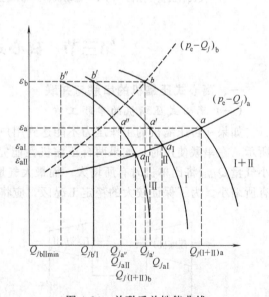

图 4-24　并联后总性能曲线

当性能曲线 Ⅰ+Ⅱ 和 $(p_e\text{-}Q_j)_a$ 管路特性曲线交于点 a 时，则此时管路中的气量为 $Q_{j(I+II)a}$，压力比为 ε_a，这时压缩机 Ⅰ 的工作点移到点 a'，而压缩机 Ⅱ 的工作点移到点 a''，则压缩机 Ⅰ 的流量为 $Q_{ja'}$ 压缩机 Ⅱ 的流量为 $Q_{ja''}$，压力比均为 ε_a。由图可知，当两机并联工作时，总流量增大，但并联后每台机器本身的流量要比单独运转时小，即单独运转时第一台的 $Q_{jaI}>Q_{ja'}$（$Q_{ja'}$ 为并联后压缩机 Ⅰ 的流量），第二台单独工作时的流量 $Q_{jaII}>Q_{ja''}$，所以并联后的总流量 $Q_{j(I+II)a}$ 小于每台独自工作时各自流量之和，即 $Q_{j(I+II)a}<Q_{jaI}+Q_{jaII}$，并

联后各压缩机的工况点也与单独工作时的工况点不同。

并联工作时，如管路的阻力系数增大，管路特性曲线移到 $(p_e\text{-}Q_j)_b$ 的位置，其与并联后的总性能曲线交于点 b，由图可知，这时机器已达到了最小流量 Q_{jbmin}，开始喘振，所以这时最好使机器Ⅱ停机，只使用机器Ⅰ单独工作。

二、离心式压缩机的性能调节

在离心式压缩机同管路联合工作时，一般要求工作点就是压缩机的设计工况点。但是在实际生产过程中，为满足装置的需要，应对气体的流量或压力进行调整。这就要改变压缩机的工况点，而压缩机的工况点就是压缩机性能曲线和管路特性曲线的交点，所以工况调节的实质，就是改变压缩机性能曲线或管路特性曲线。

根据工艺流程的不同要求，按调节任务可分为以下几点。

(1) 等压力调节　改变压缩机的流量而保持压力不变。

(2) 等流量调节　改变压缩机的压力而保持流量稳定。

(3) 比例调节　保证压力比例不变（如防喘振调节），或保证所压送的两种气体的容积流量百分比不变。

常用的调节方法如下。

① 压缩机出口节流。

② 压缩机进气节流。

③ 采用可转动的进口导叶（进气预旋调节）。

④ 采用可转动的扩压器叶片。

⑤ 改变压缩机转速。

(一) 压缩机的出口节流调节

压缩机出口节流是一种很简便的调节方法。根据前面介绍的管路特性曲线可知，当改变管路中的局部阻力时，管路特性曲线的斜率也将改变。因此在压缩机排气管中装一阀门，利用阀门开启度的大小来调节流量，由于关小阀门时阻力增加，而管路特性曲线随阀的关小而变陡，其流量也相应减小。如图 4-25 所示的管路特性曲线Ⅰ为阀全开时的管路特性曲线，其工作点为 M，流量为 Q_{jM}，管路中的压力为 p_M。当需要减小流量时，可关小出口阀门，增加管路中的阻力损失，此时管路特性曲线变陡，移到特性曲线Ⅱ的位置，工作点从点 M 移至点 M'，此时流量从 Q_{jM} 减小至 Q'_{jM}。由图可知，当流量减小到 Q'_{jM} 时，其对应的压力 p'_M 大于 p_M，而 p'_M 减去 p_M 这一部分的压力损失消耗在关小阀门所引起的节流损失上。因此尽管这种方法比较简单，但由于压力比增大，功率消耗增加，很不经济。

当管路中要求压力变化而流量不变时，采用出口节流的方法也可以实现。假如原来管路出口的压力为 p_r，工作点为 M。当管路出口压力降低到 p'_r 时，工作点从点 M 移到点 M'，这时压缩机的流量从 Q_{jM} 增加到 Q'_{jM}，为了保持 Q_{jM} 不变则可关小出口阀门，使管路特性曲线Ⅱ移到特性曲线Ⅲ的位置，使压缩机的性能曲线与管路特性曲线Ⅲ仍交于点 M，这时流量仍保持原来的 Q_{jM}，如图 4-26 所示。

出口节流阀关得越小，阻力损失越大，特别是当压缩机性能曲线变陡，而调节的流量又较大时，它的缺点更加突出。目前除在小型鼓风机及通风机中使用外，一般很少采用。

(二) 压缩机的进口节流调节

对于转速不变的压缩机，进口节流是一种简便而又广泛应用的调节方法。所谓进口节流就是把调节阀门装在压缩机前的进气管上，改变阀门开度，即可改变压缩机的性能曲线，达

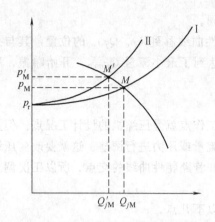
图 4-25 改变出口阀的开度调节压缩机性能

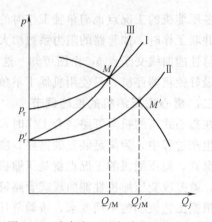
图 4-26 改变出口压力时出口节流调节

到调节的目的。

先来分析一下进口节流对压缩机性能的影响。如图 4-27 所示，曲线Ⅰ为调节阀门全开

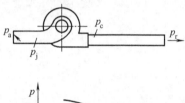

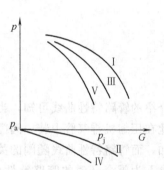

图 4-27 进口节流对压缩机性能影响

时的性能曲线，这时 $p_j = p_a$（p_a 阀门前的固定压力）调节时关小阀门，即经过节流，$p_j < p_a$，在固定的阀门开度下，p_j 的大小随流量的大小而变化。流量愈大，阀门的压力损失也愈大，p_j 就愈低，p_j 的降低量基本上与流量的平方成正比。图 4-28 中的曲线Ⅱ就是在某阀门开度下 p_j 与流量的关系曲线，若压缩机转速不变，压缩机进口压力下降则出口压力也下降。于是进口节流后压缩机的性能曲线从Ⅰ移到Ⅱ的位置，当阀门关得更小，则 p_j 更下降，这时 p_j 与流量的关系为曲线Ⅳ，压缩机性能曲线就移到Ⅴ位置了。由此可见，改变进气节流阀的大小，可以相应地改变压缩机性能曲线的位置，进口节流调节正是利用这一点进行调节的。

如果压缩机出口和压力容器相连接，容器的压力为 p_r，设计工况下阀门全开时的性能曲线为Ⅰ，工作点为 M，流量为 G_M，如图 4-28 所示。如果容器的压力 p_r 不变，但要求流量减小到 G'_M，这时可关小进口节流阀，使压缩机的性能曲线从Ⅰ移到Ⅱ的位置，这时工作点为 M'，而流量则为 G'_M，压力 p_r 仍保持不变。

如果容器的压力 p_r 改变为 p'_r，而要求流量不变，也可调节进口节流阀的开度，将压缩机的工作点 M 移到点 M'。如图 4-29 所示，当容器压力（管路出口压力）从 p_r 变到 p'_r 时，可以关小节流阀门，使压缩机的性能曲线由Ⅰ移到Ⅱ，此时工作点便从点 M 移到点 M' 的位置，而流量仍保持不变，即 $G_M = G'_M$。

进口节流调节与出口节流调节相比，其经济性较好。因为当出口节流和进口节流同样把流量调节到所需值时，由于进口节流后压缩机的进口压力较低，其密度较小，在同样的流量下，进口节流的进气容积流量要大些。根据压缩机的性能曲线，可以知道 Q_j 大，则压力比就小，消耗功也就小，所以进口节流要比出口节流的经济性好。另外进口节流后的喘振流量也向小流量方向移动，因此采用进口节流后的压缩机有可能在更小的流量下工作。

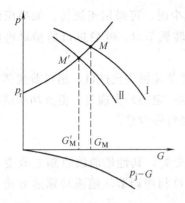

图 4-28 采用进口节流调节流量

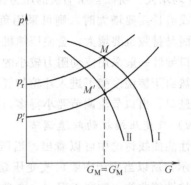

图 4-29 采用进口节流阀调节压力

这种调节方法，虽较出口节流调节有较好的经济性，但采用进口节流阀，仍然带来一定的节流损失。此外节流时，要注意使阀门后的气流保持均匀的流动，以免影响到后面压缩机的工作而降低效率。

（三）采用可转动的进口导叶调节（进气预旋调节）

这是一种改变叶轮进口前安装的导向叶片角度，使进入叶道中的气流产生预旋的调节方法。导向叶片是一组放射状的叶片，它可绕叶片本身的轴线旋转，如图 4-30 和图 4-31 所示分别为径向导向叶片和轴向导向叶片的两种结构形式。

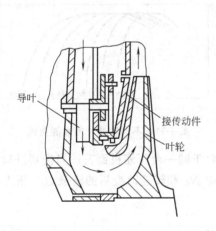

图 4-30 具有径向导向导叶的装置

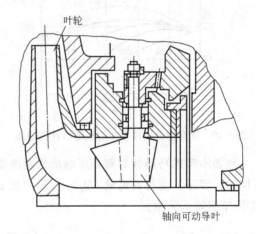

图 4-31 具有轴向导向导叶的装置

当导向叶片转动一个角度时，进入叶轮的气流就产生正的或负的旋转，从而改变了进入叶轮的气流方向角。

根据欧拉方程式：

$$h_{th} = u_2 c_{2u} - u_1 c_{1u} \tag{4-17}$$

当 c_{1u} 变化时，随着能量头 h_{th} 的变化，流量及压力比 ε 及出口压力 p_c 均相应地发生变化，成为另一种工况下的压缩机性能曲线。在正旋转（即 $c_{1u} > 0$）时，则 h_{th} 减小，压力比 ε 减小；负旋转（即 $c_{1u} < 0$）时，h_{th} 增大，压力比 ε 增大，这样利用旋转就可以在不改变压缩机转速的情况下改变压缩机的性能。如图 4-32 所示为采用这种调节方法后压缩机性能曲线变化的情况，当导叶的关闭角 φ 增大时，曲线就向下移动，这时压缩机的压力比 ε、流量 Q_j 及温升 Δt 均减少；当 φ 为负时，叶轮进口产生负旋转，这时压缩机的压力比 ε、流量 Q_j 及

温升 Δt 均增大,所以当压缩机的压力比或流量需要减少时,可采用正旋转。如果压缩机的压力比或流量需要增大时,则可采用负旋转,但负旋转调节时,叶轮进口的相对速度会增加,因而马赫数也要增大,会使压缩机效率下降。

进口导叶一般采用流动阻力较小的翼形叶片,这样节流损失比进口、出口节流调节损失小。虽然由于旋绕改变了进入叶轮的气流方向,会产生一定的冲击损失,但其功率消耗和比功率较进口、出口节流调节要小得多,故预旋调节的经济性较好。

(四) 改变压缩机的转速调节

在性能曲线讨论中可以看出,当压缩机的转速改变时,其性能曲线也随之改变,如图 4-33 所示,所以当生产中要求改变压缩机工况时,即可利用调节压缩机转速的方法,改变压缩机的性能曲线,改变工况点,来满足其生产要求。

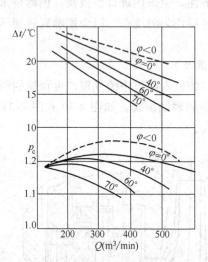

图 4-32 带有轴向进口导叶的压缩机性能曲线　　图 4-33 不同转速时的性能曲线

假如不考虑马赫数对离心压缩机性能的影响,对于同一台压缩机而言,当机器进口条件相同时,转速改变前的流量 $(Q_j)_0$、压力比 ε_0、功率 N_0 和转速改变后的流量 Q_j、压力比 ε、功率 N 有如下关系。

$$Q_j = \frac{n}{n_0}(Q_j)_0 \tag{4-18}$$

$$\varepsilon = \left[1 + \left(\frac{n}{n_0}\right)^2(\varepsilon^{\frac{m'-1}{m'}} - 1)\right]^{\frac{m'}{m'-1}} \tag{4-19}$$

$$N = \left(\frac{n}{n_0}\right)^3 N_0 \tag{4-20}$$

由以上三式可以看出,压缩机的流量 Q_j 与速度 n 的一次方成正比,压力比与转速的二次方成正比,功率与转速的三次方成正比。

当压缩机与某压力容器联合工作时,容器内的压力为 p_r,设计流量为 Q_j。在设计工况时,压缩机转速为 n,系统的工作点为 M,如图 4-34(a)所示,当要求压力不变,而流量增大为 Q'_j 或减小为 Q''_j 时,只要将压缩机的转速变为 n' 或 n'',这样压缩机的性能曲线便移动,得到新的工作点 M' 或 M'',达到了生产要求。同样,当要求流量不变而容器中的压力降低为 p_r 时,也可以用调整转速的方法达到。如图 4-34(b)所示,只要把转速由 n 降低为 n'',

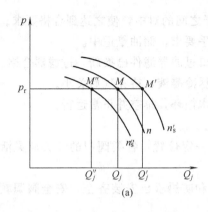 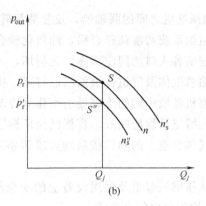

图 4-34 变转速调节

工作点便由 S 可移至 S''，这时流量 Q_j 不变，而压力由 p_r 降至 p'_r，满足了生产要求。

变转速调节具有调节范围大的特点，此外改变转速时也不产生其他调节方法所带来的附加损失，所以是一种最经济的调节方法，对于工作中需要经常变工况的大型压缩机，通常采用这种方法。采用变速调节时必须改变驱动机的转速，最好采用汽轮机或燃汽轮机驱动压缩机。如采用电动机拖动，为便于变速可采用增速箱，或采用大型直流机组或采用变频方法，但这样会使设备复杂化，价格也昂贵。此外采用变速调节时还应考虑转子的临界转速、叶轮强度、轴承负荷和原动机的容量等问题。

（五）采用可转动的扩压器叶片

叶片扩压器与无叶扩压器相比，其性能曲线形状较陡、稳定工作区较窄，这是因为叶片扩压器的进口冲角对流动的影响很大，当冲角大到一定值时，压缩机就产生喘振。在叶片扩压器组成的级中，喘振一般是由于叶片扩压器的冲角过大造成的。当压缩机的流量变化时，相应地改变叶片扩压器进口处叶片的几何角 α_{3A}，就可以调整冲角 $i_3 = \alpha_{3A} - \alpha_3$。当叶片扩器进口叶片几何角改变时，压缩机级的性能曲线也就左右移动。如图 4-35 所示为改变扩压器叶片角度时的级性能曲线。从调节结果来看，不同角度对压缩机的能量头并无多大影响，只能使性能曲线平移，故很少用来作为单独的调节方法使用，一般都配合其他的调节措施联合应用。由于这种调节方法能使性能曲线左右平移，在调节喘振流量和喘振点这一特殊应用上能发挥很大作用，所以用于扩大压缩机的稳定工作区，这是防止进入喘振线的行之有效的办法。

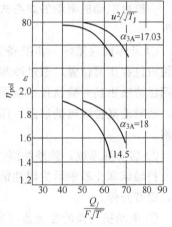

图 4-35 改变扩压器叶片角度时的级性能曲线

扩压器叶片的转动，可以采用传动机构来达到，且可使压缩机在运行中随时进行调节，若各级都需用它来调节则显得比较复杂了。

三、离心式压缩机的开停车

离心式压缩机机组的系统结构比较复杂，其运行情况除决定于机组特性、工艺管道的配合性能和安装质量等条件之外，还必须精心操作运行，进行正确的开停车。

（一）压缩机开停车前的准备与检查

① 对驱动机及齿轮变速器进行单独试车和串联试车，并经检验合格。装好驱动机、齿

轮变速器和压缩机之间的联轴器，反复测量转子之间的对中，使之达到合格要求。

② 机组油系统清洗调整合格，油质化验合乎要求，储油量适中。

③ 压缩机各入口滤网应干净，无损坏，入口过滤器滤件已换新，过滤器合格。

④ 压缩机缸体及管道排液阀门已打开，排尽冷凝液，待充气后关小。

⑤ 压缩机各段中间的冷凝器引水建立冷却水循环，排空并正常运行。

⑥ 工艺管道系统应完好，盲板已全部拆除。

⑦ 将气体管道上的阀门按启动要求调整到一定位置，各类阀门的开关应灵活准确，无卡涩。

⑧ 确认压缩机管道及附属设备上的安全阀和防爆板已安装齐全，安全阀调教整定，符合要求，防爆板规格符合要求。

⑨ 压缩机及其附属机械上的仪表装设齐全，量程、温度、压力及精确度等级均符合要求。

⑩ 机组所有联锁已进行实验调整，各整定值符合要求。

⑪ 根据分析确认压缩机出、入阀门前后的工艺系统内的气体成分已符合设计要求，或用氮气置换。

⑫ 检查机组转子能否顺利转动，不得有摩擦和卡涩现象。

（二）电动机驱动机组的开停车

一般由电动机驱动的离心式压缩机组的结构系统及开停车操作都比较简单，其运行要点如下。

① 开车前应做好一切准备工作，其中主要包括，润滑和密封供油系统进入工作状态，油箱液位在正常位置，通过冷却水或加热器把油温保持在规定值；全部管道均已吹洗合格，滤网已清洗更换并确认压差无异常现象，备用设备已处于备用状态，蓄压器已充入规定压力，密封油高位液罐的液面、压力均已调整完毕，各种阀门均处于正确位置，报警装置齐全合格。

② 启动油系统，调整油温、油压，检查过滤器的油压降、高位油箱油位，通过窥镜检查支持轴承和止推轴承的回油情况，检查调节动力油和密封油系统，启动辅助油泵，停主油泵，交替开停。

③ 电动机与齿轮变速器（或压缩机）脱开，由电气人员负责进行检查与单体试运。一般首先启动电动机 10~15s，检查声音与旋转方向，有无冲击碰撞现象，然后连续运转 8h，检查电动、电压指示和电动机的振动、电动机温度、轴承温度和油压是否达到电动机试车规程的各项要求。

④ 电动机与齿轮变速器的串联试运，一般首先启动 10~15s，检查齿轮副啮合时有无冲击杂音；运转 5min，检查运转声音，有无振动和发热情况，检查各轴承的供油和温度上升情况；运转 30min，进行全面检查；运转 4h，再次进行全面检查，各项指标均应符合要求。

⑤ 工艺气体进行置换，当工艺气体与空气不允许混合时，在油系统正常运行后即可用氮气置换空气，要求压缩机内的气体含氧量小于 0.5%。然后再用工艺气体置换氮气达到气体的要求，并将工艺气体加压到规定的入口压力，加压要缓慢，并使密封油压与气体压力相适应。

⑥ 机组启动前必须进行盘车，确认无异常现象之后，才能开车。为了防止在启动过程中电动机负荷过大，应关闭吸入阀进行启动，同时全部打开旁路阀，使压缩机不承受排气管路的负荷。

⑦ 压缩机无负荷运转前，应将进气管路上的阀门开启 15°~20°，将排气管路上的闸阀关闭，将放空管路上的手动放空阀或回流管路上的回流阀打开，打开冷却系统的阀门。启动一般分几个阶段，首先启动 10~15s，检查变速器和压缩机内部的声音，有无振动；检查推力轴承的窜动，然后再次启动，当压缩机达到额定转速后，连续运转 5min，检查运转有无杂音；检查轴承温度和油温；运转 30min，检查压缩机振动幅值、运转声音、油温、油压和轴承温度；连续运转 8h，进行全面检查，待机组无异常现象后，才允许逐渐增加负荷。

⑧ 压缩机启动达到额定转速后，首先应无负荷运转 1h，检查无问题后则按规程进行加负荷。满负荷后在设计压力下必须连续运转 24h 才算试运合格。压缩机加负荷的重要步骤是慢慢开大进气管路上的节流阀，使其吸气量增加，同时逐渐关闭手动放空阀或回流阀，使压力逐渐上升，按规定时间将负荷加满。加负荷应按制造厂规定的曲线进行，按电流表与仪表指示同时加量加压，防止脉动和超负荷。加压时要注意压力表，当达到设计压力时，立即停止关闭放空阀或回流阀，不允许压力超过设计值。从加负荷开始，每隔 30min 应做一次检查并记录，并对运行中发生的问题及可疑处进行调查处理。

⑨ 正常运行中接到停机通知后，联系上下工序，做好准备，首先打开放空阀或回流阀，少开防喘振阀，关闭工艺管路上的闸阀，与工艺系统脱开，压缩机进行自循环。电动机停车后，启动盘车器并进行气体置换，运行几小时后再停密封油和润滑油系统。

（三）汽轮机驱动机组的开停车

汽轮机驱动离心式压缩机组的系统结构较为复杂，汽轮机是一种高温高速运转的热力机械，其启动开停车及操作较为复杂而缓慢，要比电动机驱动机组复杂得多。其运行前的准备工作如前所述，不再重复。机组安装和检修完毕后也需进行试运转，按专业规程的规定首先进行汽轮机的单体试运，进行必要的调整与试验。验收合格后再与齿轮变速器相连，进行串联空负荷运转。完成试运项目并验收合格后才能与压缩机串联在一起进行试运和开停车正常运行，该类机组的开停车运行要点如下。

1. 油系统的启动

压缩机的启动与其他动力装置相仿，主机未开，辅机先行，在接通各种外来能源后（如电、仪表空气、冷却水和蒸汽等），先让油系统投入运行。一般油系统已完全准备好，处于随时能够启动开车的状态。

油温若低则应加热直至合格为止。油系统投入运行后，将各部分油压调整到规定值，然后进行如下操作：检查辅助油泵的自动启动情况；检查轴承的回油情况，看油流是否正常；检查油过滤器的油压降，灌满润滑油油箱；检查高位油箱油位，应在液位控制器控制的最高液位和最低液位之间；检查密封油系统及其高位油箱油位，也应在液位控制器控制的最高液位和最低液位之间；通过窥镜检查从外密封环流出的油流情况，油流应正常，检查密封滤油器的压力降，准备好备用密封油泵的启动；停止主密封油泵，检查备用泵的自动启动情况；停止备用泵，检查最低液位跳闸开关操作的液位点；重新开启主密封油泵，流向密封油回收装置的密封排放油只有在经化学分析证明是安全的，才能由此流入主油箱。

2. 气体置换

被压缩介质为易燃、易爆气体时，油系统正常运行后，开车之前必须进行气体置换，首先用氮气将压缩机系统设备管道等内的空气置换出去。然后再用压缩介质将氮气置换干净，使之符合设计所要求的气体组分，这种两步置换的主要程序如下。

① 关闭压缩机出、入口阀，通过压缩机的管道、分液罐、缓冲罐和压缩机缸体的排放

接头，充入压力一般为 0.3~0.6MPa（表）的氮气，如果条件许可，必要时可开启压缩机入口阀，使压缩机和工艺系统同时置换。

② 待压缩机系统已充满氮气并有一定压力时，打开压缩机管道和缸体排放阀排放氮气卸压，此时必须保证系统内的压力始终大于大气压力，以免空气漏入系统。然后再关排放阀向系统内充入氮气，如此反复进行，直至系统内各处采样分析气体含氧量小于 0.5% 为止。

3. 转速的提高

可按每分钟升高设计转速的 7% 进行，从低速的 500~1000r/min 到正常运行转速，中间应分阶段做适当的停留，以避免因蒸汽负荷变化过快而使蒸汽管网压强波动，同时还便于对机组运行情况进行检查，一切正常时方可继续升速，直到调速器起作用的最低转速（一般为设计转速的 85% 左右）。

4. 压缩机的升压

压缩机在运转后，压缩机的排气进行放空或打回流，此时排气压力很低，并且没有向工艺管网输送气体，转速也不高，这时压缩机处于空负荷，或者确切地说，是属于低负荷运行。长时间低负荷运行，无论对汽轮机和压缩机都是不利的。对汽轮机来说，长时间低负荷运行，会加速汽轮机调节汽阀的磨损；低转速时汽轮机可以达到很高的扭矩。如果流经压缩机的质量流量很大，机组的轴可能产生过大的应力。此外，长时间低压运行也影响压缩机的效率，对密封系统也有不利影响。因此在机组稳定、正常运行后，适时地进行升压加负荷是非常必要的。升压一般应当在汽轮机调速器已投入工作，达到正常转速后开始。

压缩机升压（加负荷）可以通过增加转速和关小直到关死放空阀或旁通回流阀门来达到，但是这种操作必须小心谨慎，不能操作过快、过急，以免发生喘振。

压缩机升压时需要注意以下几个问题。

① 压缩机的升压，有些采用关闭放空阀来达到，有些采用关闭旁通阀来达到，有些机组的放空阀还不止一个。压缩机在启动时，这些放空阀或旁通阀是开着的，为了提高出口压力，可以逐渐关闭放空阀或旁通阀，关闭的方法如下。

a. 可以先缓慢地关闭低压放空阀，直至全关，关闭时应当分程关闭，每关小一点，运行一段时间，观察一下有无喘振迹象，如有喘振迹象则马上应当打开，这样一直到关死，这时高压段放空阀是开着的。低压段放空阀全关后，如没有问题再关高压段放空阀，使排出力达到要求。

b. 采取"等压比"关阀方法，即先关小一点低压段放空阀，提高低压段出口压力，然后再关小高压段的放空阀，提高高压段出口压力。反复操作，每次关阀使低压段与高压段压力升高比例大致相同。这样使低压缸与高压缸加压程度大致保持相同，使低压缸与高压缸的压力保持相对应的增长，避免一缸加压过快。各缸升压时应当分程进行，在各压力阶段应稳定运行 5min，对机组进行检查，若无问题时可继续升压。

关阀升压过程中应密切注意喘振，发现喘振迹象时，要及时开大阀门，出口放空阀门全关后，逐渐打开流量控制阀，此时流量主要由流量控制阀来控制。逐渐关小流量控制阀，压缩机出口压力升至规定值。关阀过程中，同样需要注意避免喘振。

如果通过阀门调节，压力不能达到预定数值，则需将汽轮机升速，升速不可过快，以防止发生压缩机的喘振。

② 有油封系统的压缩机在升压前和升压期间，其油封系统应当始终处于运转状态。压缩机内的压力变化尽可能做到逐步变化，以使密封系统能平稳地调节到新的压力水平上。油

封系统对密封环可以起到润滑作用，如果在没有密封油流动或密封油压力不足的情况下运转压缩机，就会导致密封环的严重损坏，可能造成气体从压缩机中泄漏出来。

③ 升压操作程序总的原则是在每一级压缩机内，避免出口压力低于进口压力，并防止运行点落入喘振区。对各机组应当确定关闭各放空阀和旁路阀的正确顺序和操作的渐变度。只有在正常转速下，压缩机管路的压力等于或稍高于管网系统内的压力时，压缩机的出口阀才可以打开，向管网输送气体。

④ 升压时要注意控制中间冷却器的水量，使各段入口气温保持在规定数值。

⑤ 升压后将防喘振自动控制阀拨到"自动"位置。

要特别注意压缩机绝对不允许在喘振的状态下运行，压缩机的喘振迹象可以从压缩机发生强烈振动、吼声以及出口的压力和流量的严重波动中看出来。如果发现喘振迹象，应当打开放空阀或旁通阀，直到压力和流量达到稳定为止。

5. 压缩机防喘振试验

为了安全起见，在压缩机并入工艺管网之前，对防喘振自动装置应当进行试验，检查其动作是否可靠，尤其是第一次启动时必须进行这种试验。在试验之前，应研究一下压缩机的性能曲线，查看在运行的转速下，该压缩机的喘振流量是多少，目前正在运转的流量是多少。压缩机没有发生喘振，输送的流量大于喘振流量。然后改变防喘振流量控制阀的整定值，将流量控制整定值调整到正在运行的流量，这时防喘振自动放空阀或回流阀应当自动打开。如果未能打开，则说明自动防喘振系统发生故障，应及时检查排除。在试验时千万要注意，不可使压缩机发生喘振。

6. 压缩机的保压与并网送气

当汽轮机达到调速器工作转速后，压缩机升压，将出口压力调整到规定压力，压缩机组通过检查确认一切正常，工作平稳，这时可通知主控制室，准备向系统进行导气，即工艺部门将压缩机出口管线高压气体导入到各用气部位。当压缩机出口压力大于工艺系统压力，并接到导气指令后，方可逐步缓慢地打开压缩机出口阀向系统送气，以免因系统无压或压力过大而使压缩机运转状况发生突然变化。

当各用气部位将压缩机出口管线中的气体导入各工艺系统时，随着导气量的增加，势必引起压缩机出口压力的降低。因此在导气的同时，压缩机必须进行"保压"，即通过流量调节，保持出口压力的稳定。

导气和保压调整流量时，必须注意防止喘振。在调整之前，应当记住喘振流量，使调整流量不要靠近喘振流量；调整过程中应注意机组动静，当发现有喘振迹象时，应及时加大放空流量或回流流量，防止喘振。如果通过流量调节还不能达到规定出口压力时，此时汽轮机必须升速。

在工艺系统正常供气的运行条件下，所有防喘振用的回流阀或放空阀应全关。只有当减量生产而又要维持原有的压强时，在不得已的情况下才允许稍开一点回流阀或放空阀，以保持压缩机的功率消耗控制在最低水平。进入正常生产后，一切手控操作应切换到自动控制，同时应按时对机组各部分的运行情况进行检查，特别要注意轴承的温度或轴承的回油温度，如有不正常应及时处理。要经常注意压缩机出口、入口气体参数的变化，并对机组加以相应的调节，以避免发生喘振。

7. 运行中例行检查

机组在正常运行时，对机器应进行定期检查，一些非仪表自动记录的数据，操作者应记在机器数据记录纸上,以便掌握机器在运行过程中的全部情况,对比分析,帮助了解性能,发现问题及时处理。压缩机组在正常速度下运行时,一般要做如下检查。

① 汽轮机进汽压力和温度。
② 抽汽流量、温度和压力。
③ 冷凝器真空度。
④ 油箱油位(包括主油箱油位、停车油箱油位、密封油高位油箱油位、密封油自动排油捕集器油位、密封油回收装置中净油缸和脱气缸的油位)。
⑤ 油温(包括主油箱油温、油冷却器进出口油温、轴承回油温度或轴承温度、压缩机外侧密封油排油温度、密封油回收装置中脱气缸与净油缸中的油温)。
⑥ 油压(包括油泵出口油压、过滤器的油压力降、滑油总管油压、轴承油压、密封油总管油压、密封油和参考气之间的压差以及加压管线上的氮气压力)。
⑦ 回油管内的油流情况(定期从主油箱、密封油回收装置、脱气缸和净油缸中取样进行分析)。
⑧ 压缩机的轴向推力、转子的轴向位移值和机组的振动水平。
⑨ 压缩机各段进口和出口气体的温度和压力以及冷却器进、出口水温。

8. 压缩机的停机

压缩机组的停机有两种,一种是计划停机,即正常停机,由手动操作停机;另一种是紧急停机,即事故停机,是由于保安系统动作而自动停机,或者手动"打闸"进行紧急停机。

计划停机的操作要点及程序如下。

① 接到停机通知后,将流量自动控制阀拨到"手动"位置,利用主控制室控制系统或现场打开各段旁通阀或放空阀,关闭送气阀,使压缩机与工艺系统切断,全部进行自我循环。
② 从主控制室或在现场使汽轮机减速,直到调速器的最低转速。在降低负荷的同时进行缓慢降速,避免压缩机喘振。
③ 根据汽轮机停机要求和程序,进行汽轮机的停机。
④ 润滑油泵和密封油泵,应在机组完全停运并冷却之后,才能停运。
⑤ 根据规程的规定可以关闭压缩机的进口阀门;如果需要阀门开着,并且处于压力状态下,则密封系统务必保持运转。
⑥ 润滑油泵和密封油泵必须维持运转,直至压缩机机壳出口端温度降到20℃以下。检查润滑油温度,调整油冷器水量,使出口油温保持在50℃左右。
⑦ 停车后将压缩机机壳及中间冷却器排放阀门打开,关闭中冷却器进入阀门。压缩机机壳上的所有排放阀或丝堵在停机后均应打开,以排除冷凝液,直到下次开车之前再关上。
⑧ 如果停机后,压缩机内仍存留部分剩余压力,密封系统应继续维持运转,密封油油箱加热盘管应继续加热,高位油槽和密封油收集器应保持稳定。如周围环境温度降到5℃以下时,某些管路系统,应对系统的伴管进行供热保温。

第四节 离心式压缩机的主要零部件

一、转动元件

在离心式压缩机中,将由主轴、叶轮、平衡盘、推力盘、联轴器、套筒以及紧圈和固定环等转动元件组成的旋转体称为转子。如图4-36所示为转子示意。

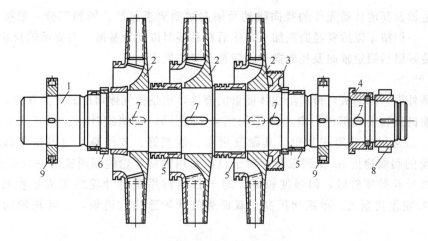

图 4-36 转子示意

1—主轴；2—叶轮；3—平衡盘；4—推力盘；5—轴套；6—螺母；7—键；8—联轴器；9—平衡环

（一）主轴

主轴是离心式压缩机的主要零部件之一。其作用是传递功率、支承转子与固定元件的位置，以保证机器的正常工作。主轴按结构一般分为阶梯轴、节鞭轴和光轴等三种类型。

阶梯轴的直径大小是从中间向两端递减。该形式的轴便于安装叶轮、平衡盘、推力盘及轴套等转动元件，叶轮也可由轴肩和键定位，且刚度合理。

如图 4-37 所示为节鞭形主轴，轴上挖有环状凹形部分流道，级间无轴套，叶轮由轴肩和销钉定位。该形式的主轴既能满足气流流道的需要，又有足够的刚度。

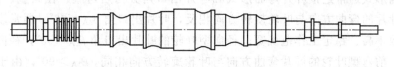

图 4-37 节鞭形主轴

光轴的外形简单，安装叶轮部分的轴颈是相等的，无轴肩。转子组装时需要有轴向定位用工艺卡环，叶轮由轴套和键定位。

主轴上的零部件与轴配合，一般都是采用热套的办法，即将叶轮、平衡盘等零部件的孔径加热，使其比轴径大 0.30～0.50mm，然后迅速套在主轴上指定的位置，待冷却后就能因孔径的收缩而紧固在轴上。对于叶轮、平衡盘的孔径与轴配合，一般按 IT7 过盈配合选择。

主轴上的零部件除了热套之外，有时为了防止由于温度变化、振动或其他原因使零件与轴配合产生松动，也可采用螺钉或键连接。以键连接时，各级叶轮的键应相互错开 180°，这样对于轴的强度以及转子的平衡较有利。

主轴一般采用 35CrMo、40Cr 、2Cr13 等钢材制造；轮盘和轮盖的材料一般采用 45、35CrMo、35CrMoV、Cr17Ni2、34CrNi3Mo、1Cr18Ni9Ti、2Cr13 等材料；叶片一般采用 Cr17Ni2、1Cr18Ni9Ti 等材料；铆钉采用 20Cr。

主轴锻件粗车以后，应切下金属试样，进行强度极限、屈服极限、断面收缩率、延伸率、冲击韧性等力学性能试验，在精车之前进行探伤，以检查经过切削加工与热处理后，工件内部存在的缺陷及加工后的变化情况。

对于主轴及其他转动元件的径向跳动及轴向跳动要求较严。轴颈部分一般按 IT7 精度要求加工，一般精车以后要经磨削加工，然后在总装时以此为基准，与支承轴及止推轴承研配。转子装好以后测定轴向及径向摆动，应符合有关规定。

（二）叶轮

叶轮是外界（原动机）传递给气体能量的部件，也是使气体增压的主要部件，因而叶轮是整个压缩机最重要的部件。离心叶轮如图 4-38 所示，有闭式叶轮、半开式叶轮和双面进气叶轮。最常见的是闭式叶轮，其漏气量小、性能好、效率高，但因轮盖影响叶轮强度，使叶轮的圆周速度 u_2 受到限制，对于目前常用钢材叶轮的圆周速度一般都在 320m/s 以下。开式叶轮效率较低，但强度较高。对于目前常用钢材叶轮的圆周速度可达 450～540m/s。叶轮做功量大、单级增压高。双面进气叶轮适应大流量，且叶轮轴向力本身得到平衡。

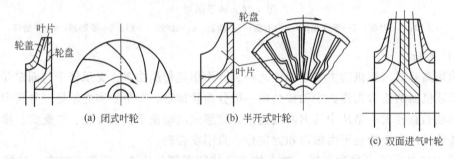

图 4-38 离心叶轮

叶轮结构形式通常还按叶片弯曲形式和叶片出口角分为后弯型、径向型、前弯型叶轮。后弯型叶轮叶片的弯曲方向与叶轮旋转方向相反，叶片出口角 $\beta_{2A}<90°$，通常多采用这种叶轮，它的级效率高、稳定工作范围宽。径向型叶轮的叶片出口角 $\beta_{2A}=90°$，径向直叶片也属于这种类型。前弯型叶轮的叶片弯曲方向与叶轮旋转方向相同，$\beta_{2A}>90°$，由于气流在这种叶道中流程短、转弯大，其级效率较低，稳定工作范围较窄，故它仅用于一部分通风机中。径向型叶轮的级性能介于后弯型叶轮和前弯型叶轮之间。

从制造工艺来看，叶轮有铆接、焊接、精密铸造、钎焊及电蚀加工等结构形式。其中精密铸造多用于叶轮材料为铝合金的制冷用离心式压缩机，钢焊的叶轮目前大多采用铆接或焊接的结构。

轮盘材料以及轮盖的材料一般采用优质碳素结构钢、合金结构钢或不锈耐酸钢，如 45、35CrMo、35CrMoV、Cr17Ni2、34CrNi3Mo、18CrMnMoB 等。叶片一般采用合金结构钢或不锈耐酸钢，如 20MnV、30CrMnSi、2Cr13 等。铆钉一般采用合金结构或不锈耐酸钢，如 20Cr、25Cr2MoVA、20CrMo、2Cr13 等。

（三）紧圈和固定环

叶轮及主轴上的其他零件与主轴的配合，一般都采用过盈配合，但由于转子转速较高，离心惯性力的作用将会使叶轮的轮盘内孔与轴的配合处发生松动，导致叶轮产生位移。为了防止位移的发生，有些过盈配合后再采用埋头螺钉加以固定，但有些结构本身不允许采用螺钉固定，而采用两个半固定环及紧圈加以固定，其结构如图 4-39 所示。

固定环由两个半圈组成，加工时按尺寸加工成一个圆环，然后锯成两半，其间隙不大于 3mm。装配时先把两个半圈的固定环装在轴槽内，随后将紧圈加热到大于固定环外径，并热套在固定环上，冷却后即可牢固地固定在轴上。

（四）转子的轴向力及其平衡

离心式压缩机工作时，叶轮受到的轴向力与离心泵完全相同（见图4-40），它由叶轮轮盖及轮盘两个外侧所受的流体压力不同而产生的指向吸入口的轴向力和气流进出叶轮的方向及速度不同而引起的动反力（与轴向力方向相反）两者之和组成。由于动反力在压缩机运行中比较小并被轴向力抵消，因而在轴向力的平衡时一般不考虑。由于不平衡轴向力的存在，迫使压缩机的整个转子向叶轮的吸入口方向（低压端）窜动，造成止推轴承的损坏并使转子与固定元件发生碰撞而引起机器的损坏。

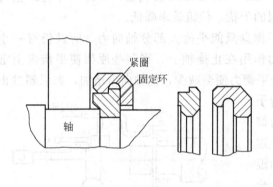

图4-39　半固定环与紧圈　　　　图4-40　叶轮轴向力示意

在离心式压缩机中，轴向力的平衡方法，原则上同离心泵的方法相同。通常使用最多的是叶轮对称排列和设置平衡盘两种方法。

叶轮不同的排列方式会引起轴向力大小的改变，如图4-41所示。单级叶轮轴向力的方向总是指向低压侧。各级叶轮顺排［见图4-41(a)］时，其总的轴向力为各级叶轮的轴向力之和，如果叶轮按级或段对称排列［见图4-41(b)、(c)］，叶轮的轴向力将相互抵消一部分，使总的轴向力大大降低，这对高压压缩机尤为重要，例如尿素装置中的二氧化碳压缩机便采用按段对称排列的方法来平衡一部分力，但这种方法会造成压缩机本体结构和管路布置的复杂化。

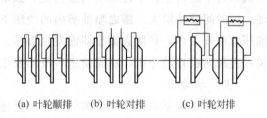

图4-41　叶轮排列对轴向力的影响

离心式压缩机利用平衡盘平衡轴向力的方法是使用最多的一种方法。如图4-42所示，压缩机的平衡盘一般安装在汽缸末级（高压端）的后端口，它的一侧受到末级叶轮出口气体压力的作用，另一侧与压缩机的进气管相接。平衡盘的外缘与固定元件之间装有迷宫式密封齿，这样既可以维持平衡两侧的压差，又可以减少气体的泄漏。由于平衡盘左侧的压力高于右侧的压力，因此，平衡盘上就产生了一个与叶轮受到的轴向力方向相反的平衡力与轴向力相平衡。

此外，高压离心式压缩机还可以在叶轮背面加平衡叶片来平衡轴向力，该方法可以改善叶轮轮盘侧间隙中气体的旋转角速度，以改变其压力分布，该法只有在压力高、气体密度大的场合才有效。

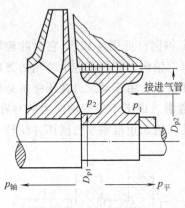

图 4-42 平衡盘示意图

在离心式压缩机中很少采用像离心泵中常使用的自动平衡盘平衡轴向力的方法，原因是自动平衡盘是通过自动改变轴向间隙的大小来调整平衡盘两侧的压差，实现轴向力与平衡力动平衡。在压缩机中，由于气体的黏性小，当轴向力发生变化时，要使缝隙两端有明显的压差才能产生平衡力。这时不是漏过的气量很大就是缝隙很小，很容易使密封件相碰而损坏。离心泵在叶轮轮盘上开平衡孔的方法，在离心式压缩机中也不采用，因为叶轮轮盘开孔后会大量增加漏气量，使进入叶轮的主气流受到强烈的干扰，使级效率降低。

由于平衡盘只能平衡大部分轴向力，所以仍有一小部分轴向力作用在止推轴上。当某些原因使平衡盘上密封齿磨损而导致两侧压差减小时，平衡力便会减少，使轴向力增加，如果超过止推轴承的承变能力，止推轴瓦就可能烧坏，转子将向低压端窜动，叶轮、密封圈等高速旋转的部件会与固定元件相碰而使机组损坏。为了防止这样的事故发生，除了监视轴瓦的温度及轴承油温外，大型离心式压缩机一般还装有轴向位移安全保护器，严格控制轴向位移超过规定值，如图 4-43 所示为液压式轴向位移安全保护装置示意。紧靠推力盘的是一个喷油嘴，喷油嘴与推力盘之间留有一段很小的间隙，喷油嘴内的高压油在压缩机的整个运行过程中连续喷向推力盘。如果止推块磨损或由于某种其他原因，转子向左窜动，这时间隙将增大，随之喷油嘴内的油压下降。当油压降至某一定值时，油压值将反映到油压电磁开关内，并接通警报器而发生警报。当油压继续下降到一定数值时，则接通停机开关而使压缩机自动停机，从而防止事故的发生。

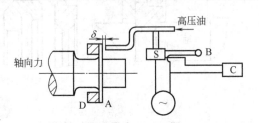

图 4-43 液压式轴向位移安全保护装置示意
A—推力盘；B—警报器；C—停机开关；
D—止推块；S—油压电磁开关

（五）推力盘

平衡盘可以平衡掉大部分的轴向力，但还有一小部分轴向力未被平衡掉，剩余部分轴向力由止推轴承来平衡。推力盘是将轴向力传递给止推轴承的装置，其结构示意如图 4-44 所示。

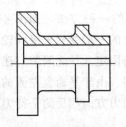

图 4-44 推力盘结构示意

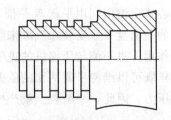

图 4-45 轴套的结构

（六）轴套

轴套的作用是使轴上的叶轮与叶轮之间保持一定的间距，防止叶轮在主轴上产生窜动。

轴套安装在离心式压缩机的主轴上,其结构如图 4-45 所示,其一端开有凹槽,主要作密封用,另一端也加工有圆弧形凹面,该圆弧形面在主轴上恰好与主轴上的叶轮入口处相连,这样可以减少因气流进入叶轮所产生的涡流损失和摩擦损失。

二、固定元件

离心式压缩机除上述转动元件外,一般还有吸气室、扩压器、弯道、回流器及蜗壳等不随主轴回转的固定元件。在离心式压缩机中,叶轮效率和各固定元件的效率直接与压缩机效率有关。即使叶轮效率较高,但与固定元件不够协调,这样也会使压缩机整机效率下降。

（一）吸气室

吸气室的作用在于把气体从进气管道或中间冷却器顺利地引入叶轮,使气流从级的吸气室法兰到叶轮的吸气孔产生较小的流动损失,有均匀流速,而且使气体经过吸气室以后不产生切向的旋绕而影响叶轮的能量头。

吸气室的形式基本上可以分为以下四种形式。

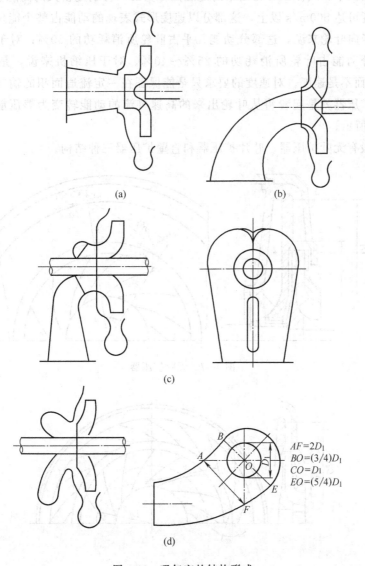

图 4-46　吸气室的结构形式

① 如图 4-46 (a) 所示为轴向进气的吸气室。这种形式最为简单，一般多用于单级悬臂式鼓风机或压缩机，为使进入叶轮的气流均匀，其吸气管可做成收敛形。

② 如图 4-46 (b) 所示为径向进气的肘管式吸气室。由于该形式的吸气室进气时，气流转弯处易产生速度不均匀的现象，所以常把转弯半径加大，并在转弯的同时使气流略有加速。

③ 如图 4-46 (c) 所示为径向进气半蜗壳的吸气室。常用于具有双支承轴承的压缩机，当第一级叶轮有贯穿的轴时均采用这种形式的吸气室。

④ 如图 4-46 (d) 所示为水平进气半蜗壳的吸气室，该吸气室多用于具有双支承的多级离心鼓风机或压缩机。其特点是进气通道不与轴对称，而是偏在一边，与水平部分的机壳上半部不相连，所以检修很方便。

(二) 扩压器

在离心压缩机中，气体从叶轮出来的速度是很大的，特别是较大的高能量头的叶轮，叶轮出口气流速度可达 500m/s 以上，这部分以速度形式表现的动能占整个能量头中相当大的一部分。对于径向叶轮来说，这部分动能几乎占叶轮所消耗功的 50%；对于后弯式或强弯型叶轮，这部分动能占叶轮所消耗功的 25%～40%。对于压缩机来说，是以提高静压能（即压力）为主而不是速度。对速度的要求只是能保证在一定流通面积的输气管中维持所需的气量即可，扩压器就是起着将从叶轮出来的高速气流的动能转变为静压能的作用，如图 4-47 和图 4-48 所示。

扩压器一般有无叶扩压器、叶片扩压器和直壁扩压器三种结构。

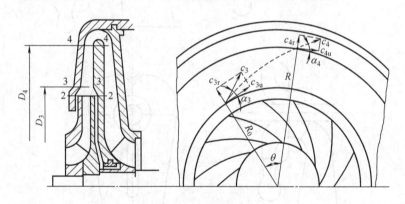

图 4-47 无叶扩压器

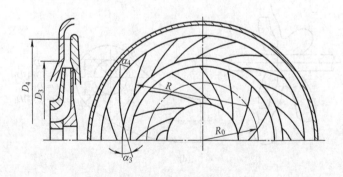

图 4-48 叶片扩压器

1. 无叶扩压器

无叶扩压器是由两个平行壁构成的一个环形通道，流道之后可与弯道相连，无叶扩压器中主要是依靠直径 D 的增大来进行减速扩压的，因为随着直径 D_3 增至直径 D_4，流道截面渐渐增大，气体从叶轮出来经过该环形通道时，速度就逐渐降低，压力逐渐增高。

无叶扩压器的结构简单，造价低。由于这种扩压器没有叶片，当进气速度和方向发生变化时，对工况影响不显著，不存在进口冲击损失。同一无叶扩压器可与不同出口角的叶轮匹配，具有良好的适应性。不过，由于在无叶扩压器中直径对扩压能力起决定性作用，当叶轮出口气流速度愈大时，级径向尺寸也就愈大，且流动路程愈长，使流动损失增加，效率下降。

2. 叶片扩压器

叶片扩压器是在无叶扩压器的环形通道中沿圆周装有均匀分布的叶片。当气流经过叶片扩压器时，一方面因直径的加大而减速扩压外，另一方面又由于安装了叶片，气流将受到叶片的约束而沿叶片方向流动，而叶片的形状总是做成 α 角逐渐增加的，即 $\alpha_3 < \alpha < \alpha_4$，所以叶片扩压器内的速度变化比无叶扩压器的速度变化要大，扩压程度也就更大。

叶片扩压器除具有扩压程度大以外，其外形尺寸较无叶扩压器小，气流流动所经过的路程也较短，效率较高。但叶片扩压器由于有叶片的存在，当扩压器进口的气流速度和方向发生变化时，叶片进口处的冲击损失便会急剧增加。虽然一些大型压缩机上采用了可调节叶片角度的叶片扩压器以适应不同流量的变化，但其结构和加工工序较无叶扩压器复杂。

3. 直壁扩压器

直壁扩压器实际上也是叶片扩压器的一种。由于其导叶间的通道有一段是由直线或接近于直线的段所组成，故称为直壁扩压器。又因为直壁扩压器叶片的形状与叶片扩压器中的叶片不同，它是由所需的通道形式确定出通道两侧的壁，因此该扩压器往往被看作是由一个个单独的通道所组成，故又称为通道形扩压器。通道数不多，只有 4～12 个，所以有时也把这种扩压器称为少通道扩压器。

扩压器的气流进口部分先采用一般对数螺旋线形叶片，使气流与在无叶扩压器中的流动相似，然后进入由两相邻直径板壁组成的气体通道构成一个个相连的通道。

这种扩压器的通道基本上是直线形的，通道中的气流速度、压力分布较一般弯曲形通道的叶片扩压器均匀得多，有较高的效率，特别适用于气速大的高能量头的级，但这种形式的扩压器结构复杂，加工较困难。对所配用的弯道和回流器，有较大的曲率半径，使得径向尺寸过大。

（三）弯道和回流器

为了把扩压器后的气流引导到下一级继续进行压缩，一般在扩压器后设置弯道和回流器。弯道是连接扩压器与回流器的一个圆弧形通道，该圆弧形通道内一般不安装叶片，气流在弯道中转 $180°$ 弯才进入回流器，气流经回流器后，再进入下一级叶轮，如图 4-49 所示。

回流器的作用除引导气流从前一级进入下一级外，更重要的是控制进入下一级叶轮时气流的预旋度，为此回流器中安装有反向导叶来引导气流。回流器反向导叶的进口安装角是根据从弯道出来的气流方向角决定，其出口安装角则决定了叶轮进气的预旋度。反向导叶的作用是使气流速度平缓地变化，顺利地进入下一级叶轮。

（四）蜗壳

蜗壳也称排气室，其作用是收集中间段最后级出来的气流，将其导入中间冷却器进行冷

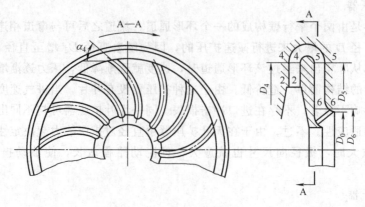

图 4-49 弯道及回流器

却,或送到压缩机后面的输气管道中去。如图 4-50（a）所示为一个沿圆周各流通截面积均相等的等截面排气室,气流沿圆周进入排气室汇总后由出气管引出,由于气流在排气室到排气管前一段截面处最大,而排气管后的截面处气量最小,所以等截面排气室不能很好地适应这种流量。试验证明,采用等截面排气室其效率不如采用截面随气量变化的蜗壳形排气室为好,但等截面排气室的结构简单,制造方便,易进行表面机械加工,故目前仍有采用。

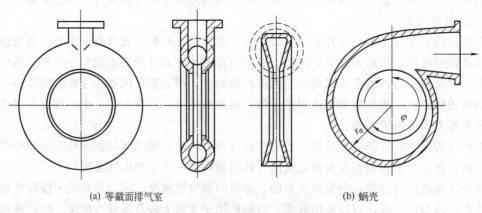

(a) 等截面排气室　　　　　　　　　　　(b) 蜗壳

图 4-50　等截面排气室和蜗壳结构

如图 4-50（b）所示为流通截面沿叶轮转向（即进入气流的旋转方向）逐渐增大的一种蜗壳,该蜗壳克服了等截面排气室的缺点。它一般安装在最后级的扩压器之后,有些最后级不采用扩压器而将蜗壳直接安装在叶轮之后,这种蜗壳中气体流速较大,一般在蜗壳后再设扩压管,由于叶轮后面是蜗壳,所以蜗壳的好坏对叶轮的工作有较大的影响。蜗壳的外径保持不变,其流通截面的增加是由减小内半径来达到的。

三、轴承

离心压缩机上有径向轴承和止推轴承两种轴承。径向轴承是支承转子并保持转子处于一定的径向位置,使转子在其中正常旋转;止推轴承用于承受轴向力,并使转子与机壳、扩压器、轴向密封等部件之间有一定的轴向位置。止推轴承一般安装在转子的低压端。

目前离心压缩机上所用轴承采用的都是滑动轴承,滑动轴承由轴承体、轴瓦、润滑系统三部分组成。轴颈在轴承孔内旋转,润滑油在轴颈及轴瓦之间形成油膜,以减少摩擦与磨损。滑动轴承按其摩擦润滑性质及形成油膜的作用原理可分为动压轴承及静压轴承。

动压轴承工作原理如图 4-51 所示，利用轴本身的旋转将轴承中的润滑油从大间隙处带向小间隙处流动，形成一个楔形的油楔，同时产生油压，将轴颈上的载荷加以平衡，而使轴颈与轴内壁分离从而形成油膜，使轴与轴承处于液体摩擦状态，以减少摩擦与磨损，使轴转动轻巧灵活。

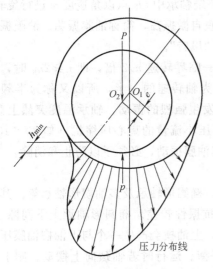

图 4-51　动压轴承工作原理

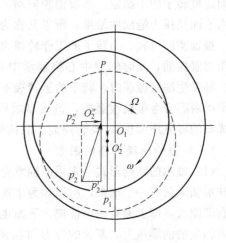

图 4-52　转子的油膜振动

静压轴承是利用液压系统供给压力油于轴颈与轴承之间，使轴颈与轴承分离，从而保证轴承在各种载荷和转速之下都完全处于液体摩擦之中。因此静压轴承具有承载能力高、摩擦阻力小、寿命长等优点，但必须具有一套完整的供油液压系统。

离心压缩机目前广泛采用的是动压轴承，所以仅就离心压缩机上的径向轴承和止推轴承所采用的动压轴承的工作原理及结构简单介绍如下。

(一) 动压轴承的工作原理

如图 4-51 所示，当轴颈受载荷 P 时，相对于轴瓦中心产生偏心 e，从而形成一个楔形的油楔，即单楔动压轴承，由于轴的旋转而带动轴承中的润滑油从大间隙向小间隙处流动，使油楔中产生油压 p 来平衡载荷 P，将轴与孔分开，形成油膜。当油膜最小厚度 h_{min} 大于轴颈与轴瓦表面不平度的平均高度 H_{cp} 之和时，则轴颈与轴瓦完全被油膜分开，形成液体摩擦，这时最小油膜厚度 h_{min} 为：

$$h_{min} > H_{cp轴颈} + H_{cp轴瓦} \tag{4-21}$$

最小油膜厚度的大小与轴的转速 n、润滑油的黏度 μ 及轴上的载荷 P 有关。即 h_{min} 与润滑油黏度 μ 和转速 n 成正比，与轴上的载荷 P 成反比。润滑油的黏度 μ 愈大，油的内摩擦力越大，将润滑油带入油楔的力量也就越大，油楔中油的压力亦越高，就易于将轴与轴瓦分开，即油膜的厚度 h_{min} 增大形成液体摩擦。轴的转速 n 愈高，则润滑油带入油楔的力量越大，越容易将轴托起，使 h_{min} 增大而形成液体摩擦。轴上载荷 P 越大，使轴托起来就越困难，使 h_{min} 减小，就不容易形成液体摩擦。

(二) 轴承的油膜振荡

转子正常转动时，由于轴颈在轴承中的偏心距很小（见图 4-52），轴颈上的载荷 P（对支承转子可近似认为等于质量的一半）与压力油膜对轴颈的作用 p_1 大小相等，方向相反，处于相对平衡状态，轴颈绕中心 $O_2{}'$ 旋转。当转子受到外界某种干扰时（如环境的振荡、进油压力的瞬时变化、转速的突然增大等），轴心便向上移动到 $O_2{}''$ 的位置，此时油膜的反力就不与载荷相平衡，而是多了一指向 $O_2{}''$ 的水平方向推力 $p_2{}''$，$p_2{}''$ 的方向与轴的旋转方向相同，使轴颈以角速度 ω 绕轴颈中心 $O_2{}''$ 点旋转的同时，还绕轴承中 O_1 点以角速度 ω 进行旋转，从而造成转子的不稳定，形成油膜振动，一般称为油膜自激振荡，简称油膜振荡。油膜振荡是由于油膜压力造成的结果，所以又称为"油击"或"甩转"。

根据实测可知，当转子的工作转速大于或等于第一临界转速 n_k 2 倍，即 $n \geqslant 2n_k$ 时，即产生油膜振动，此时轴颈中心绕轴承中心 O_1 的转速为轴转速的一半，所以又称为半频振荡。轴发生油膜振荡时，转子的运转极不稳定，机器发生强烈的振动，轴承温度突然上升，轴承的耐磨合金很快被磨损，造成事故停车。对于高压小流量的离心压缩机（如 30×10^4 t 合成氨的氮氢压缩机），其转速高、载荷轻，易于引起油膜振动，必须予以防止和消除。

(三) 影响油膜振荡的因素

(1) **轴承的结构形式** 常用的轴承有圆柱形轴承、椭圆形轴承及多油楔形轴承等。其中圆柱形轴承只有一个油楔，所以称为单油楔轴承，其抗振性较差。椭圆形轴承上下间隙小，左右间隙大，即上面有一个油楔，下面也有一个油楔，上油楔会产生一个与下油楔油膜压力方向相反的油膜压力，两者的合力与轴颈载荷 P 相平衡。运行时若轴颈向上摆动，则上面的间隙变小，而油膜压力 p_2 变大；下面的间隙增大，而油膜压力 p_1 变小，从而使轴推向原来的平衡位置，因此椭圆形轴承的抗振性较好。多油楔轴承当其轴颈在轴瓦中转动时，可以形成 3 个或 5 个楔形油槽。多油叶轴承是在轴瓦中均布 3～5 个对称的叶形油槽。这两种轴承都可以在瓦上刮削而成，或采用多片轴瓦。目前，国外对于高压高速离心式压缩机的径向轴承一般多采用多油楔轴承，有些采用五油叶浮动轴承。由于该轴承的瓦块是活动的，它能沿周向绕某一个支点摆动，可以自动地随轴承载荷的变化而改变楔角，以提高轴的稳定性和抗振能力，如图 4-53 所示。

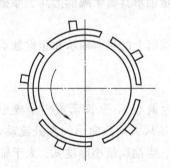

图 4-53 五油叶浮动轴承的示意

(2) **轴承的间隙** 轴承间隙大，抗振能力差。

(3) **润滑油的黏度** 润滑油的黏度大，产生油膜振荡的可能性就小，但摩擦功率增大；黏度低，产生油膜振荡的可能性大。

(4) **转子平衡精度** 转子平衡精度愈高，产生油膜振荡所必需的转速愈高，抗振性能就愈好。

(5) **转速** 产生油膜振荡时，其振荡频率为转子旋转频率的一半。如果继续提高转速，其振荡频率仍保持为转子旋转频率的一半；如果转速超过第一临界转速的 2 倍时，这时振荡频率等于转子的第一临界转速；如果转速再提高，振荡频率基本不变，但振幅随转速的增加而增大。

(6) **其他影响** 轴承的载荷、轴承座的刚性、轴承的长度、供油压力、油槽的形式以及装配质量等均对油膜振荡有一定的影响。

（四）消除油膜振荡的方法

消除油膜振荡有以下几种方法。

① 控制转速，即转速应避开转子第一临界转速的 2 倍。

② 控制润滑油的压力、黏度及温度。

③ 提高转子平衡的精度，提高轴承的装配质量。

④ 选择抗振性强的轴承结构。

（五）轴承的结构

1. 径向轴承

径向轴承的主要作用是承受转子的质量以及转子的振动，固定转子与机器不动部分的径向位置。对轴承有以下要求。

① 轴承应具有足够的刚性和强度。

② 由于轴承处的载荷和圆周速度较高，因此轴承孔内表面应有适当的配合形状和配合间隙。

③ 轴承孔摩擦面应浇铸耐磨合金层，以减少摩擦损失和增加轴承的耐磨性。

④ 轴承供油应保证有足够的油量，以供润滑和带走摩擦所产生的热量。

⑤ 轴颈的全部工作长度应与轴瓦的表面完全接触。

根据上述要求，目前采用的径向轴承有五油楔倾斜块式径向轴承，如图 4-54 所示。

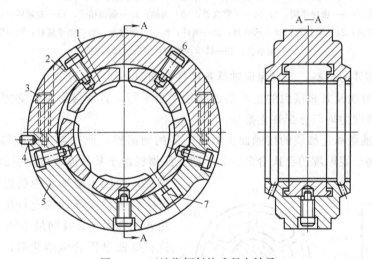

图 4-54 五油楔倾斜块式径向轴承
1—瓦块；2—上轴承套；3—螺栓；4—圆柱销；5—下轴承套；6—定位螺钉；7—进油节流圈

如图 4-55 所示为中国从美国进口的年产 30×10^4 t 合成氨厂中冰机的五油叶轴承和端面密封的结构。该轴承的特点是轴承箱 29 内装有五油叶的倾斜块轴承 31 和一块浮动轴承 24，油楔瓦块与油叶瓦块的不同之处是油楔瓦背的销钉孔具有一定的偏心，油叶瓦块的销钉孔是在瓦背的中心线上。

2. 止推轴承

止推轴承的作用是承受转子的轴向推力，并保持转子与固定元件间的轴向间隙。对于止推轴承的结构有以下要求。

① 离心式压缩机运行时，决不允许转子发生轴向移动，所以要正确选用轴承的结构，

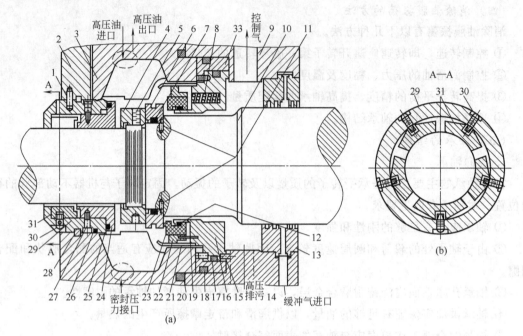

图 4-55 冰机用五油叶轴承和端面密封结构

1,15—销子；2—轴承托架盖；3—轴承托架；4—锁紧螺母；5—锁紧螺栓；6—密封环；7,12,17,18,20,25,26—O 形环；8—密封弹簧；9,14—压缩机盖；10—主轴；11—驱动销子；13—密封环；16—密封体；19—防转销；21—限制器；22—承载器；23—碳环；24—浮动轴承；27—轴承螺钉；28—限制环；29—轴承箱；30—轴承块螺钉；31—五油叶轴承

正确选择受力零件的材料，并且保证轴承各零件在轴向必须相互贴紧。

② 转子推力盘及其相接触的止推块面必须严格平行，且两接触表面必须严格垂直于轴的中心线，使轴向力均匀分配在止推块上。

③ 为使止推盘和止推块的接触面上具有一定的耐磨性，所以在止推盘和止推块的接触面上都分别浇铸一定厚度的巴氏合金。为了防止压缩机由于某种原因可能引起轴的温度急剧增加，而使止推轴承中的巴氏合金熔化并产生转子轴向移动的允许范围，该范围是由转子在固定元件间最小轴向间隙决定的。这样即便巴氏合金熔化时，浇铸巴氏合金的基本金属表面在离心式压缩机未停下之前，能够暂时作为轴向支持面，而不致使转子与固定元件碰损。止推盘与止推块间要有一定的间隙（一般为 0.25～0.35mm），以便油膜的形成，但此间隙的最大值应小于转子与固定元件之间的最小间隙。

止推轴承示意如图 4-56 所示，止推盘与止推块之间具有一定的间隙，且止推块可以摆动。当止推盘随轴高速旋转时，润

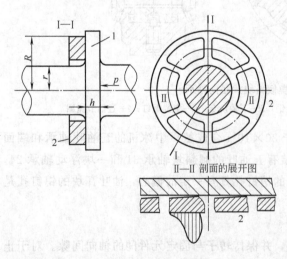

图 4-56 止推轴承示意
1—止推盘；2—止推块

滑油被带入止推盘与止推块的间隙中,从而产生油压来平衡轴向力,同时形成油膜使止推盘和止推块处于液体摩擦状态,以减少其摩擦,保证止推轴承正常运行。

常用的止推轴承有以下几种。

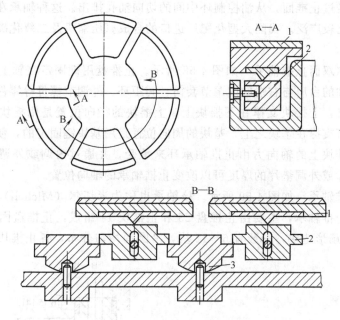

图 4-57　金斯泊尔止推轴承示意

1—瓦块；2—上摇块；3—下摇块

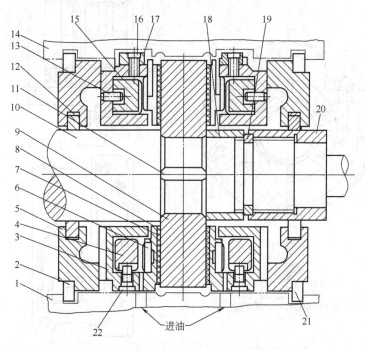

图 4-58　金斯泊尔双面止推轴承示意

1—轴承座；2—内调垫片（垂直对开）；3—基环；4—上摇块；5—止推轴环；6—瓦块支承；7—止推瓦块；8—瓦块（巴氏合金）；9—止推盘；10—轴；11—键；12—挡油圈；13—下摇块定位销；14—轴承盖；15—下摇块；16—基环键螺丝；17—基环键；18—内调节螺母；19—间距环；20—外调节螺母；21—外调垫片；22—摇块调节螺丝

（1）浮动叠块式止推轴承　也称金斯泊尔止推轴承，该轴承示意如图 4-57 所示。止推块一般是 6 块，其表面浇铸巴氏合金，止推块底面为球面，可在上下自由摇动，上摇块支撑在下摇块上，下摇块本身又可在壳中摇动，该结构保证了各瓦块自动调位，受力均匀。润滑油由内侧供入，经过止推面，从油控制环中间的切向油孔排出。这种轴承在高速高压的离心式压缩机中应用比较广泛。我国大型化肥厂进口的合成氨压缩机及二氧化碳压缩机中均采用这种轴承。

（2）金斯泊尔双面止推轴承　如图 4-58 所示。止推盘用键固定在轴上，止推盘在轴上的位置是用左端轴的台肩与右端的内调节套筒、间距环、外调节螺母等零件固定，止推块与上摇块为球面接触，上摇块支撑在下摇块上，上摇块的径向位置是用摇块的调节螺钉来调节，下摇块用销钉支撑在基块之上，基块的周向位置是用基块键固定的，使止推块不能随圆周方向旋转。止推块上的轴向力由止推轴承环来承受，并通过内调或外调垫片传递给轴承座。调节内调垫片或外调垫片的厚度可以改变止推轴承的轴向位置。

（3）径向止推轴承　如图 4-59 所示。该轴承也称为米切尔（Michell）轴承，它是单油楔、单面单层的止推轴承，主要由止推盘 23 和止推块 14 组成，止推盘固定在轴上随轴旋转，止推块 14 为扇形垫块，一般有 6～12 块，沿圆周均匀分布，各止推块和支持螺钉均安

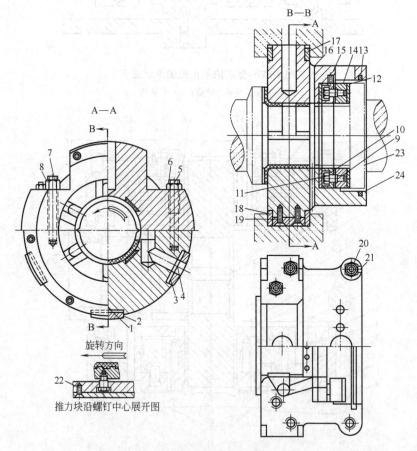

图 4-59　径向止推轴承

1，3—垫块；2—调整垫片；4—油孔；5—销钉；6，8，21—螺母；7，9，12，15，19，20，22—螺钉；10—套环；11—薄环；13—密封环；14—止推块；16—上轴瓦；17，18—轴向垫块；23—止推盘；24—下轴瓦

装在半圆套环10及薄环11之间，套环及薄环由螺钉22连接在一起，止推块可以上下左右摆动，为了不使止推块沿圆周方向旋转，用螺钉15将套环固定在轴承上，螺钉9、12与套环、薄环为球面接触，所以止推块可以自动调位，止推轴承安装在上轴瓦16和下轴瓦24内，轴向力由止推块14、螺钉9、薄环11传给轴承座。径向轴承的径向位置可以通过改变轴向垫块17、18的厚度进行调整，径向轴承可以用调换垫片2进行对中。为了防止压缩机开车时因气体冲力而向高压侧窜动，故在支持轴承的左侧也浇铸巴氏合金，既能防止轴肩与轴瓦相磨，又能避免转子轴向窜动。润滑油由垫块3的油孔4进入轴承并沿轴瓦水平力分面处的油槽进入支持轴承及止推轴承。

四、密封装置

在离心式压缩机中，为了阻止级与级之间、机内与机外之间气体的泄漏，必须采用密封装置。在级与级之间一般采用迷宫密封，在两轴端一般采用迷宫密封、充气密封、水环密封、油膜密封、浮环密封及圈套密封等。下面对几种常用的密封结构及工作原理做一简介。

（一）迷宫密封

这种密封是一种比较简单的密封装置，目前在离心式压缩机上应用较普遍。迷宫密封一般用于级与级之间的密封，如轮盖与轴的内密封及平衡盘上的密封，如图4-60所示。端部的密封是为了减少外界空气经端部向机器内的泄漏（如吸入端为负压时），以及防止气体从内部向外部泄漏。

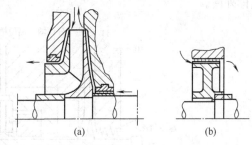

图4-60 级和平衡盘的密封

阶梯形和光滑形密封示意如图4-61所示，气流在梳齿状的密封间隙中流过时，由于流道狭直，这时气流近似于理想膨胀过程，所以气流的压力和温度均下降，而速度增加，即一部分静压能转变为动能。当气流进入两梳齿之间和空腔时，由于流道的截面积突然扩大，这时气流形成很强烈的旋涡，从而使速度几乎完全消失，而动能转变为热能使气体的温度上升至原来的温度；而空腔中的压力则不变，仍保持降低后间隙的压力。所以迷宫密封是将气体压力转变为速度，然后再将速度降低，达到内、外压力趋于平衡，从而减少气体由高压向低压泄漏。

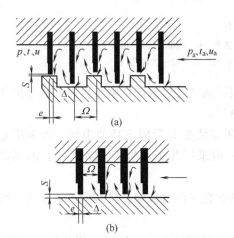

图4-61 阶梯形和光滑形密封示意

气流经过迷宫密封的泄漏量与密封前后的压力比有关。密封梳齿数Z，低压时为3～6个；当压差较大时，采用8～20个齿，密封材料一般采用青铜、铜锑锡合金、铝及铝合金。温度超过120℃时采用镍-铜-铁蒙乃尔合金，或采用不锈钢条。当气体具有爆炸性（如石油气）时，采用不会产生火花的材料，如铝或铝合金等材料。我国生产的石油气离心式压缩机及国外用以输送氧气的离心式压缩机的迷宫密封的梳齿均采用铝片制成，也可采用聚四氟乙烯材料，这种材料较铁的膨胀系数大，能在运转中保持良好的密封性能，同时与旋转轴接触也不会擦伤转轴。

离心式压缩机主轴的偏转、主轴与机壳不同的热膨胀系数，以及推力轴承的磨损，都会使迷宫密封受到损失。

（二）浮环密封

浮环密封如图4-62所示。密封由几个浮动环组成，高压油由进油孔12注入密封体，然后向左右两侧溢出，左侧为高压侧，右侧为低压侧，流入高压侧的油通过高压浮环、挡油环6及甩油环7，由回油孔11排出。因为油压一般控制在略高于气体的压力，压差较小，所以向高压侧的漏油量很少。流入低压侧的油通过几个浮环后流出密封体。因为高压油与大气的压差较大，因此向低压侧的漏油量是很大的。浮环挂在轴的轴套5上，在径向是活动的。浮环与轴套的间隙很小，内侧环相对间隙$\delta_1/D=0.5/1000\sim1/1000$，外侧环相对间隙为$\delta_2/D=1/1000\sim1.5/1000$，内侧环较外侧环的间隙小。当轴转动时，浮环被油膜浮起，为防止浮环转动，一般加有销钉3来控制，这时所形成的油膜将间隙封闭，以防止气体外漏。

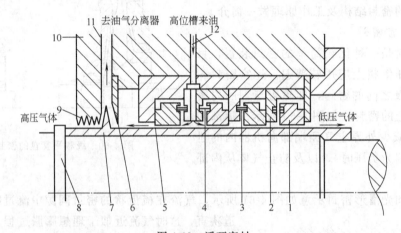

图4-62 浮环密封

1—浮环；2—固定环；3—销钉；4—弹簧；5—轴套；6—挡油环；7—甩油环；
8—轴；9—迷宫密封齿；10—密封；11—回油孔；12—进油孔

浮环密封主要是高压油在浮环与轴套之间形成油膜而产生节流降压阻止机内与机外的气体相通。由于是油膜起主要作用，所以又称为油膜密封。

为了装配方便，一般做成几个L形固定环，浮环就装在L形固定环的中间。因为压差小，高压环一般只采用1个；而低压环因压差大，一般采用几个。为了使浮环与L形固定环之间的间隙不太大，用弹簧将浮环压平。

浮环密封对于压差大、转速高的离心式压缩机具有良好的适应性，且结构不太复杂，所以目前浮环得到了广泛的应用。

如图4-63所示为法国进口的RC10-9B氮氢气离心式压缩机低压缸进口侧的轴封结构。其特点是压缩机进口先用梳齿密封，然后采用浮环密封，压缩机进口侧共有2个浮环安装在两个密封座之间，为了防止浮环轴向移动造成密封油短路，在2个浮环间用弹簧将低压侧浮环和高压侧浮环分别压在两个密封座上，在环与座圈接触处用O形密封圈密封，为了防止浮环旋转，用销钉将其固定在密封座圈上。

（三）抽气密封

由于迷宫密封不能做到完全密封，当压缩机压缩有毒气体时，严格要求机内气体不许外

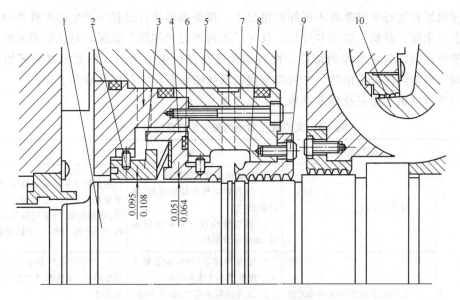

图 4-63 RC10-9B 低压缸进口端轴封
1—轴;2—销钉;3—低压侧浮环;4—高压侧浮环;5—端盖;6—O 形密封圈;7—密封座;
8—梳齿密封;9—固定螺钉;10—叶轮

漏,单独使用迷宫密封即不能满足要求,这时迷宫密封除一般与浮环密封配合使用外,还与气体密封配合使用。

气体密封分为充气式和抽气式两种。充气式密封是将密封用气体(如空气、氮气等)加压后注入迷宫密封的外腔,然后将漏到密封内腔的气体和密封气体引入压缩机的吸气室;而抽气式密封是将泄漏气体在漏至大气之前抽出机外。下面介绍抽气密封的工作原理。

抽气密封装置如图 4-64 所示。该装置需要一个气源(如空气、蒸汽等),将气体通过引射器,形成低于大气压力的抽气系统,密封外腔 2 的压力低于大气压力。气体与有毒气体的混合气通过管道 7 被引射器抽出进行处理,内密封腔 3、4 与吸气室 5 相通,引射器的压力必须低于内腔 3、4 中的压力,压力调节器 6 控制外腔 2 的压力,这样有毒气体就不会外漏了。

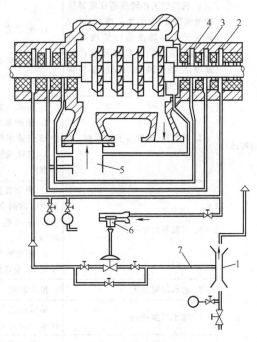

图 4-64 抽气密封装置
1—引射器;2—外腔;3,4—内密封腔;5—吸气室;
6—压力调节器;7—管道

第五节 离心式压缩机的常见故障及排除

机械故障产生的原因很多,有些不易被发现,这就需要对机器进行在线、动态的监测与诊断，使机器在运行中或基本不拆卸的情况下，根据机器运行过程中产生的各种物理、化学的信号进行采集、存储、处理和分析，及时了解机器的"健康"状况，对已形成或将要形成的故障进行诊断，判定故障的部位、性质与程度及其产生的原因，预测机器未来的技术状况，从而采取消除故障的措施，这就是现代机器故障诊断技术所要从事的工作。

离心式压缩机的常见故障及排除方法见表 4-1。

表 4-1 离心式压缩机的常见故障及排除方法

故障现象	故障原因	特 征	排 除 方 法
振动增强	1. 转子不平衡	1. 振动频率与转速同频 2. 随着转速与负荷的增加，振动加剧 3. 挠性轴通过一阶临界转速时，振动十分剧烈	造成转子不平衡的原因，除转子动平衡精度差外，还可能由于叶轮结垢、部件松动、转子弯曲等，找出引起转子不平衡的原因，予以消除
	2. 径向轴承发生半速涡动式油膜振荡	1. 发生半速涡动时，振动频率小于或等于 1/2 速率频率 2. 发生油膜振荡时，振动加剧，振动频率为 2 倍转子的一阶临界转速的频率，基本不随转速的变化而变化	1. 改用抗振性较好的轴承，如椭圆形轴承、多油楔或多油叶轴承、活支轴承 2. 作为应急的办法，可增加轴承比压，改变润滑油黏度或改变轴承间隙
	3. 机器的工作转速落在临界转速处附近，发生这种情况，可能是由于临界转速的计算误差过大；也可能是由于检修或操作的原因，使转子轴承系统的临界转速发生变化	1. 振动有一个敏感区域，避开后振动降低 2. 振动频率为速率频率	1. 提高转子的动平衡精度，保证机组在共振区也可以平稳运转 2. 改善检修和操作
	4. 机器动、静部分发生摩擦	1. 振动加剧，但有时也不加剧 2. 振动频率分布较宽，范围为 2~8 倍速率频率 3. 启动或停车时可听到金属的摩擦声	发生这种情况大多与机器的热挠动有关，如转子的热弯曲、汽缸导向键卡涩影响了汽缸的膨胀，找出原因，予以消除
	5. 联轴器对中不良	1. 振动加剧，主要发生在联轴器附近的两个轴承上 2. 振动随机器负荷的增加而增加 3. 振动频率一般为 2~3 倍速率频率，也可能有更高频的分量	联轴器重新对中
	6. 轴承间隙过大	振动加剧	更换轴承
	7. 轴承压盖松动	轴承盖上的振动值较大，振动频率一般为 1/2 速率频率	上紧轴承盖
	8. 底盘共振	由于底盘刚度较差或松动，其固有频率与机器振动的某一频率产生共振	上紧底盘，增加底盘刚度
	9. 转子有裂纹	1. 轴向振幅特别大 2. 径向振动频率为速率频率，或 2~3 倍速率频率	更换转子
	10. 气流产生旋转脱		
	11. 喘振		

续表

故障现象	故障原因	特 征	排除方法
止推轴承故障 (1)止推轴承	1. 轴向推力过大 ① 平衡活塞密封泄漏增大 ② 叶轮轮盘、轮盖密封磨损 ③ 机器发生喘振 2. 润滑油供应中断或压力偏低,油变质或油中含有杂质、水分 3. 止推轴承装反 4. 制造不良或安装不善使止推瓦块不活动	1. 轴位移值增加 2. 回油湿度较正常值高 3. 机器振动剧烈	1. 限制机器的振动,以避免平衡盘密封和叶轮密封的磨损 2. 合理地确定推力轴承所能承受的负荷。止推轴承所能承受的轴向负荷为:级间密封值达到设计值的2倍时所产生的轴向力以及联轴器和驱动机械所附加的轴向力之和的2倍 3. 改善制造、检修和操作
(2)径向轴承故障	1. 振动过大,引起轴承巴氏合金层的疲劳破坏 2. 长期低速"盘车",使轴承磨损 3. 润滑油供应中断或压力偏低,油变质或油中含杂质、水分 4. 轴承装反	1. 回油湿度超过正常值 2. 振动加剧,振动频率常为133~417Hz 3. 有时可以听到"赶瓦"(滞涩)的声音	1. 限制机器的振动 2. 停车时,不要长期低速"盘车",可进行定时间断"盘车" 3. 改善润滑状况
气流旋转脱离和喘振	1. 在一定转速下工作的离心式压缩机,当进气流量降低到某一数值时,气流会在叶轮流道或扩压器流道产生旋转脱离 2. 气流旋转脱离严重致使离心式压缩机的排气压力低于系统压力时,即发生喘振 3. 在一定转速下工作的离心式压缩机,由于化工工艺方面的原因,系统压力突然升高至高于排气压力,即发生喘振 4. 进气温度升高,压缩机的排气压力下降,当低于系统压力时,即发生喘振 5. 进气压力降低,压缩机的排气压力成比例降低,当低于系统压力时,即发生喘振 6. 进气组成发生变化。分子量降低时,压缩机的排气压力下降,低于系统压力时,即发生喘振 7. 开、停车过程中,操作失误 8. 检修时,在排气管道堵入异物或出口止逆阀不能打开均会引起喘振	1. 气流产生旋转脱离;在进入喘振前,压缩机性能已经恶化,但压力、流量均无明显变化,然而,由于气体激振的缘故,转子的振动加剧,严重时还会损坏叶片 2. 气流旋转脱离的频率大致为1/2速求频率 3. 发生喘振时,流量计、轴位移指示出现大幅度波动,压力、温度也出现波动,伴随有吼叫的声音,振动十分剧烈,一般都是低频振动,振动频率与管网容量的平方根成反比 4. 多级离心式压缩机在转速较低时,前面级易出现气流旋转脱离,进而导致喘振;高速时,后面级易出现气流旋转脱离而导致喘振	1. 设置自动防喘振系统 2. 稳定工艺操作,当工艺条件发生变化时要精心调整 3. 开停车过程中,应遵循"升压先升速、降速先降压"的原则,升速、升压均宜缓慢进行

第六节 石油化工生产中常用离心式压缩机

离心式压缩机的应用面较广,低压、中压和高压均有采用。由于离心式压缩机的性能与气体介质有关,故一般具有专用性。根据不同介质、不同操作条件就有不同的机组形式和结构特点,所以离心式压缩机的品种愈来愈多。本节仅以丙烯压缩机以及合成氨氮氢气压缩机为典型示例进行简单介绍。

一、丙烯压缩机

如图 4-65 所示为我国自行设计的 PLS-2000 型丙烯压缩机，可作为石油化工厂中石油气深冷分离系统中的压缩机使用。压缩机进口压力为 $1.1×10^5$Pa，出口压力为 $18.3×10^5$Pa，转速为 12000r/min，所需功率为 1226kW，以电机和增速箱驱动。该压缩机的特点是，在第 Ⅰ 级、第 Ⅳ 级后都有补充气体进入压缩机，故各级进气量有所不同。从第 Ⅰ 级到第 Ⅵ 级，其质量流量相应为 3.11kg/s、4.8kg/s、4.8kg/s、8.14kg/s、8.64kg/s 及 8.64kg/s。正由于级间有冷的补充气体进入，故全机无中间冷却器。

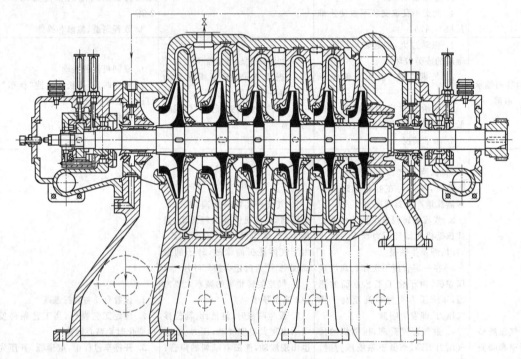

图 4-65 PLS-2000 型丙烯压缩机

该压缩机的汽缸为水平部分式，以铸铁制成。各级叶轮均采用后弯叶片型，叶片出口安装角依次为 600°、480°、380°、380°、380° 及 210°。各级扩压器均采用无叶扩压器。级的多变效率第 Ⅰ 级为 0.75，末级为 0.73。

级间密封、轴封和平衡鼓的密封均采用迷宫密封，轴封内部设有抽气装置防止丙烯泄露至环境中。

径向轴承采用倾斜块式五油楔可倾瓦轴承；止推轴承则采用双面都有可倾瓦块的形式，这些轴承的抗振性和承载能力都较好。

二、氮氢气压缩机

如图 4-66 所示为合成气压缩机高压缸剖面图，它是用于日产千吨合成氨的氮氢气高压离心式压缩机。该压缩机机组共有 3 个缸，即低压缸、中压缸和高压缸，进口压力为 $26×10^5$Pa，出口压力为 $222×10^5$Pa，图中所示部分的出口压力为 $64×10^5$Pa。该压缩机的结构特点如下：

① 缸体为圆筒形，其低压侧直径大，大端盖法兰用螺栓拧固在筒体上，筒体的高压侧锻成直径较小的瓶口形，以改善强度和密封性，小端盖法兰也用螺栓拧在筒体上。整个转子

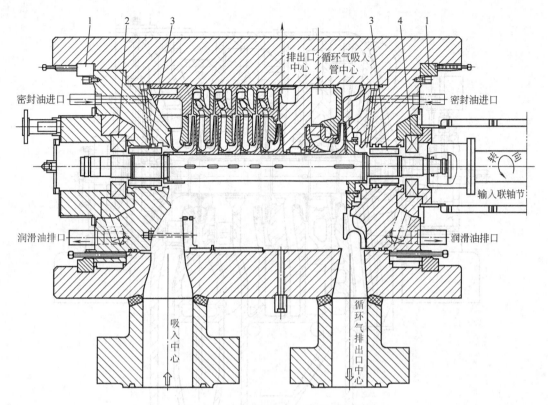

图 4-66 合成气压缩机高压缸剖面图
1—剪切环；2—径向止推轴承；3—浮环密封；4—径向轴承

和所有隔板构成的固定元件先在外面组装好，然后从大口端沿筒体内下部设置的一个导键慢慢装入筒体内，这样比较容易对中。

② 压缩机的叶轮是由热膨胀系数低、抗腐蚀性能强、焊接性能良好的高强度合金钢焊制而成。为了平衡轴向力，两段叶轮的进口朝向相反。

③ 压缩机的吸气室、扩压器、弯道、回流器及蜗壳等固定元件是由隔板间隔而成。各级隔板相互之间用止口定位，并由 4 个贯穿螺栓轴向固定整个隔板。隔板和其他固定元件均按水平方向分为上、下两半，并在水平接合面上用螺栓连接，当它与转子、轴承等组件装在一起后，共同装进缸体或从缸体中取出，是比较方便的。整个隔板组件和外筒之间设有 O 形圈，将各段的进、出口隔开，以免漏气。

④ 轴承均采用浮环油膜密封，级间密封及轮盖密封仍采用迷宫密封。

三、氧气压缩机

如图 4-67 所示为 DA180-41 型氧气压缩机，它是与每小时生产 $10000m^3$ 的制氧机配套的低压氧气机。设计流量为 $188m^3/min$，进口压力为 $1091×10^5Pa$，出口压力为 $5088×10^5Pa$，工作转速为 $14500r/min$，所需轴功率为 $924kW$，由电机和增速箱驱动。由于压缩介质为易燃易爆的氧气，不能与油类物质接触，压缩机的轴封采用多段迷宫密封并通入氮气。对于在运行中易发生碰撞的零件，均采用不易产生火花的材料。为防止压缩温度过高，气体经每级压缩后，都需引出机外进行冷却，故它的一级就是一段。该机的叶轮形式及排列采用轴向力自行平衡的双吸叶轮（第一级）及叶轮吸入口相对排列的结构。第一级进口处还装有可调节的转动导叶，以便在启动时改变进气状态，减小启动功率。

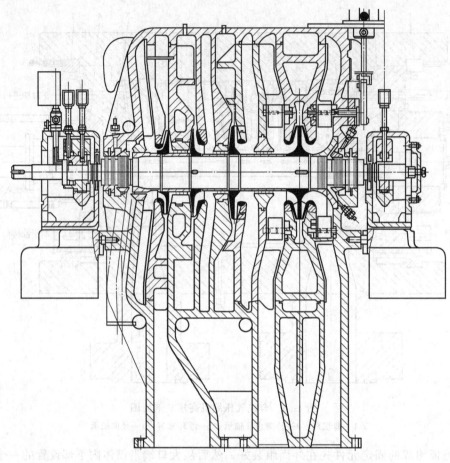

图 4-67 DA180-41 型氧气压缩机

思 考 题

4.1 转子包括哪些部件，什么是离心式压缩机的级、段、缸？

4.2 离心式压缩机的型号代表什么意思？

4.3 什么是叶片功，它包括哪几个部分？

4.4 离心式压缩机的能量损失有哪些？

4.5 试分析离心式压缩机级的功耗分配。

4.6 离心式压缩机级的性能曲线有哪几种？

4.7 离心式压缩机的工作点如何确定？

4.8 两台性能相同的离心式压缩机串、并联前后工况参数有何变化？

4.9 离心式压缩机工况调节的原理是什么，方法有几种？

4.10 离心式压缩机开车前有什么要求？

4.11 离心式压缩机电动驱动时开停车有哪些重要步骤？

4.12 叶轮叶片的形式不同对叶轮性能有哪些影响？

4.13 离心式压缩机中轴向力平衡措施与离心泵有何不同？

4.14 扩压器的作用是什么，有哪些种类，它们的特点是什么？

4.15 离心式压缩机为什么要采用动压轴承？

4.16 什么是油膜振荡，如何消除？

4.17 离心式压缩机的轴承常采用哪些结构形式？

4.18 什么是迷宫密封、浮环密封及抽气密封，其原理各是什么？

附 录

附录一 法定单位及换算

附表1 法定计量单位与公制工程单位对照换算表

量	类别	国际制单位 名称	中文代号	国际代号	用基本单位表示的关系式	公制工程单位 名称	用公制基本单位表示的关系式	1公制工程单位换成国际制单位时应乘的系数	备注
长度	基本单位	米	米	m	m	米	m		
质量	基本单位	千克(公斤)	千克(公斤)	kg	kg	工程质量单位	$m^{-1} \cdot kgf \cdot s^2$	9.807	在公制工程单位中为导出单位
时间	基本单位	秒	秒	s	s	秒	s		
热力学温度	基本单位	开	开	K	K	摄氏度(℃)			SI单位中也使用℃ 273.15+t℃=TK
平面角	辅助单位	弧度	弧度	rad		弧度			
立面角	辅助单位	球面度	球面度	sr		球面度			
力	导出单位	牛顿	牛	N	$m \cdot kg/s^2$	公斤(千克力)	kgf	9.807	在公制工程单位中为基本单位
力矩	导出单位	牛顿米	牛·米	N·m	$m^2 \cdot kg/s^2$	公斤米	kgf·m	9.807	
压力(压强)、应力	导出单位	帕斯卡	帕	Pa	$kg/(m \cdot s^2)$	公斤每平方米	kgf/m^2	9.807	
表面张力	导出单位	牛顿每米	牛/米	N/m	kg/s^2	公斤每米	kgf/m	9.807	
密度	导出单位	千克每立方米	千克/米³	kg/m^3	kg/m^3	工程质量单位每立方米	$kgf \cdot s^2/m^4$	9.807	
动力黏度	导出单位	帕斯卡秒	帕·秒	Pa·s	$kg/(m \cdot s)$	公斤秒每平方米	$kgf \cdot s/m^2$	9.807	
能、功、热量	导出单位	焦耳	焦	J	$m^2 \cdot kg/s^2$	公斤米	kgf·m	9.807	

续表

量	国际制单位			用基本单位表示的关系式	公制工程单位		1公制工程单位换成国际制单位时应乘的系数	备注
	类别	名称	代号		名称	用公制基本单位表示的关系式		
			中文	国际				
功率	导出单位	瓦特	瓦	W	$m^2 \cdot kg/s^3$	公斤米每秒	$kgf \cdot m/s$	9.807	
热容、熵		焦耳每开尔文	焦/开	J/K	$m^2 \cdot kg/(s^2 \cdot K)$	千卡每度		4186.8	卡 1kcal=427kgf·m
比热容、比熵		焦耳每千克开尔文	焦/(千克·开)	J/(kg·K)	$m^2/(s^2 \cdot K)$	千卡每公斤度		4186.8	
比能		焦耳每千克	焦/千克	J/kg	m^2/s^2	千卡每公斤		4186.8	
导热系数		瓦特每米开尔文	瓦/(米·开)	W/(m·K)	$m \cdot kg/(s^3 \cdot K)$	千卡每米秒度		4186.8	
面积		平方米	米²	m^2	m^2	平方米	m^2		
体积		立方米	米³	m^3	m^3	立方米	m^3		
比体积		立方米每千克	m³/千克	m^3/kg	m^3/kg	立方米每公斤	m^3/kgf		
速度		米每秒	米/秒	m/s	m/s	米每秒	m/s		
加速度		米每秒平方	米/秒²	m/s^2	m/s^2	米每秒平方	m/s^2		
角速度		弧度每秒	弧度/秒	rad/s		弧度每秒			
角加速度		弧度每秒平方	弧度/秒²	rad/s^2		弧度每秒平方			
频率		赫兹	赫	Hz		赫兹			

附表 2 各种压力单位与帕的换算关系

单位名称	单位代号	与帕的换算关系
巴	bar	$1bar=10^5Pa=10^2kPa=10^{-1}MPa$
标准大气压	atm	$1atm=101325Pa=1.01325bar$
工程大气压	at	$1at=1kgf/cm^2=9.080665\times10^4Pa=0.980665bar$
毫米水柱	mmH₂O	$1mmH_2O=9.80665Pa$
毫米汞柱	mmHg	$1mmHg=133.3224Pa$

附录二 泵的型号和性能表

附表 3 离心泵形式、型号对照表

离心泵形式和汉语拼音字母对照											
B、BA	S、Sh	D、DA	DK	DG	N、NL	R	L	CL	Y	F	P
单级单吸悬臂水泵	单级双吸水泵	多级分段水泵	多级中开式水泵	锅炉给水泵	冷凝水泵	热水循环泵	立式浸没式水泵	船用离心泵	离心式油泵	耐腐蚀泵	杂质泵

附表 4 部分离心泵型号对照

泵的名称	现用型号	旧型号	泵的名称	现用型号	旧型号
单级悬臂式水泵	BA B	K、B、X 等代替 BA	离心式灰渣泵	PH	PHA、PHC
			离心式砂泵	PS	PSA、SP
单级双吸式水泵	Sh SA S	Л、S H、Л 代替 Sh	深井潜水泵	JQ	
			单级油泵	Y₁	DJ、HK
分段多级离心水泵	DA D	SSM DA、DKS	单吸多级油泵	Y₁	FDJ、H
			双吸冷油泵	YS₁	FSJ、HJI
中开式多级离心水泵	DK	3B	热油泵	YⅡ、YⅢ	DR、HГK
多级锅炉给水泵	GC GB DG	TSH JI DG	多级热油泵	YⅡ、YⅢ	FDR、HL
			双吸冷油泵	YSⅡ YS	FSR、HГJI
			裂化热油泵		KBH
冷凝水泵	N、NL	DN、SN	筒袋式油泵	YT	
热水循环泵	R		油浆泵	PT	
离心式深井泵	J JD	SD、ATH JD、SJ	耐腐蚀泵	F	FG、KH3、XH3
			液下泵	FY	
离心式吊泵	DL	ПJIH	塑料或玻璃钢泵	FS	
离压注水泵	GY		屏蔽泵	P	
离心式污水泵	PW	PW、PWA、HФ	氨水泵	PA	
立式离心污水泵	PWL	PWL、ФB	氨水泵	GBL	
			管道泵	YG	

注：1. 老型号 K、B、X 等按顺序，越在后面的表示型号越老。
2. 现用型号应代替 BA 型，但目前 BA 型尚与 B 型并存。
3. 老型号 Y 与现用型号 Y 的代号相同，但整个型号的表示方法不同。

附表5 B型、BA型与IS型泵型号对照表

IS	B、BA	IS	B、BA	IS	B、BA
50-32-125	$1\frac{1}{2}$B17	80-65-125	3BA-19	125-100-200	6B33
65-40-250	$1\frac{1}{2}$BA-6	100-65a250	3BA-13	150-125-400	6BA-8
65-50-125	2B19	100-65-250	4B91	150-125-250	6B20
80-50-250	2BA-9		4BA-6		6BA-12
65-50-160	2B31	100-65-200	4B54	200-150-315	8B29
80-50-315	2BA-6	125-100-400	4BA-8		8BA-12
80-50-200	3B57	100-80-160	4B35	200-150-250	8B18
	3BA-6	125-100-315	4BA-12		8BA-18
80-65-160	3B33	100-80-125	4B15		
			4B20		
			4BA-18		
100-65-315	3BA-9	125-100-250	4BA-25		

附表6 IS单吸单级离心泵

序号	型号	Q /(m³/h)	H /m	n /(r/min)	n_s	η/%	NPSH$_r$	D_j /mm	Z	β_2	D_2	b_2	b_3 /mm	$F_{吸}$ /mm²
1	IS50-32-125	12.5	20	2900	66	65	2.2	48	6		128	6.8	18	380
2	IS50-32-160	12.5	32	2900	47	56.2	1.0	50	7		165	6	18	254
3	IS50-32-200	12.5	50	2900	33	51.1	1.25	48	6		198	4	12	283
4	IS50-32-250	12.5	80	2900	23	40	1.2	50	5		255	5	10	210
5	IS65-50-125	25	20	2900	93	69	3	65	6		130	10	22	1075
6	IS65-50-160	25	32	2900	66	71	1.6	63	6		156	8.5	20	755
7	IS65-40-200	25	50	2900	63.5	47	1.35	65	6		200	7	16	
8	IS65-40-250	25	80	2900	33	52.4	3.7	65	5	25.5°	245	7	20	531
9	IS65-40-315	25	125	2900	23	41.5	2	65	4		308	8	20	415
10	IS80-65-125	50	20	2900	130	79	2.85	76	6		137	14	30	2124
11	IS80-65-160	50	32	2900	93	75.5	2.3	76	4		168	13	28	
12	IS80-50-200	50	50	2900	66	74	2.25	75	6		202	8.5	24	
13	IS80-50-250	50	80	2900	47	63	1.75	80	7		250	6.5	22	616
14	IS80-50-315	50	125	2900	33	56	2.15	80	5	22°	312	8	20	314
15	IS100-80-125	100	20	2900	187	85	4.0	89	6		140	26	40	3848
16	IS100-80-160	100	32	2900	31	80.6	3.3	90	6		170	18	34	2922
17	IS100-65-200	100	50	2900	93	81.25	3.28							
18	IS100-65-250	100	80	2900	66	72.53	3.58	102	6		255	13	26	1320
19	IS100-65-315	100	125	2900	47	65.3	3.35	100	6		315	12.5	32	
20	IS125-100-200	200	50	2900	133	82.5	4.0	125	6		216	26.5	42	3370
21	IS125-100-250	200	80	2900	93	76	3.7	125	5		254	24	43	
22	IS125-100-315	200	125	2900	66	76	4.0	125	6		317	14	45	3526
23	IS125-100-400	100	50	1450	47	66	2.7	125	5		395	15	40	2619
24	IS150-125-250	200	20	1450	130	84	2.55	150	6		260	33	56	6648
25	IS150-125-315	200	32	1450	93	80.5	3.8	150	6		325	22	52	7390
26	IS150-125-400	200	50	1450	66	76.5	2.6	150	5		399	21.5	42	9503
27	IS200-150-250	400	20	1450	186	79	2.95	172	7		267	38	65	
28	IS200-150-315	400	32	1450	131	82	2.8	190	7		348	31	63	
29	IS200-150-400	400	50	1450	93	82	3.25	175			395	26	60	7854

附录三 各种海拔高度的大气压

附表7 各种海拔高度的大气压表

海拔高度/m	−600	0	100	200	300	400	500	600	700	800	900	1000	1500	2000	3000
mmHg	830	760	750	742	735	724	713	707	698	690	684	674	635	598	530
mH_2O	11.3	10.3	10.2	10.1	10.0	9.8	9.7	9.6	9.5	9.4	9.3	9.2	8.6	8.1	7.2
kPa	110.658	101.325	99.992	98.925	97.992	96.525	95.059	94.259	93.059	91.992	91.193	89.859	84.660	79.727	70.661

附录四 水的饱和蒸汽压

附表8 水的饱和蒸汽压（0～60°）

温度 /K	温度 /℃	饱和蒸汽压 p_t /(kgf/cm²)	饱和蒸汽压 p_t /kPa	温度 /K	温度 /℃	饱和蒸汽压 p_t /(kgf/cm²)	饱和蒸汽压 p_t /kPa
273	0	0.00623	0.611	304	31	0.04580	4.491
274	1	0.00669	0.656	305	32	0.04847	4.753
275	2	0.00719	0.705	306	33	0.05128	5.029
276	3	0.00772	0.757	307	34	0.05423	5.318
277	4	0.00829	0.813	308	35	0.05733	5.622
278	5	0.00889	0.872	309	36	0.06057	5.940
279	6	0.00953	0.935	310	37	0.06398	6.274
280	7	0.0102	1.000	311	38	0.06755	6.624
281	8	0.0109	1.069	312	39	0.07129	6.991
282	9	0.0117	1.147	313	40	0.07520	7.375
283	10	0.01251	1.227	314	41	0.07930	7.777
284	11	0.01338	1.312	315	42	0.08360	8.198
285	12	0.01429	1.401	316	43	0.08809	8.638
286	13	0.01526	1.497	317	44	0.09279	9.100
287	14	0.01629	1.598	318	45	0.09771	9.582
288	15	0.01738	1.704	319	46	0.10284	10.085
289	16	0.01853	1.817	320	47	0.10821	10.612
290	17	0.01975	1.937	321	48	0.11382	11.162
291	18	0.02103	2.062	322	49	0.11967	11.736
292	19	0.02239	2.196	323	50	0.12578	12.335
293	20	0.02383	2.337	324	51	0.13216	12.961
294	21	0.02534	2.485	325	52	0.13881	13.613
295	22	0.02694	2.642	326	53	0.14575	14.293
296	23	0.02863	2.808	327	54	0.15298	15.002
297	24	0.03041	2.982	328	55	0.16051	15.741
298	25	0.03229	3.167	329	56	0.16835	16.510
299	26	0.03426	3.360	330	57	0.17653	17.312
300	27	0.03634	3.564	331	58	0.18504	18.146
301	28	0.03853	3.779	332	59	0.19396	19.021
302	29	0.04083	4.004	333	60	0.2031	19.917
303	30	0.04325	4.241				

附录五　离心机型号

附表9　离心机的基本代号与特性代号

基本代号						特性代号		主参数	
类		组		型						
名称	代号	名称	代号	名称	代号	名称	代号	名称	单位
三足式离心机	S	人工上卸料 抽吸上卸料 吊装上卸料 人工下卸料 刮刀下卸料	S C D X G	过滤型 沉降型	— C	普通 自动 防爆	— Z F	转鼓内径	mm
上悬式离心机	X	机械卸料 人工卸料 重力卸料	J R Z	过滤型	—	人工操作 自动操作	— Z	转鼓内径	mm
刮刀卸料离心机	G	宽刮刀 窄刮刀	K Z	过滤型 沉降型 虹吸过滤型	— C H	斜槽排料 螺旋排料 防爆 密闭 双转鼓型	— L F M S		
活塞推料离心机	H	一级 二级 三级 四级	Y R S I	过滤型	—	圆柱型转鼓 柱锥型转鼓 加长转鼓	— Z C	最大级转鼓内径	
离心卸料离心机	I			过滤型	—	普通式 反跳环式 导向螺旋式	— T D	转鼓内径	
振动卸料离心机	Z	立式 卧式	L W			曲柄连杆激振 偏心块激振 电磁激振	Q P D		
进动卸料离心机	J					—			
螺旋卸料离心机	L	立式 卧式	L W	沉降型 过滤型 沉降过滤 组合型	— L Z	逆流式 并流式 三相分离式 密闭 防爆 向心泵输液	— B S M F X	转鼓内径×转鼓 工作长度	mm× mm

注：转鼓内径指转鼓最大内径。装有固定筛网时，指筛网最大内径；对组合转鼓，取沉降段内径和过滤段筛网内径之大者。

附表10　离心机转鼓材料及其代号

转鼓与分离物料相接触部分材料	代号	转鼓与分离物料相接触部分材料	代号
耐蚀钢	N	金属涂层	J
碳素钢	G	塑料涂层	S
钛	I	衬橡胶	X
铜	T	搪瓷	C

附表 11　分离机的基本代号与主参数

基本代号						主参数	
类		组		型			
名称	代号	名称	代号	名称	代号	名称	单位
管式分离机	G	分离	F	—	—	转鼓内径	mm
		澄清	Q				
室式分离机	S	四室	I	—	—		
		七室	Q				
碟式分离机	D	人工排渣	R	一般工业油类	Y	转鼓最大内径/当量沉降面积	mm/(cm²×10⁷)
		水冲排渣	S	植物油类	Z		
				酵母类	J		
		环阀全排渣	H	油漆类	Q		
				奶品类	N		
		环阀部分排渣	B	淀粉类	F		
				啤酒及果汁类	P		
		外喷嘴排渣	P	羊毛脂类	M		
				生物制品类	S		
		内喷嘴排渣	N	蛋白类	D		

主参数单位: $mm/(cm^2 \times 10^7)$

附表 12　分离机进出口形式代号

代号	进口	液相出口	
		轻相	重相
01	敞开	向心泵	敞开
02		敞开	向心泵
03		向心泵	
04	半敞开		
10	密闭	密闭	密闭
11			敞开
12			向心泵
13		向心泵	
20	敞开	敞开	
21			向心泵
22	密闭	密闭	
23			向心泵

附表 13　分离机特性代号

代号	特性	代号	特性
30	齿轮传动	32	液压传动
40	齿轮传动,有再循环系统	42	液压传动,有再循环系统
31	皮带传动	60	电网频率60Hz
41	皮带传动,有再循环系统	99	防爆

附录六　活塞式压缩机型号

附表 14　活塞式压缩机的结构代号

结构代号	含义	来源	结构代号	含义	来源
V	V型	V-V	M	M型	M-M
W	W型	W-W	H	H型	H-H
L	L型	L-L	D	两列对称平衡	D-DUI(对)
					M-MO(摩)
S	扇型	S-SHAN(扇)	MT	摩托	T-TUO(托)
X	星型	X-XING(星)	DZ	对置式	D-DUI(对)
					Z-ZHI(置)
Z	立式	Z-ZHI(直)	ZH	自油活塞	Z-ZI(自)
					H-HUO(活)
P	一般卧式	P-PING(平)			

附表 15　活塞式压缩机的特征代号

特征代号	含义	来源	特征代号	含义	来源
W	无润滑	W-WU(无)	F	风冷	F-FENG(风)
D	低噪声罩式	D-DI(低)	Y	移动式	Y-YI(移)

参 考 文 献

1. 黄仕年主编. 化工机器. 北京：化学工业出版社，1981
2. 张涵主编. 化工机器. 北京：化工出版社，2001
3. 邹安丽主编. 化工机器与设备. 北京：化学工业出版社，1991
4. 王永康主编. 化工机器. 北京：化学工业出版社，1993
5. 施震荣主编. 工业离心机选用手册. 北京：化学工业出版社，1999
6. 化工厂机械手册编委会编. 化工厂机械手册. 北京：化学工业出版社，1999
7. 姜培正主编. 流体机械. 北京：化学工业出版社，1991
8. 高慎琴主编. 化工机器. 北京：化学工业出版社，1992
9. 化工厂机械手册. 北京：化学工业出版社，1989
10. 王璠瑜主编. 化工机器. 北京：中国石化出版社，1993
11. 张湘亚，陈弘主编. 石油化工流体机械. 山东：石油大学出版社，1996
12. 钱锡俊，陈弘主编. 泵和压缩机. 山东：石油大学出版社，1989
13. 潘永密，李斯特主编. 化工机器. 北京：化学工业出版社，1981
14. 罗杰主编. 石油化工机器. 北京：中国石化出版社，1993
15. 张长山主编. 泵和压缩机. 北京：石油工业出版社，1988

内 容 提 要

本教材根据职业技术教育特点,以能力培养为目标,以应用为目的,贴近生产实际。突出了实际操作和应用能力等实践环节,减少了理论推导和理论阐述,具有较强的实用性。

全书主要讲述了离心泵、离心机、活塞式压缩机、离心式压缩机等机器的工作原理、结构、运转特性,以及选择和使用方法等知识。

本教材适用于高等职业技术院校过程装备及控制专业师生使用,也可供石油化工行业的中职、职工大学、技能鉴定站的师生和工程技术人员使用和参考。